U0949296

高等职业教育“十二五”机电类规划教材

零件的数控铣削加工

主　编　苏　伟　户凤荣

副主编　朱红梅　陈　静

参　编　杨伟峰　单晓坤　赵　盟

　　　　姜庆华　吴　迪

机械工业出版社

本书是为适应高等职业教育“校企互融、工学结合”人才培养模式改革需要，满足学生顶岗实习需求，结合《国家职业标准数控铣工》对中级工的要求编写的。

本书采用理论实践一体化教学模式。通过8个项目的学习、13个加工任务的训练，学生能够掌握数控铣削的基本理论和操作方法，主要包括数控机床工作原理、刀具的选择和使用、工艺路线安排、程序编制、数控仿真加工等内容。

本书可作为高职高专机械制造类专业的教学用书，也可作为企业中数控铣床操作与编程人员的参考书。

本书配套资源丰富（包括电子课件、电子教案、加工仿真录屏、实操录像、课后习题详解、模拟试卷及其答案、教学活动设计），凡使用本书作教材的教师可登录机械工业出版社教育服务网（http://www.cmpedu.com）下载，或发送电子邮件至 cmpgaozhi@sina.com 索取。咨询电话：010-88379375。

图书在版编目(CIP)数据

零件的数控铣削加工/苏伟，户凤荣主编. —北京：机械工业出版社，2015.3（2018.2 重印）
高等职业教育“十二五”机电类规划教材
ISBN 978-7-111-49254-2

Ⅰ.①零… Ⅱ.①苏…②户… Ⅲ.①机械元件-数控机床-铣削-高等职业教育-教材 Ⅳ.①TH13②TG547

中国版本图书馆 CIP 数据核字（2015）第 020651 号

机械工业出版社（北京市百万庄大街22号 邮政编码100037）
策划编辑：王英杰 责任编辑：王英杰
版式设计：霍永明 责任校对：刘秀丽
责任印制：常天培
北京圣夫亚美印刷有限公司印刷
2018年2月第1版·第2次印刷
184mm×260mm·13印张·310千字
标准书号：ISBN 978-7-111-49254-2
定价：32.00元

凡购本书，如有缺页、倒页、脱页，由本社发行部调换

电话服务	网络服务
服务咨询热线：010-88379833	机 工 官 网：www.cmpbook.com
读者购书热线：010-88379649	机 工 官 博：weibo.com/cmp1952
	教育服务网：www.cmpedu.com
封面无防伪标均为盗版	金 书 网：www.golden-book.com

前　言

本书是以高等职业教育人才培养目标为依据，结合国家高等职业教育示范院校建设的要求，为适应“校企互融、工学结合”人才培养模式改革需要而编写的。

在编写内容的选取及组织上本书以工作过程为导向，按《国家职业标准数控铣工操作工（中级）》的要求，通过典型案例全面介绍数控铣削及仿真系统的操作方法。本书共有8个项目，每个项目由若干任务组成，每个任务由知识目标、技能目标、知识准备、任务实施、任务反馈和任务总结等部分组成。在项目导入部分明确任务目标及加工任务。在知识准备部分，重点介绍学生需要掌握的数控铣削的基本知识。在任务实施部分，通过CAXA软件进行造型，并通过上海宇龙仿真软件进行仿真加工，最后通过操作机床实现零件的完整加工。通过任务反馈和任务总结，学生可以了解对任务的掌握程度。另外，为提高学生的知识面，本书还设有拓展提高内容；为及时检测学习效果，本书精选了一定量的习题。

通过8个项目的学习及13个加工任务的训练，学生能够掌握数控铣削的基本理论和操作方法，达到数控铣工（中级）的水平。

在编写特色上，本书力求简明扼要，将繁杂的内容图表化，将理论与实践融为一体，力求贴近生产实际，重点突出数控铣削加工常用指令和编程方法。

本书的参考学时为224学时，采用理论实践一体化教学模式，各项目的参考学时见下面的学时分配表。

学时分配表

章　次	学　时　数			
	合　计	理　论	造型和模拟	操　作
项目一　数控铣削的基础知识	22	14		8
项目二　U形件加工	18	2	4	12
项目三　线盒加工	18	2	4	12
项目四　十字滑块加工	18	2	4	12
项目五　密封盖加工	18	2	4	12
项目六　槽板加工	54	6	12	36
项目七　端盖加工	36	4	8	24
项目八　综合件加工	22	2	4	16
机动	18	6	6	6
合计	224	40	46	138

本书共分8个项目，由多所高职院校及企业技术人员协作完成，具体编写分工如下：项目七由苏伟编写，项目三由户凤荣编写，项目一、项目六任务一和任务二由朱红梅编写，项目四由杨伟峰编写，项目二由单晓坤编写，项目五由赵盟编写，项目八由姜庆华编写，项目

六任务三由陈静编写，附录由吴迪编写。本书由苏伟和户凤荣担任主编，朱红梅和陈静担任副主编。

本书在编写过程中，得到了中航工业吉航维修有限公司的郑航和艾民、长春市创亿模具有限公司的柳林、东北工业集团吉林江北机械有限公司的韩云通等专家的大力支持，同时也借鉴了国内外同行的资料和文献，在此一并表示衷心的感谢。

由于编者水平有限，书中难免存在不足之处，恳请广大读者批评指正。

编　者

目　录

项目一　数控铣削的基础知识

任务一　数控铣床简介及安全文明生产

知识目标

1. 掌握数控机床的组成。
2. 了解数控机床的工作原理。
3. 了解数控铣床的特点。
4. 了解数控铣床的分类。

技能目标

1. 掌握数控铣床的安全文明生产规范。
2. 了解数控铣床检查与维护的一般流程。

知识准备

传统的机械是由操作工人控制机床的进给，而数控机床则是通过数控系统（NC）控制机床的进给。数控铣床是数控机床的一种，它是用计算机数字化信号控制的铣床，既可以加工由直线和圆弧两种几何要素构成的平面轮廓，也可以采用多轴联动控制直接用逼近法加工非圆曲线构成的平面轮廓。

一、数控机床的组成

数控机床主要由机床本体和计算机数控系统两大部分组成，如图 1-1 所示。

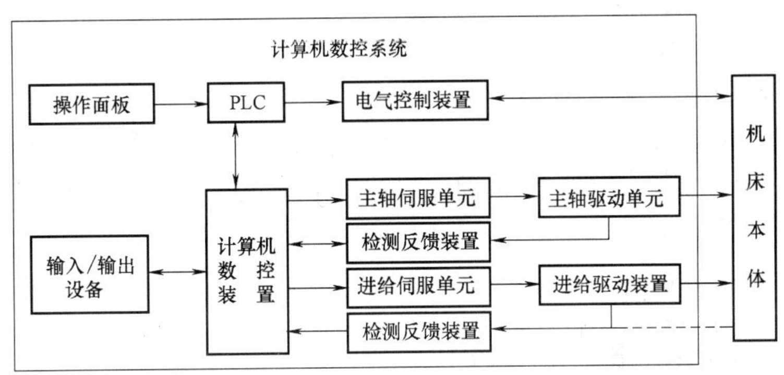

图 1-1　数控机床的组成

1. 机床本体

机床本体是数控机床的主体，由基础件（如床身、底座）和运动件（如工作台、床鞍、主轴箱等）组成。它不仅要实现由数控装置控制的各种运动，而且还要承受包括切削力在内的各种力，因此机床本体只有保证有良好的几何精度、足够的刚度、较小的热变形和较低的摩擦阻力，才能有效地保证数控机床的加工精度。

2. 计算机数控系统

计算机数控系统是数控机床的核心，包括硬件装置和数控软件两大部分，由输入/输出设备、计算机数控装置、主轴伺服单元、进给伺服单元、进给驱动装置（或执行机构）、可编程序控制器（PLC）、电气控制装置和检测反馈装置等组成。

二、数控机床的工作过程及工作原理

1. 数控机床的工作过程

数控机床的工作过程如图 1-2 所示。

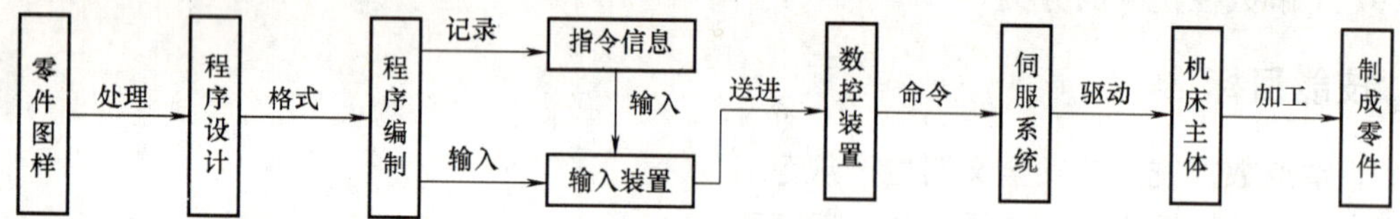

图 1-2 数控机床的工作过程

1）根据零件图给出的形状、尺寸、材料及技术要求等内容，进行各项准备工作，包括程序设计、数值计算及工艺处理等。

2）将上述程序和数据按数控装置所规定的程序格式编制加工程序。

3）将加工程序的内容以代码形式完整地记录在信息介质上。

4）通过阅读机把信息介质上的代码转变为电信号，并输送给数控装置。若采用人工输入，则可通过键盘，将加工程序的内容直接输送给数控装置。

5）数控装置将所接受的信号进行一系列处理后，再将处理结果以脉冲信号的形式向伺服系统发出执行命令。

6）伺服系统接到执行的信息指令后，立即驱动机床进给机构，严格按照指令的要求进行位移，使机床自动完成相应零件的加工。

2. 数控机床的工作原理

数控装置内的计算机对以数字和字符编码方式所记录的信息进行一系列处理后，向机床的执行机构发出命令，执行机构则按其命令对加工所需的各种动作（如刀具相对于工件的运动轨迹、位移量和速度等）实现自动控制，从而完成工件的加工。

三、数控机床的特点

数控机床与普通机床相比，具有以下特点：

1. 柔性好

对零件的适应性强，为单件、小批量零件加工及新产品试制提供了极大的便利，也便于加工改型设计后零件。

2. 加工精度高

数控机床的加工精度一般在0.005～0.1mm之间。数控机床是按数字信号形式控制的，数控装置每输出一个脉冲信号，则机床移动部件移动一个脉冲当量（一般为0.001mm），而且机床进给传动链的反向间隙与丝杠螺距平均误差可由数控装置进行补偿，因此，数控机床的定位精度比较高。

3. 加工质量稳定

加工同一批零件，采用同一台机床，在相同的加工条件下，使用相同的刀具和加工程序，刀具的加工轨迹完全相同，零件的一致性好，质量稳定。

4. 生产率高

数控机床可有效地减少零件的加工时间和辅助时间，数控机床的主轴转速和进给量的范围大，允许机床进行大切削量的强力切削。目前数控机床正进入高速加工时代，数控机床移动部件的快速移动和定位及高速切削加工，极大地提高了生产率；另外，配合加工中心的刀库，可实现在一台数控机床上进行多道工序的连续加工，减少了半成品的工序周转时间，提高了生产率。

5. 适于加工复杂零件

数控机床可以加工普通机床难以加工的、具有复杂型面的零件。

6. 劳动条件好

数控机床加工前经调整好之后，输入程序并启动，就能自动连续地进行加工，直至加工结束。操作者主要是进行程序的输入、编辑，装卸零件，准备刀具，监控加工状态，检验零件等工作，劳动强度大大降低。另外，数控机床一般是封闭式加工，既清洁，又安全。

7. 有利于现代化的生产管理

采用数控加工可预先精确估计加工时间，所使用的刀具、夹具可进行规范化、现代化管理。数控机床使用数字信号与标准代码作为控制信息，易于实现加工信息的标准化。目前数控机床已同计算机辅助设计与制造（CAD/CAM）有机地结合起来，是现代集成制造技术的基础。

四、数控铣削的加工对象

数控铣床有着广泛的应用范围，能够进行外形轮廓铣削、平面或曲面型腔铣削及三维复杂型面的铣削，如各种凸轮、模具等，若再添加圆工作台等附件（此时变为四坐标），则应用范围将更广，可用于加工螺旋桨叶片等空间曲面零件。此外，随着高速铣削技术的发展，数控铣床可以加工形状更为复杂的零件，精度也更高。

数控铣削的加工对象主要分为以下几类：

1. 平面类零件

加工面平行或垂直于水平面，或加工面与水平面的夹角为定角的零件为平面类零件，如图1-3所示。目前数控铣床上加工的零件大多属于平面类零件。

2. 变斜角类零件

加工面与水平面的夹角呈连续变化的零件称为变斜角类零件，如图1-4所示。由于变斜

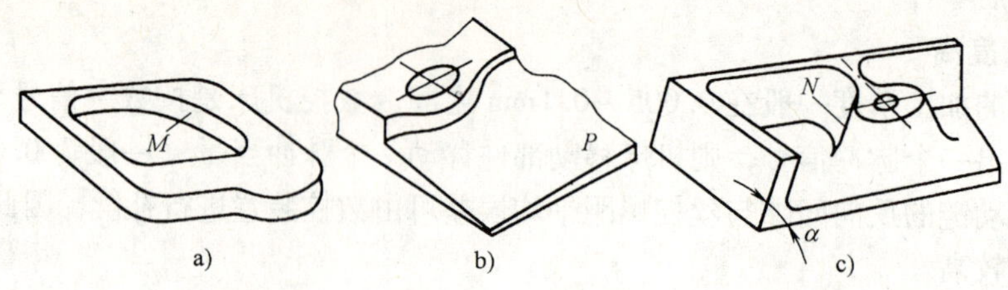

图 1-3　平面类零件
a）带平面轮廓的平面零件　b）带斜平面的平面零件　c）带正圆台和斜筋的平面零件

角类零件的变斜角加工面不能展开为平面，加工时，为了保证加工面与铣刀圆周的瞬时接触为一条线，最好采用四轴、五轴数控铣床摆角加工，也可采用三轴数控铣床进行两轴半近似加工。

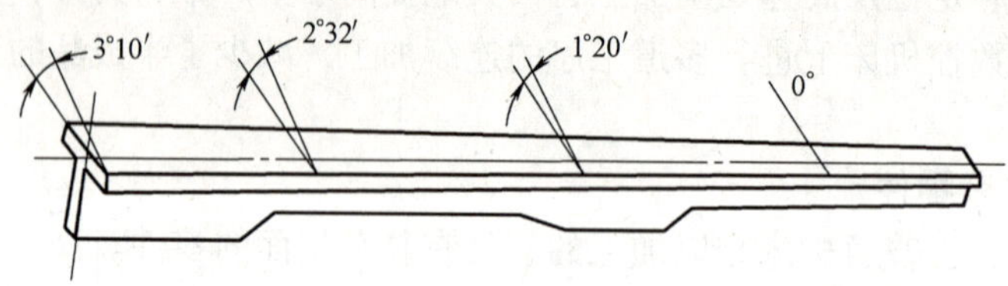

图 1-4　变斜角类零件

3. 曲面类零件

加工面为空间曲面的零件称为曲面类零件，如模具、螺旋桨叶片等。因为曲面零件不能展开为平面，所以加工时，铣刀与加工面始终为点接触，一般采用球头铣刀在三轴数控铣床上加工。当曲面复杂、通道狭窄，会伤及相邻表面及需要刀具摆动时，可采用四轴或五轴数控铣床加工。

五、数控铣床的分类

数控铣床的种类很多，按其体积大小可分为小型、中型和大型数控铣床，其中规格较大的，其功能已向加工中心靠近，进而演变成柔性加工单元。

数控铣床按构造分类，可分为工作台升降式数控铣床、主轴头升降式数控铣床和龙门式数控铣床。

（1）工作台升降式数控铣床　采用工作台移动、升降，而主轴不动的方式。小型数控铣床一般采用这种方式，如图 1-5a 所示。

（2）主轴头升降式数控铣床　采用工作台纵向和横向移动，且主轴沿垂向溜板上下运动。主轴头升降式数控铣床在精度保持、承载重量和系统构成等方面具有很多优点，已成为数控铣床的主流，如图 1-5b 所示。

（3）龙门式数控铣床　主轴可以在龙门架的横向与垂向溜板上运动，而龙门架则沿床身作纵向运动。大型数控铣床因要考虑到扩大行程，缩小占地面积及刚性等技术上的问题，往往采用龙门架移动式，如图 1-5c 所示。

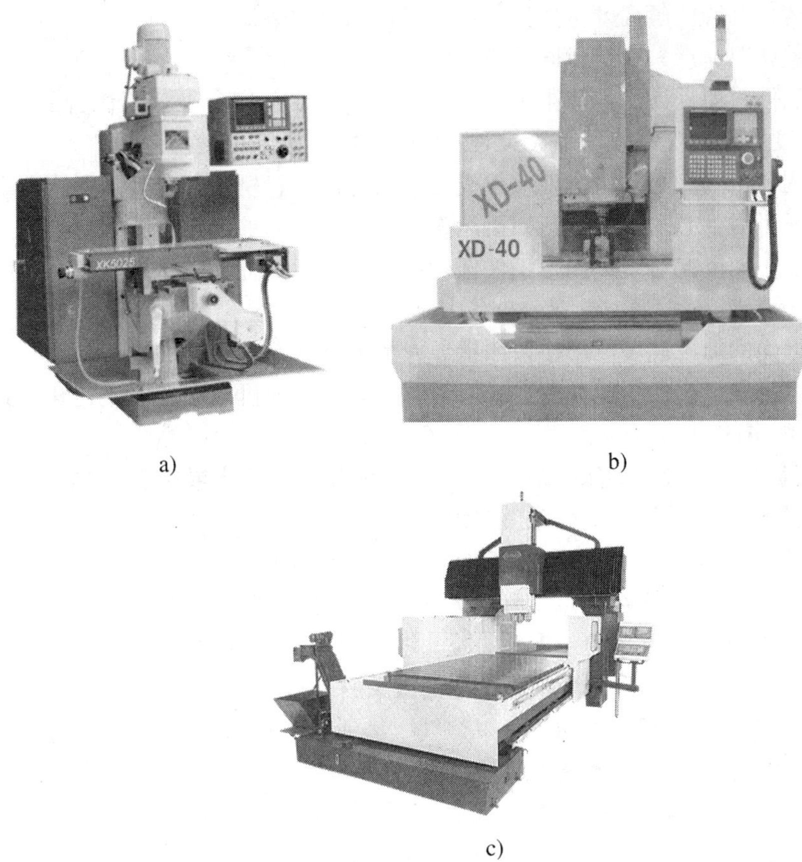

a)　b)　c)

图 1-5　数控铣床的分类

a）工作台升降式数控铣床　b）主轴头升降式数控铣床　c）龙门式数控铣床

任务实施

一、数控铣削的安全文明生产规范

1. 操作前要求

1）上班必须按要求穿工作服，否则不允许进入车间。

2）留长发的人员必须戴安全帽，并将长发纳入帽中。

3）工作服穿戴要“三紧”，即领口紧、袖口紧、衣襟紧。

4）穿耐油、防滑鞋，鞋面抗砸。

5）禁止戴手套操作机床。

6）机械加工时，必须有两人以上在现场。

7）不允许两人及两人以上同时操作机床。

8）操作机床时不允许嬉戏、打闹，不允许一知半解就操作机床。

2. 操作中要求

1）数控铣床由指导人员负责管理，任何学员使用该设备、工具及材料等都应服从管理。未经指导人员同意，不允许开动机床。

2）机床运行期间严禁离开工作岗位做与操作无关的事情。

3）机床起动时，严禁在机床间穿梭。

4）装夹工件时要保证工件牢牢地固定在机用虎钳或工作台上。工作台面不得放置其他物品，安放分度头、台虎钳或较重夹具时，要轻拿轻放，以免碰伤台面。

5）移去调节工具。起动机床前应检查是否已将扳手、楔子等工具从机床上拿开。

6）每次开机后，必须首先进行回机床参考点的操作。加工时，关好防护门。

7）运行程序前要先对刀，确定工件坐标原点。对刀后立即修改机床零点偏置参数，以防程序不正确运行。

8）采用正确的加工速度。严格按照指导人员推荐的速度进行加工。

9）机床运转中，严禁变速。变速或换刀时，必须保证机床完全停止，开关处于“OFF”位置，以防发生事故。

10）在手动方式下操作机床时，要防止主轴和刀具与机床或夹具相撞。操作机床面板时，只允许单人操作，其他人不得触摸按键。

11）运行程序自动加工前，首先打开模拟界面进行模拟加工，然后进行机床空运行。空运行时将 Z 向提高一个安全高度，观察刀具运行轨迹是否正确。

12）当自动加工中出现紧急情况时，立即按下复位或急停按钮。当显示屏出现报警号时，要先查明报警原因，采取相应措施，取消报警后，再进行操作。

13）拆卸刀具时，要先观察压力表，待气压达到0.5MPa后，再执行松刀指令。若刀柄暂时未达到松刀状态，要手持刀柄等待数秒。

14）操作者离开机床、变换速度、更换刀具、测量尺寸、装夹和调整工件时，都应停机。

15）量具应在固定地点使用和摆放，使用完毕后，应把量具擦拭干净，并涂一层工业凡士林，装入盒内。

16）禁止用手接触刀尖和切屑，清除切屑时必须使用铁钩子或毛刷。

3. 操作后要求

1）不允许采用压缩空气清洗机床、电气控制柜及NC单元。

2）任何人在使用完机床后，都应把刀具、工具、材料等物品整理好，并做好清洁和日常维护工作。

3）任何人必须保持工作场地的清洁，每天下班前15min，要清理工作场地。

4）每天实训结束后，必须做好防火、防盗工作，检查门窗是否关好，相关设备和照明电源开关是否关好。

二、数控铣床的检查与维护

机床的检查与维护关系着机床的寿命，操作者必须了解本机床的结构与性能，并能熟练掌握各操作部件的使用功能及操作方法。

维修保养对于机器加工精度、维持机器使用年限是相当重要的。良好的机床维护，除了在每天起动机床前做各种检查和确认外，最重要的就是“定期维护保养与清洁”。整齐、清洁、干净的工作环境是维护保养的首要工作，因为所有的脏乱都会导致机器零件与电器接触点功能加速变差，直接影响机器加工精度与使用寿命。实施维护保养之前，须有周详的计划，执行时要做好各项记录。数控铣床的检查与维护的内容如下：

1. 加工精度的维持

1）作业前须暖机，并检查应加油处是否该注油。

2）检查油路是否畅通。

3）关机时，工作台、鞍座应置于机台中央位置，即移动三轴行程至各轴行程中间位置。

4）每天作业结束时，应清洁和整理器具。每隔一定的时间（每周、每月）要做周期性的机床检查及保养。

5）机台保持干燥清洁。

6）机台须远离振动区，地基要稳固。

2. 每日检查与维护

1）清除工作台、机台内、三轴伸缩护罩上的切屑、油污。

2）擦拭清洁工作台、机台内、三轴伸缩护罩上的切削油及细小切屑，并喷上防锈油。

3）主轴锥孔必须保持清洁，加工完毕后用主轴锥孔清洁器擦拭。

4）清洁刀库与刀库座及连杆组，并喷上一些润滑油。

5）清洁主轴头上持刀手指轨道，并涂上一些润滑油。

6）检查三点组合油杯内的油量是否充足，并释放三点组合空气过滤水分油杯内的水分。

7）检查三轴自动润滑泵是否当电源投入工作时即开始动作。

8）检查三轴自动润滑油的油量，必要时适量添加。

9）检查油压单元油管是否有渗漏现象。

10）清除切屑。

11）检查切削液油量，必要时进行添加，检查切削液冲屑水管是否有渗漏现象。

12）检查全部信号灯、警示灯是否正常工作。

3. 每周检查与维护

1）检查刀具拉钉是否松动，刀把是否清洁。

2）检查主轴内孔是否清洁，锥度研磨面是否有刮痕。如有刮痕，可能是刀具与主轴内孔不清洁引起的。

3）检查液压油箱油量。

4）检查循环给油、集中给油油泵的工作台是否正常。

5）检测三轴机械原点是否偏移。

6）清洁切削液油箱过滤网。

7）检查所有散热风扇是否起作用。

8）检查刀具换刀臂动作是否顺畅。

9）检查刀库、刀盘回转时是否顺畅。

4. 每月检查与维护

1）清洁操作面板，电气控制柜热交换器网。

2）检测机台水平，确认水平调整螺钉、固定螺母无松动。

3）检测主轴中心与工作台面的垂直度。

4）检测三轴极限、原点微动开关作用是否正常。

5）清洗切削液箱，清洁切削液。

6）检查电气控制柜内部是否有油污、灰尘进入，必要时应清洁，并查明原因。

5. 每半年检查与维护

1）清洁 CNC 控制单元和操作面板。

2）拆开三轴防屑护罩，清洁三轴油管接头、滚珠丝杠螺杆、三轴极限、原点微动开关，并检测其作用是否良好。

3）清洁所有马达。

4）更换油压单元液压油，ATC 减速机构用油。

5）测试所有马达起动时是否有异常声音。

6）测试所有电子元件、单元和继电器。

7）清洁润滑泵和油箱，并检测内部电路接点。

8）测试所有各轴间隙，必要时可调整补偿量，调整各轴斜楔间隙。

9）检查和清洁所有散热风扇，检测是否工作良好。

10）电气箱内部、操作箱内部清洁。

11）编写测试程序，检测机床各项功能是否正常。

12）主轴偏摆幅度是否过大，主轴轴承间隙是否不正常。

13）检查螺栓或螺母是否松动。

14）检查各滑轨润滑脂是否充足。

15）全面检查各接点、接头、插座、开关是否正常。

16）全面检查绝缘电阻并记录。

6. 每年检查与维护

1）检查操作面板按键是否灵敏正常。

2）将电气箱、操作箱内所有继电器接点上的积炭用抹布沾酒精擦拭。

3）检查平衡锤的链条是否保持正常状态，并滴润滑油。

4）清洗切削液箱，并更换同性质的切削液。

5）清洗油压装置，并更换新油，同时检测所有设定压力是否正常。

任务反馈

1）必须提高安全意识，不允许麻痹大意，严禁嬉戏打闹。

2）严格遵守车间的安全生产条例。

3）所有物品要轻拿轻放，严禁磕碰。

任务总结

学到的知识点	1. 2. 3. 4.

（续）

还需要进一步提高的操作练习（知识点）	1. 2. 3. 4.
存在疑问或不懂的知识点	1. 2. 3. 4.
应注意的问题	1. 2. 3. 4.
其他	1. 2. 3. 4.

任务二　数控铣削加工入门及面板操作

知识目标

1. 了解数控铣床的基本参数。
2. 了解常用刀柄型号。
3. 了解数控铣床常用夹具和量具及其使用场合。

技能目标

1. 掌握数控铣床的基本操作。
2. 了解 YHM850 型数控铣床的界面组成和各功能键的作用。

知识准备

数控铣床的基本操作步骤如下：

1. 开机通电

检查机床状态是否正常，按下“急停”按钮，打开机床总电源开关，机床通电，数控系统通电，机床进入系统控制状态。

2. 复位

左旋并拔起操作面板右上角的“急停”按钮使系统复位，并接通伺服电源，系统默认进入“回参考点”方式，软件操作界面的工作方式变为“回零”。

3. 返回机床参考点

按一下控制面板上面的“回零”按键，确保系统处于“回零”方式。根据X轴机床参数“回参考点方向”，按一下“+X”（回参考点方向为“+”）按键，*X*轴回到参考点后，“+X”按键内的指示灯亮；同理，可分别按“+Y”、“+Z”、“+4TH”，使*Y*轴、*Z*轴、4*TH*轴回参考点。

4. 装夹工件毛坯

清洁工作台，安装夹具，将工件装夹在夹具上。

5. 安装刀具

刀具夹紧后方可松手，以防刀具落下伤及工件、夹具或工作台。

6. 设定工件坐标系

采用刀具（试切法）或寻边器确定工件坐标系，通常设定工件对称中心为坐标系原点。目的是确定程序原点在机床坐标系中的位置，对刀点可以设在零件、夹具或机床上，对刀时应使对刀点与刀位点重合。

7. 设置刀具补偿值

在编制加工程序时，可以按零件实际轮廓编程。加工前实际测量的刀具半径、长度等作为刀具补偿参数输入数控系统，可以加工出符合尺寸要求的零件轮廓。

刀具补偿功能还可以满足加工工艺等其他一些要求，可以通过逐次改变刀具半径补偿值大小的办法，调整每次进给量，以达到利用同一程序实现粗、精加工循环。另外，因刀具磨损、重磨而使刀具尺寸变化时，若仍使用原程序，势必造成加工误差，用刀具长度补偿可以解决该问题。

8. 输入和调试加工程序

将程序输入或传输到数控系统中，对程序进行编辑。

9. 试切

检查程序无误后，将刀具抬起至安全高度，启动程序进行试切，观察刀具运行轨迹是否正常。

10. 自动加工

启动程序加工工件，切削时注意观察刀具加工情况和切削声音，如发生异常，则停机检查。

11. 测量工件尺寸

若尺寸不符合图样要求，应修改程序或刀具补偿值，直至尺寸符合图样要求后，再取下工件。

12. 关机

清理加工现场，关机。

任务实施

一、数控铣床结构、技术参数及功能

1. 数控铣床结构

如图1-6所示，掌握数控铣床各典型部件的名称、位置和作用，如工作台、立柱、主轴、操作面板、伺服电动机和电气控制柜等。

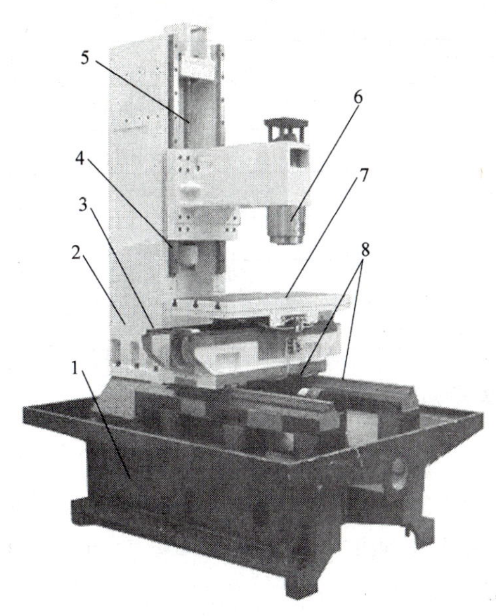

图 1-6　数控铣床结构

1—底座　2—立柱　3—X 向导轨　4—Z 向导轨　5—主轴丝杠　6—主轴　7—工作台　8—Y 向导轨

2. 主要技术参数及功能

YHM850 型数控铣床主要技术参数及功能见表 1-1。

表 1-1　YHM850 型数控铣床主要技术参数及功能

技术参数名称	尺寸或功能
工作台尺寸	500mm × 900mm
X/Y/Z 轴行程	860mm/520mm/500mm
主轴转速	60 ~ 3000r/min
主轴锥孔	ISO40
进给速度	0 ~ 8000mm/min
T 形槽宽	18mm
T 形槽间距	100mm
主轴中心至立柱距离	540mm
工作台最大承重	800kg
最小设定单位	0.001mm
重复定位精度	0.005mm
定位精度	0.01mm
主电动机	5.5kW、7.5kW(11kW/30min)
最大联动轴数	4 轴(X、Y、Z、$4TH$)
最大编程尺寸	99999.999mm
最小分辨率	0.01 ~ 10m(可设置)
CNC 通信接口	RS-232

（续）

技术参数名称	尺寸或功能
网络功能	NT Novell Internet
故障诊断与报警功能	有
全屏幕程序在线编辑与校验功能	有
加工断点保护/恢复功能	有
自行编制 PLC 程序功能	有
加工轨迹三维彩色图形仿真实时加工功能	有

二、常用刀具的种类和功用

1. 刀柄

数控铣床和加工中心使用的刀具通过刀柄与主轴相连，刀柄通过拉钉和主轴内的拉刀装置固定在轴上，由刀柄夹持传递速度、转矩。数控铣床的刀柄一般采用 7∶24 锥面与主轴锥孔配合定位，这种锥柄不自锁，换刀方便，与直柄相比有较高的定心精度和刚度。数控铣床的通用刀柄分为整体式和组合式两种。为了保证刀柄与主轴的配合与连接，刀柄与拉钉的结构和尺寸均已标准化和系列化，尤其是加工中心用刀柄，如美国的 CAT、日本的 BT 和我国的 JT 等。TSG 工具系统刀具柄部的形式和尺寸代号见表 1-2。

表 1-2 TSG 工具系统刀具柄部的形式和尺寸代号

柄部的型式		柄部的尺寸	
代号	代号意义	代号含义	举例
BT	7∶24 锥度的锥柄，柄部带机械手夹持槽	ISO 锥度号	BT40
JT	加工中心用锥柄，柄部带机械手夹持槽	ISO 锥度号	JT50
ST	一般数控机床用锥柄，柄部无机械手夹持槽	ISO 锥度号	ST40
MTW	无扁尾莫氏锥柄	莫氏锥度号	MTW3
MT	有扁尾莫氏锥柄	莫氏锥度号	MT1
ZB	直柄接杆	直径尺寸	ZB32
KH	7∶24 锥度的锥柄接杆	锥柄的锥度号	KH45

常用的刀柄和筒夹如图 1-7 所示，常用的拉钉如图 1-8 所示。

图 1-7 刀柄和筒夹

图 1-8 拉钉

相同标准及规格的加工中心用刀柄也可以在数控铣床上使用，其主要区别是：数控铣床所用的刀柄上没有供换刀机械手夹持的环形槽。

在有些场合，通用的刀柄和刀具系统不能满足加工要求，为进一步提高效率和满足特殊要求，而开发了多种特殊刀柄，类型如下：

（1）增速刀柄　现在的增速头能够支持换刀机械手，日本 NIKKEN 公司生产的 NXSE 型增速头，在主轴转速为 4 000r/min 时，刀具转速可在 0.8s 内达到 20 000r/min。其结构特点主要有行星齿轮增速机构、储油腔润滑方式、无接触密封方式、气体冷却方式。气体可从出气口排出，同时从无接触密封处吹出，避免脏物进入增速头。

（2）内冷却刀柄　加工深孔时最好的冷却办法是切削液直接浇在切削部位上，但这是不易达到的，尤其在卧式加工中心上。针对这种情况，国内外研制了内部通切削液的麻花钻及扩孔钻，并配以专用的切削液供给系统。工作时，高压切削液通过刀具芯部从钻头两个后面浇注至切削部位，起到冷却润滑的作用，并把切屑排出。

（3）转角刀柄　配备转角刀柄可以在一定程度上替代五面加工中心，以最少的费用达到相近的效果。如 NIKKEN 公司的高刚度五面加工转角刀柄，其型号有 30°、45°、60°、90° 转角，非常适合于多品种少量生产。除使立式加工中心具有卧式的功能外，使用转角刀柄还可以对深型腔的底部进行清角工作。

（4）多轴刀柄　多轴刀柄能同时加工多个孔，多轴及增速刀柄的混合应用即为多轴增速刀柄。

（5）双面接触刀柄　双面接触式刀柄是一种新型的大振动衰减比的工具系统，其代表性特征有：锥度为 1∶10 的短刀柄；端面与锥部同时严密配合；在端面配合处，刀柄与主轴除刚性接触外还有碟形弹簧接触，增大振动减衰比，增强工具系统的安定性。使用此种刀柄后，硬质合金刀具生产能力提高 10%，刀具寿命提高至 150%；高速钢刀具生产能力提高 35%，刀具寿命提高 80%。

（6）接触式测头刀柄　该刀柄使接触式测头固定在主轴上，实现传感器与机床的无接触信号联系，并支持换刀机械手。

2. 数控铣削刀具

与普通铣床的刀具相比较，数控铣床和加工中心刀具具有制造精度更高，要求高速、高效率加工，刀具使用寿命更长。刀具的材质选用高强度高速钢、硬质合金、立方氮化硼及人造金刚石等，高强度高速钢、硬质合金采用 TiC 和 TiN 涂层及 TiC-TiN 复合涂层来提高刀具的使用寿命。在结构形式上，采用整体硬质合金或使用可转位刀具技术。常用的数控铣削刀具如图 1-9 所示。

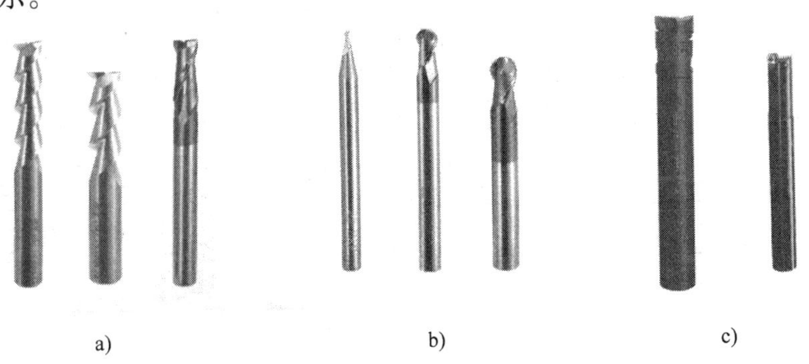

a)　b)　c)

图 1-9　常用的数控铣削刀具

a）整体立铣刀　b）整体球头铣刀　c）可转位立铣刀

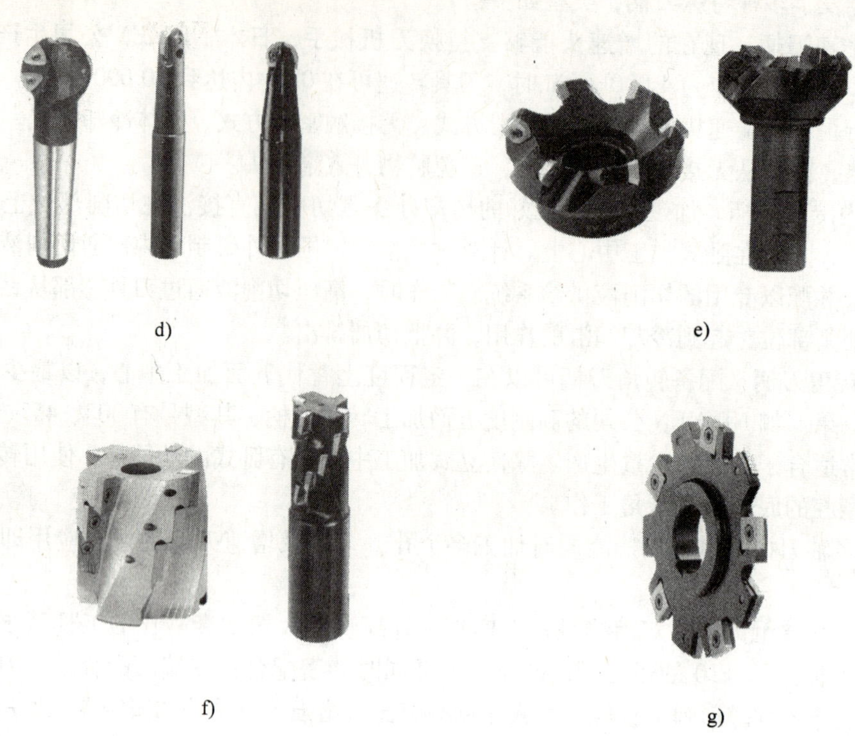

图 1-9 常用的数控铣削刀具（续）
d）可转位球头铣刀 e）面铣刀 f）可转位螺旋立铣刀 g）可转位侧刃铣刀

数控铣刀的种类和尺寸一般根据加工表面的形状特点和尺寸选择，具体见表 1-3。

表 1-3 铣削加工部位及可使用铣刀的类型

序号	加工部位	可使用铣刀的类型	序号	加工部位	可使用铣刀的类型
1	平面	可转位平面铣刀	9	较大曲面	多刀片可转位球头铣刀
2	带倒角的开敞槽	可转位倒角平面铣刀	10	大曲面	可转位圆刀片面铣刀
3	T 型槽	可转位 T 型槽铣刀	11	倒角	可转位倒角铣刀
4	带圆角开敞深槽	加长柄可转位圆刀片铣刀	12	型腔	可转位圆刀片立铣刀
5	一般曲面	整体硬质合金球头铣刀	13	外形粗加工	可转位玉米铣刀
6	较深曲面	加长整体硬质合金球头铣刀	14	台阶平面	可转位直角平面铣刀
7	曲面	多刀片可转位球头铣刀	15	直角腔槽	可转位立铣刀
8	曲面	单刀片可转位球头铣刀			

在数控铣削加工中，由于加工对象复杂多变，刀具的结构、形式、尺寸也是多种多样的，常用的刀具及典型加工型面如图 1-10 所示。

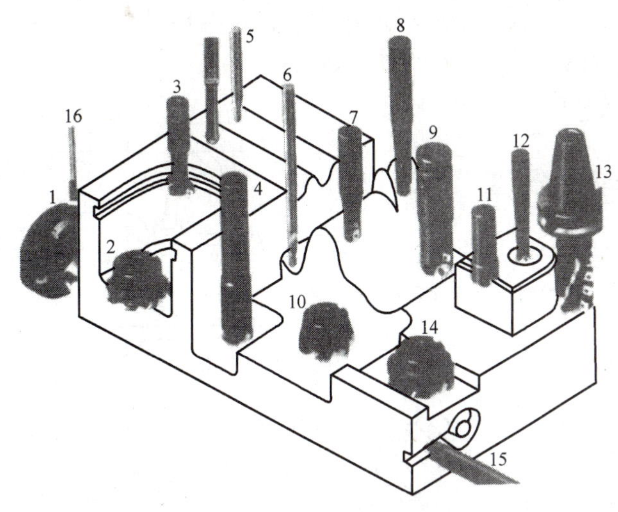

图 1-10　常用的刀具及典型加工型面

1、10—面铣刀　2、4、6、7、8、9、13—成型铣刀　3、14—槽铣刀　5—球头铣刀

11—台肩铣刀　12、15、16—立铣刀

三、常用夹具的种类和功用

数控铣床和加工中心中常用的夹具是机用虎钳、压板和组合夹具等。

1. 机用虎钳

机用虎钳如图 1-11a 所示，安装时，先找正钳口，再把工件装夹在机用平口钳上，这种方式装夹方便，应用广泛，适用于装夹形状规格小的工件。正弦平口钳如图 1-10b 所示，通过钳身上的孔及滑槽来改变角度，可用于斜面零件的装夹。

a)

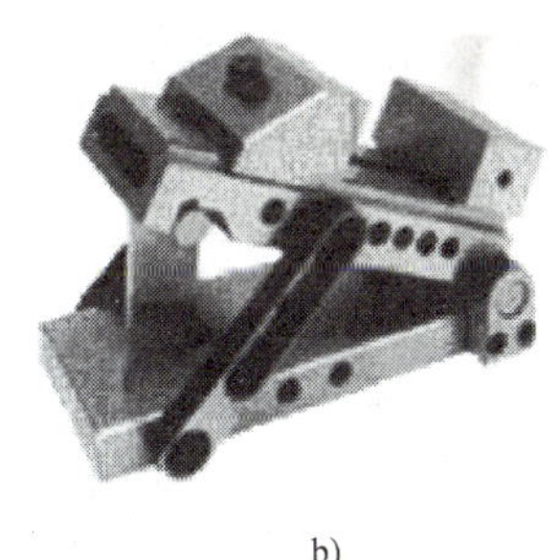

b)

图 1-11　机用平口钳

a）机用平口钳　b）正弦平口钳

2. 压板

数控铣床工作台面上有数条 T 形槽，用于安装工件或夹具。若用压板装夹工件，主要零件有压板、垫铁、T 形螺栓（或 T 形螺母）及螺母等组成，如图 1-12a 所示。压板形状各异，可适应各种不同形状工件的装夹。它是利用杠杆原理，夹紧螺栓和工件的杠杆臂越短，夹持力越大。必要时可增加辅助支承。

使用压板时，压板的一端搭在工件上，另一端搭在垫铁上，垫铁的高度应等于或略高于工件被压紧部位的高度，压板螺栓应尽量靠近工件，这样可增大夹紧力，如图 1-12b 所示。为保证夹紧可靠，压板的数量一般不少于两块。

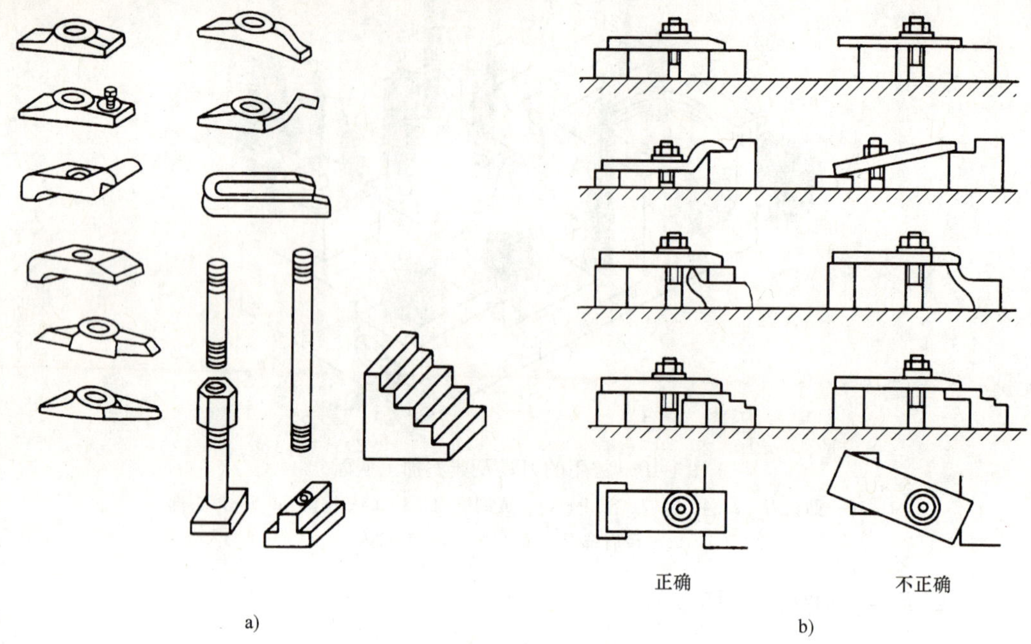

图 1-12 压板及其夹紧方式

a）压板 b）搭压板的方法

3. 组合夹具

组合夹具是一种标准化、系列化、通用化程度很高的工艺装备，目前在我国已经得到广泛的应用。组合夹具由一套预先制造的不同形状、不同规格、不同尺寸的标准元件及部件组装而成。

用孔系列组合夹具元件即可快速地组装成机床夹具。该系列元件结构简单，以孔定位，采用螺栓连接，定位精度高，刚性好，组装方便。法兰盘在孔系组合夹具上的装夹示意图如图 1-13 所示。

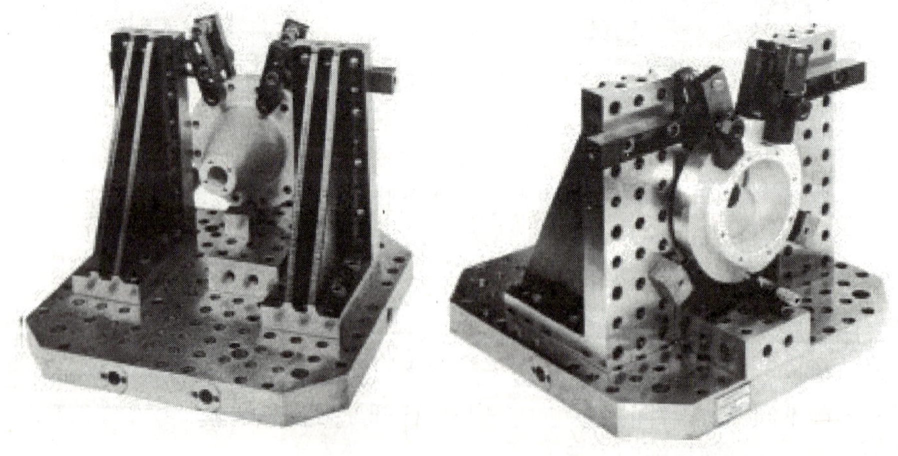

图 1-13 法兰盘在孔系组合夹具上的装夹示意图

四、常用量具的种类和功用

数控铣削加工零件的检测，一般常规尺寸仍可使用普通的量具进行测量，如游标卡尺、内径百分表等，也可采用投影仪测量；而对于高精度尺寸、空间位置尺寸、复杂轮廓和曲面的检测，只有采用三坐标测量仪来完成。

1. 游标卡尺

游标卡尺是一种常用量具，如图 1-14 所示。它能直接测量工件的外径、内径、长度、宽度、深度和孔距等，如图 1-15 所示。在数控铣削加工测量中，常用的游标卡尺测量范围有 0 ~ 150mm、0 ~ 200mm 和 0 ~ 300mm 等。按其测量精度，有 1/10mm（0.1mm）、1/20mm（0.05mm）和 1/50mm（0.02mm）三种，常用的是 1/50mm（0.02mm）。

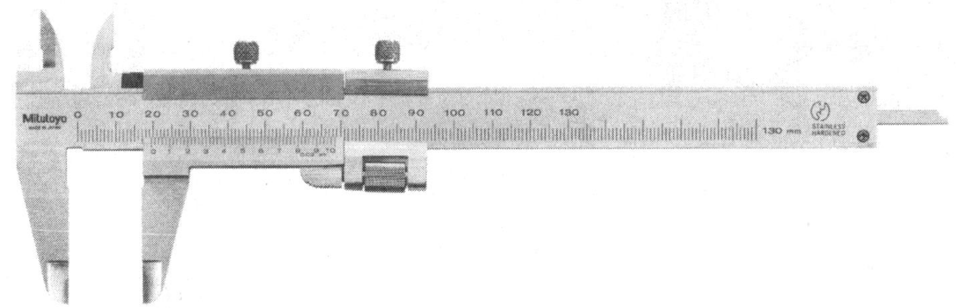

图 1-14　游标卡尺

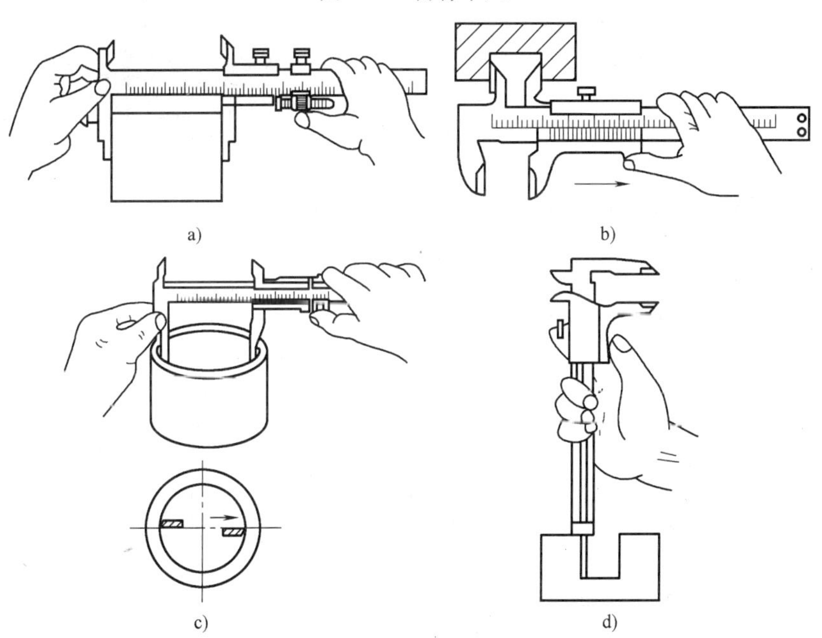

图 1-15　游标卡尺的测量方法

a）测量外形尺寸　b）测量槽宽　c）测量孔径　d）测量深度

（1）游标卡尺的刻线原理　分度值为 0.02mm 游标卡尺的刻线原理：主标尺每 1 格长度为 1mm，游标尺总长度为 49mm，等分 50 格，游标尺每格长度为 49mm/50 = 0.98mm，主标尺 1 格和游标尺 1 格长度之差为 1mm－0.98mm＝0.02mm，所以它的分度值为 0.02mm，如图 1-16 所示。

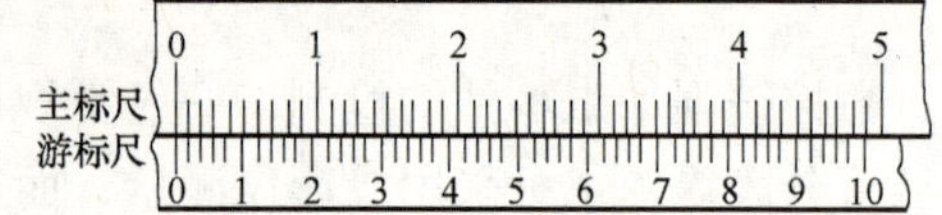

图 1-16　分度值为 0.02mm 游标卡尺刻线原理

（2）游标卡尺的读数方法　用游标卡尺测量工件时，读数步骤如下：

1）读出主标尺上的整数尺寸。即游标尺零线左侧主标尺上的毫米整数值。

2）读出游标尺上的小数尺寸，即找出游标尺上哪一条刻线与主标尺上刻线对齐，该游标刻线的次序数乘以该游标卡尺的分度值，即得到毫米内的小数值。

3）把主标尺和游标尺上的两个数值相加（整数部分和小数部分相加），就是测得的实际尺寸。

图 1-17 所示为分度值为 0.02mm 游标卡尺读数举例。

2. 游标万能角度尺

游标万能角度尺是用来测量工件和样板的内、外角度及角度划线的量具。其测量精度有 2′和 5′两种，测量范围为 0°～320°，如图 1-18 所示。

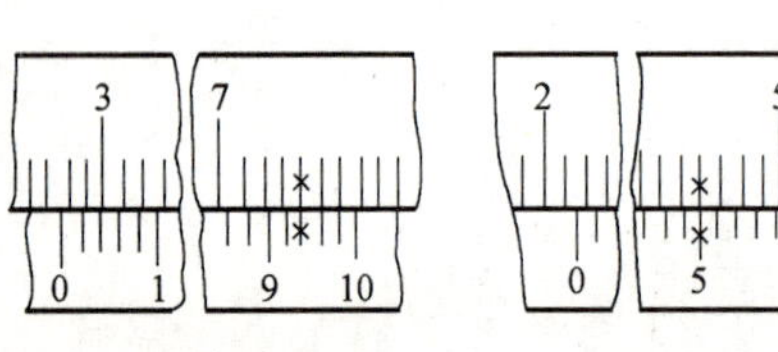

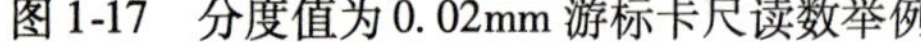

图 1-17　分度值为 0.02mm 游标卡尺读数举例

图 1-18　万能角度尺

游标万能角度尺测量不同范围的角度，分为四种组合方式，测量角度分别是 0°～50°、50°～140°、140°～230°和 230°～320°，如图 1-19 所示。

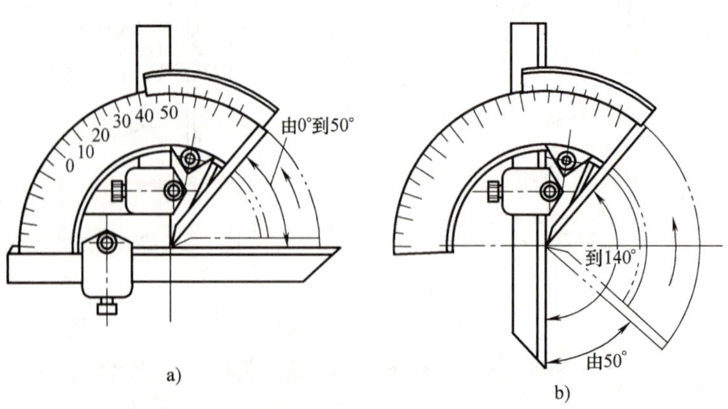

图 1-19　万能角度尺不同角度组合示意图

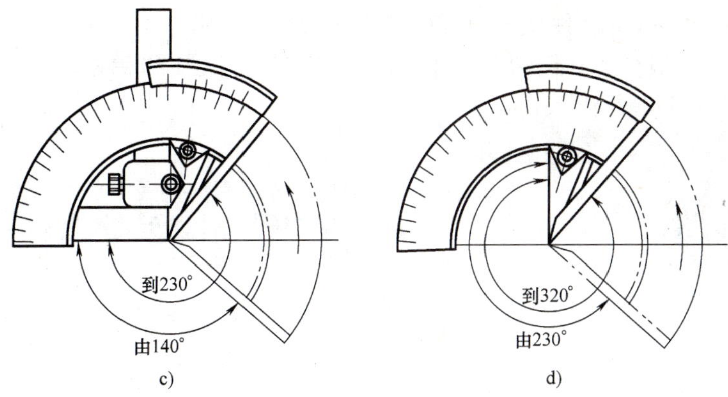

图 1-19　万能角度尺不同角度组合示意图（续）

利用扇形角度尺的主标尺、游标尺配合角尺和直尺检查外角 α，如图 1-20a 所示；利用主标尺、游标尺配合角尺检查外角 α，如图 1-20b 所示；利用主标尺和游标尺检查燕尾槽内角，如图 1-20c 所示；测量外角，如图 1-20d 所示。

游标万能角度尺的使用方法比较简单，使固定尺和直尺的测量面同时与被测面量表面接触好，即能得到角度数值。

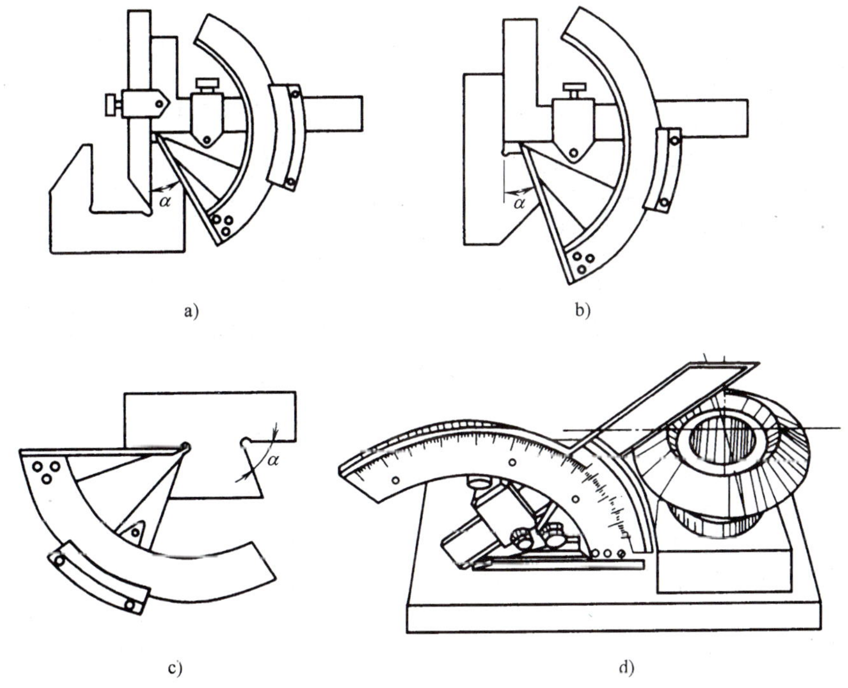

图 1-20　用游标万能角度尺测量工件

a)、b)、d) 测量外角　c) 测量燕尾槽

3. 千分尺

千分尺是测量中最常用的精密量具之一，按其用途不同可分为外径千分尺（图 1-21a）、内径千分尺（图 1-21b）、深度千分尺（图 1-20c）和螺纹千分尺（图 1-21d）等。千分尺主要用于精密测量工件的外形、内径、槽宽、深度和螺纹等，如图 1-22 所示。千分尺的测量精度为 0.01mm。外径千分尺的规格按测量范围分为 0 ~ 25mm、25 ~ 50mm、50 ~ 75mm、75

~100mm、100~125mm 等，使用时根据被测工件的尺寸选用。

千分尺的制造等级分为 0 级和 1 级两种，0 级精度最高，1 级稍差。

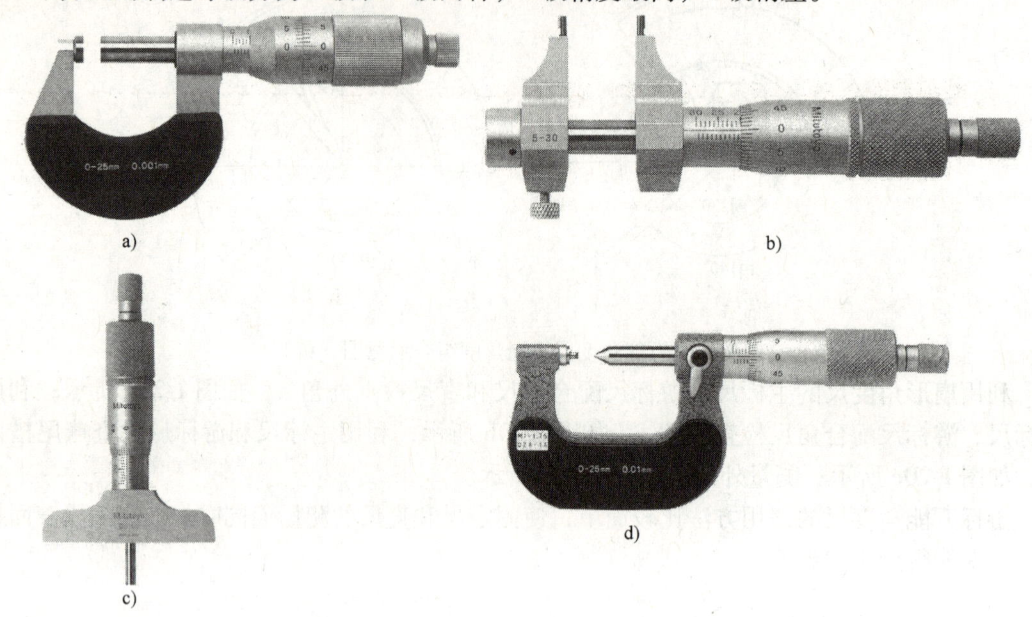

图 1-21 常用千分尺

a）外径千分尺 b）内径千分尺 c）深度千分尺 d）螺纹千分尺

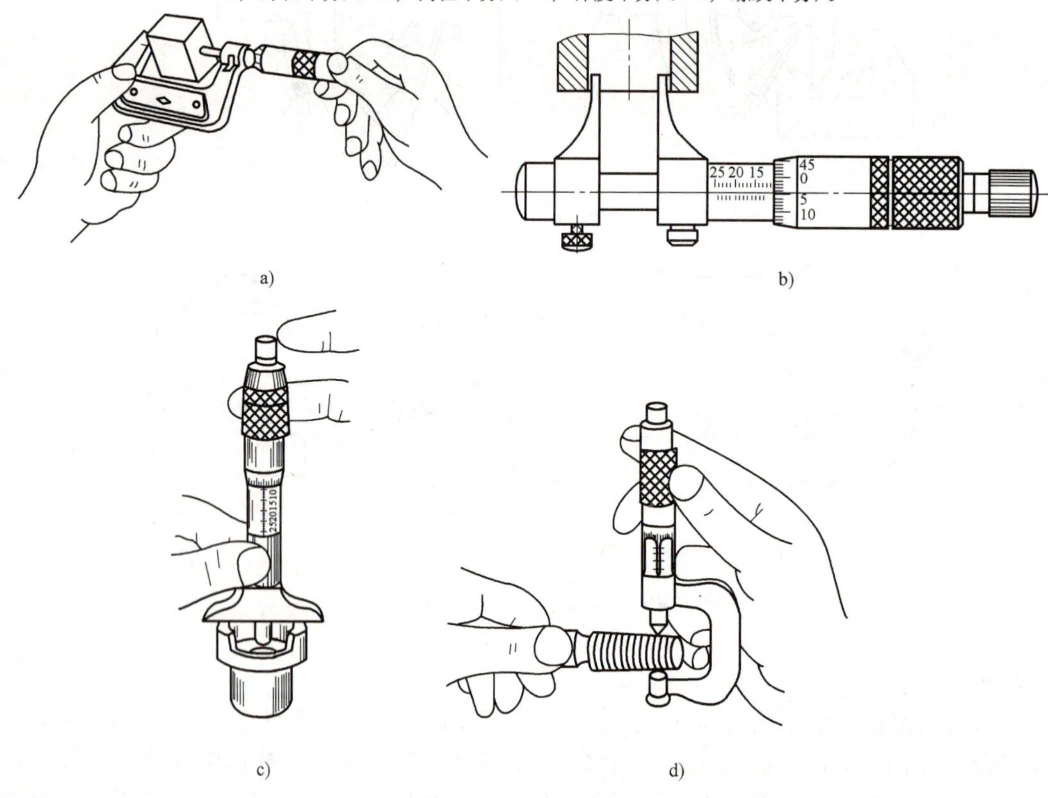

图 1-22 千分尺测量工件

a）测量外形 b）测量内径 c）测量深度 d）测量螺纹

用千分尺测量时，可参照以下步骤：

1）测量时把被测件放在V形铁或平台上，左手拿住尺架，右手操作千分尺进行测量，也可用软布包住护板，轻轻夹在钳子上，左手拿被测件，右手操作千分尺进行测量。

2）测量时要先旋转微分筒，调整千分尺测量面，当测量面快要接触被测表面时，旋动棘轮，这样既节约时间，又防止棘轮过早磨损。退尺时应使用微分筒，不要旋动后盖和棘轮，以防其松动而影响零位。

3）测量时不要快速旋转微分筒，以防测杆的测量面与被测件发生猛撞，损坏千分尺或产生测微螺杆咬死的现象。

4）当转动棘轮发出"咔咔"的响声后，进行读数，如果需要把千分尺离开工件读数，应先扳止动器，固定活动测杆，再将千分尺取下来读数。这种读数法容易磨损测量面，应尽量少用。

5）测量时要使整个测量面与被测表面接触，不要只用测量面的边缘测量，同时可以轻轻地摆动千分尺或被测件，使测量面与被测面接触好。

6）为消除测量误差，可在同一位置多测几次，再取平均值。

7）为了得到正确的测量结果，要多测量几个位置。

4. 百分表

百分表用于检验机床精度，测量工件的尺寸、形状和位置误差，如图1-23所示。百分表的测量精度为0.01mm，当测量精度为0.001mm和0.005mm时，称为千分表。按制造精度不同，可分为0级（IT4～IT6）、1级（IT6～IT16）和2级（IT7～IT16）。

内径百分表（百分表装在表架上）如图1-24所示。内径百分表是用来测量孔径及孔的形状误差的测量工具，如图1-25所示。内径百分表的测量范围有6～10mm、10～18mm、18～35mm、35～50mm、50～100mm、100～160mm、160～250mm等。内径百分表的示值误差较大，一般为±0.015mm。

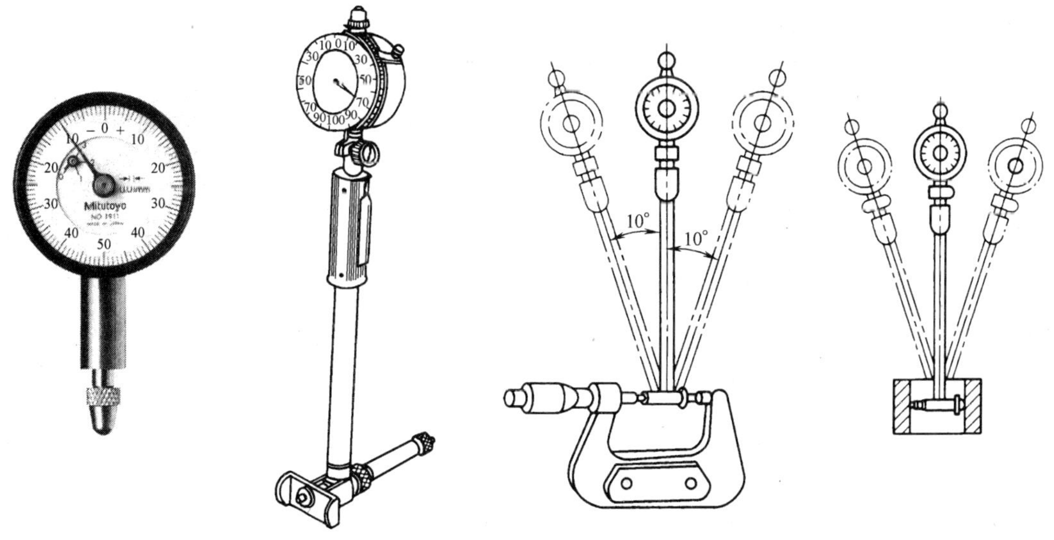

图1-23　百分表　　图1-24　内径百分表　　图1-25　内径百分表找正和测量孔径

五、机床面板的操作

标准机床控制面板的大部分按键（除急停按钮外）都位于操作台的下部，机床控制面板用于直接控制机床的动作或加工过程。HNC-21M 操作界面如图 1-26 所示。

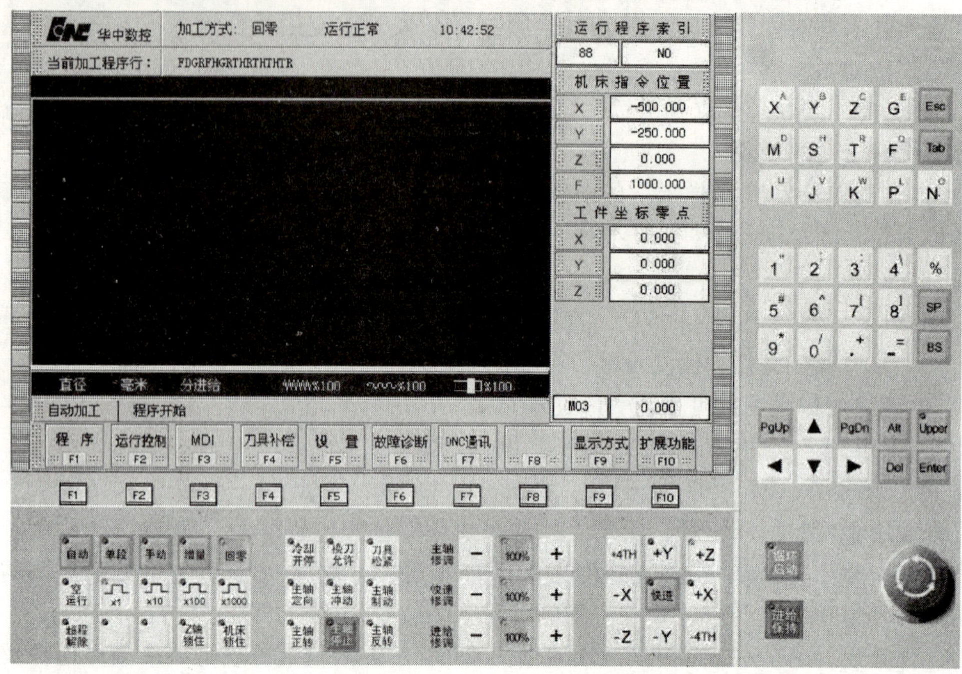

图 1-26　HNC-21M 操作界面

六、控制面板说明

1. MDI 键盘功能简介

MDI 键盘的名称及功能见表 1-4。

表 1-4　MDI 键盘的名称及功能

名称及图示	功　　能
X　1	地址和数字键，按下这些键可以输入字母、数字或者其他字符
Esc	退出键
Upper	切换键
Enter	输入键
Alt	替换键

（续）

名称及图示	功　　能
Del	删除键。删除光标后的字符，也可以删除整个程序
BS	退格键。删除光标前的字符
PgUp　PgDn	翻页键
▲ ◀　▼　▶	光标移动键 ▶ 用于将光标向右或者向前移动 ◀ 用于将光标向左或者向回移动 ▼ 用于将光标向下或者向前移动 ▲ 用于将光标向上或者向回移动

2. 菜单命令说明

数控系统屏幕的下方就是主菜单命令条，如图 1-27 所示。

程　序 F1　运行控制 F2　MDI F3　刀具补偿 F4　设　置 F5　故障诊断 F6　DNC通讯 F7　F8　显示方式 F9　扩展功能 F10

图 1-27　主菜单命令条

由于每个功能包括不同的操作，在主菜单条上选择一个功能项后，菜单条会显示该功能下的子菜单。例如，选择主菜单条中的“程序”命令后，就进入程序下面的子菜单命令条，如图 1-28 所示。

图 1-28　“程序”命令下的子菜单命令条

每个子菜单命令条的最后一项都是“返回”命令，单击该命令即返回上一级菜单。

3. 快捷键说明

快捷键的作用和菜单命令条是一样的。在菜单命令条及弹出菜单中，每一个功能项的按键上都标注了 F1、F2 等字样，表明要执行该项操作也可以通过按下相应的快捷键来执行，如图 1-29 所示。

图 1-29　快捷键

4. 机床操作键简介

机床操作键的名称及功能见表1-5。

表1-5　机床操作键的名称及功能

名称及图示	功　　能
	急停按钮，用于锁住机床。按下急停按钮时，机床立即停止运动
循环启动　进给保持	循环启动/保持。在自动和MDI运行方式下，用来启动和暂停程序
自动　单段　手动　增量　回零	方式选择键 自动：按下该键，进入自动运行方式 单段：按下该键，进入单段运行方式 手动：按下该键，进入手动运行方式 增量：按下该键，进入增量运行方式 回零：按下该键，进入返回机床参考点运行方式 方式选择互锁，当按下其中一个键时（该键左上方的指示灯亮），其余各键失效（指示灯灭）
+4TH　+Y　+Z -X　快进　+X -Z　-Y　-4TH	进给轴和方向选择开关。在手动连续进给、增量进给和返回机床参考点运行方式下，用来选择机床要移动的轴和方向。其中的 快进 为快进开关。当按下该键时，快进功能开启。松开该键时，快进功能关闭
主轴修调　－　100%　＋	主轴修调。在自动或者MDI方式下，当S代码指定的主轴速度偏高或偏低时，可用“主轴修调”右侧的 100% 和 ＋、－ 键，修调程序中编制的主轴速度 按 100%（指示灯亮），主轴修调倍率被置为100%；按一下 ＋，主轴修调倍率递增10%；按一下 －，主轴修调倍率递减10%

（续）

名称及图示	功　　能
快速修调 − 100% +	快速修调。在自动或者 MDI 方式下，可用“快速修调”右侧的 100% 和 +、− 键，修调 G00 快速移动时系统参数“最高移动速度” 按 100%（指示灯亮），快速修调倍率被置为 100%；按一下 −，快速修调倍率递减 10%；快速修调倍率最高只能达到 100%
进给修调 − 100% +	进给修调。在自动或者 MDI 方式下，当 F 代码的进给速度偏高或偏低时，可用“进给修调”右侧的 100% 和 +、− 键，修调程序中编制的进给速度 按 100%（指示灯亮），进给修调倍率被置为 100%；按一下 +，进给修调倍率递增 10%；按一下 −，进给修调倍率递减 10%
x1 x10 x100 x1000	增量值选择键。在增量运行方式下，用来选择增量进给的增量值 x1 为 0.001mm x10 为 0.01mm x100 为 0.1mm x1000 为 1mm 各键互锁，当按下其中一个键时（该键左上方的指示灯亮），其余各键失效（指示灯灭）
主轴正转 主轴停止 主轴反转	主轴旋转键。用来开启和关闭主轴 主轴正转 按下该键，主轴正转 主轴停止 按下该键，主轴停止 主轴反转 按下该键，主轴反转
冷却开停	切削液开停。手动控制切削液开停，当按下该键时，该键左上方的指示灯亮，切削液打开。再按一下该键，指示灯灭，切削液关
超程解除	超程解除。当机床运动到达行程极限时，会出现超程，系统将发出警告音，同时机床紧急停止。要退出超程状态，可按下该键（指示灯亮），再按与刚才相反方向的坐标轴键

（续）

名称及图示	功　能
空运行	空运行。在自动方式下，按下该键（指示灯亮），程序中编制的进给速率忽略，坐标轴以最快速度移动
Z轴锁住　机床锁住	Z轴/机床锁住。用来禁止机床坐标轴移动。显示屏上的坐标数值仍会发生变化，但机床停止不动

5. MPG 手持单元

MPG手持单元由手摇脉冲发生器、坐标轴选择开关组成，用于手摇方式增量进给坐标轴。手摇脉冲发生器如图1-30所示。

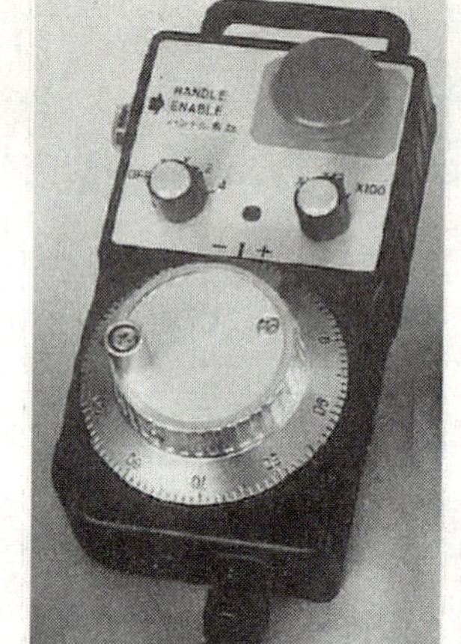

图1-30　手摇脉冲发生器

当手持单元的坐标轴选择波段开关置于X、Y、Z、4TH档时，按一下控制面板上的增量按键，指示灯亮，系统处于手摇进给方式，可手摇进给机床坐标轴（下面以手摇进给*X*轴为例说明）。

1）手持单元的坐标轴选择波段开关置于X档。

2）旋转手摇脉冲发生器可控制*X*轴正、负向运动。

3）顺时针（逆时针）旋转手摇脉冲发生器一格，*X*轴将向正向或负向移动一个增量值。用同样的操作方法使用手持单元，可以使*Y*轴、*Z*轴、4*TH*轴向正向或负向移动一个增量值，手摇进给方式每次只能控制1个坐标轴增量进给。

手摇脉冲发生器每转一格的移动量由手持单元的增量倍率波段开关×1、×10、×100控制。增量倍率波段开关的位置和增量值的对应关系见表1-6。

表1-6　增量倍率波段开关的位置和增量值的对应关系

位置	×1	×10	×100
增量值/mm	0.001	0.01	0.1

6. 数控系统操作界面

HNC-21M数控系统操作界面如图1-31所示。

(1) 图形显示窗口　可以根据需要用功能键F9设置窗口的显示内容。

(2) 当前加工程序行　当前正在或将要加工的程序段。

(3) 加工方式、系统运行状态及当前时间

1）加工方式：系统加工方式根据机床控制面板上相应按键的状态可在自动（运行）、单段（运行）、手动（运行）、增量（运行）、回零、急停、复位等之间切换。

2）运行状态：系统的运行状态在“运行正常”和“出错”间切换。

3）当前时间：当前系统时间。

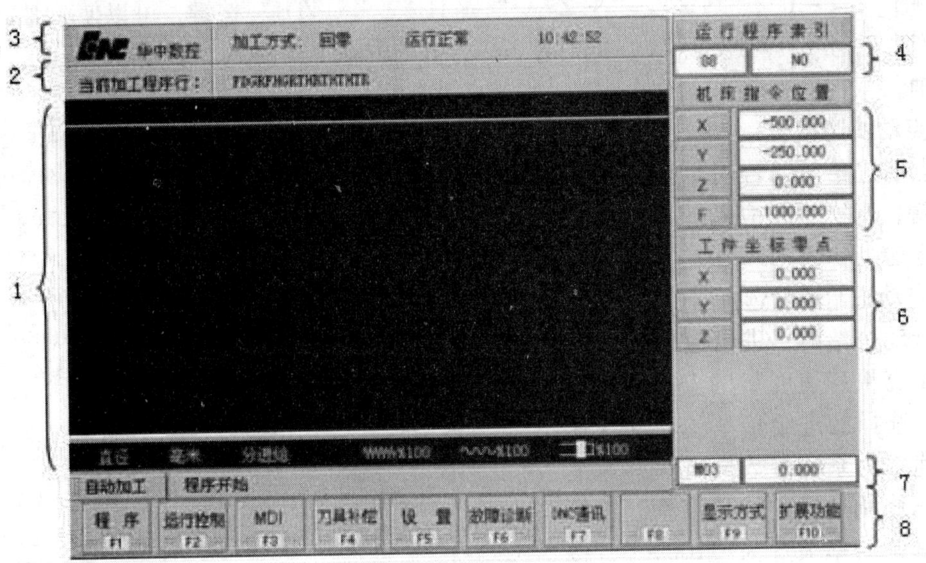

图 1-31　HNC-21M 数控系统操作界面

（4）运行程序索引

（5）自动加工中的程序名和当前程序段行号

（6）选定坐标系下的坐标值　坐标系可在机床坐标系、工件坐标系、相对坐标系之间切换显示值，可在指令位置、实际位置、剩余进给、跟踪误差、负载电流、补偿值之间切换。负载电流只对Ⅱ型伺服有效。

（7）辅助机能　自动加工中的 M、S、T 代码。

（8）菜单命令条　操作界面中最重要的部分是菜单命令条。系统功能的操作主要通过菜单命令条中的功能键 F1 ~ F10 来完成。由于每个功能包括不同的操作，菜单采用层次结构，即在主菜单下选择一个菜单项后，数控装置会显示该功能下的子菜单，用户可根据该了菜单的内容选择所需的操作。注意：本系统约定用 F1→F4 格式表示在主菜单下按 F1，然后在子菜单下按 F4，具体如图 1-32 所示。

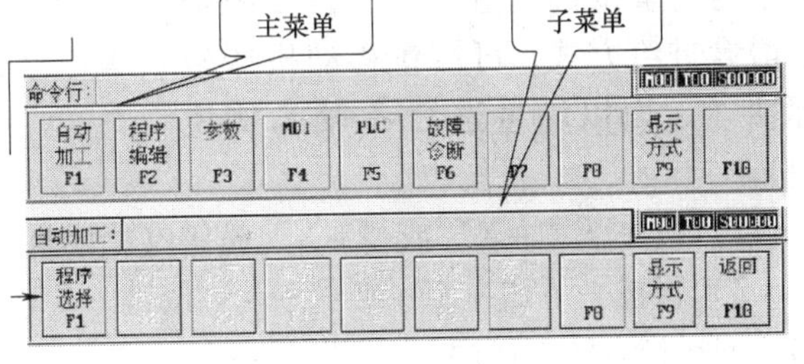

图 1-32　菜单层次

当要返回主菜单时，按子菜单下的 F10 键即可。HNC-21M 的菜单结构如图 1-33 所示。

七、进给方式

1. 点动进给

按一下“手动”按键（指示灯亮），系统处于点动运行方式，可点动移动机床坐标轴（下面以点动移动 X 轴为例说明）。

1）按下“+X”或“-X”按键（指示灯亮），X 轴将产生正向或负向连续移动。

2）松开“+X”或“-X”按键（指示灯灭），X 轴即减速停止。用同样的操作方法，使用“+Y”、“-Y”、“+Z”、“-Z”、“+4TH”、“-4TH”按键，可以使 *Y* 轴、*Z* 轴、4*TH* 轴产生正向或负向连续移动。同时按下多个方向的轴手动按键，每次能手动连续移动多个坐标轴。

2. 点动快速移动

在点动进给时，若同时按下“快进”按键，则产生相应轴的正向或负向快速运动。

3. 点动进给速度选择

在点动进给时，进给速率为系统参数“最高快移速度”的 1/3 乘以进给修调。选择的进给倍率、点动快速移动的速率为系统参数最高快移速度乘以快速修调选择的快移倍率。进给或快速修调倍率被置为“100%”，按一下“+”按键，修调倍率递增 5%，按一下“-”按键，修调倍率递减 5%。

4. 增量进给

当手持单元的坐标轴选择波段开关置于“OFF”档时，按一下控制面板上的增量按键，指示灯亮，系统处于增量进给方式，可增量移动机床坐标轴（下面以增量进给 *X* 轴为例说明）。

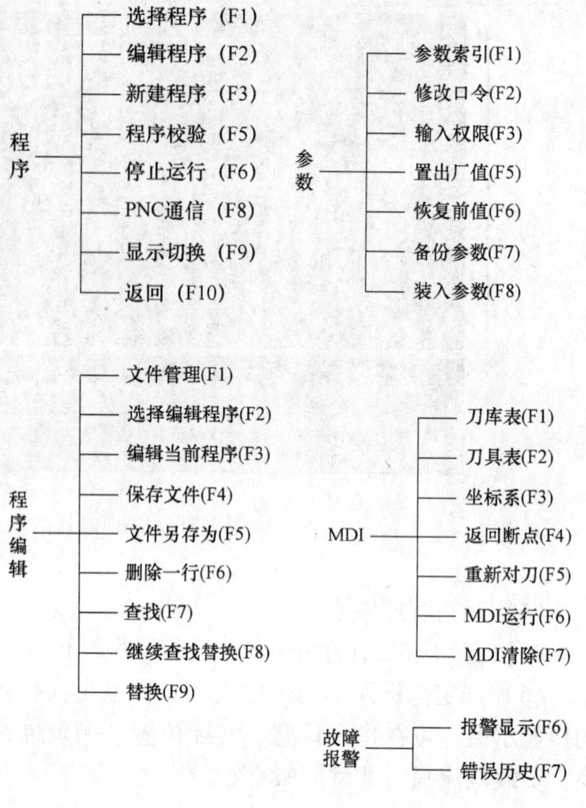

图 1-33 HNC-21M 的菜单结构

1）按一下“+X”或“-X”按键（指示灯亮），*X* 轴将向正向或负向移动一个增量值。

2）再按一下“+X”或“-X”按键，*X* 轴将向正向或负向继续移动一个增量值。用同样的操作方法，使用“+Y”、“-Y”、“+Z”、“-Z”、“+4TH”、“-4TH”按键，可以使 *Y* 轴、*Z* 轴、4*TH* 轴向正向或负向移动一个增量值，同时按一下多个方向的轴手动按键，每次可实现多个坐标轴增量进给。

增量进给的增量值由“×1”、“×10”、“×100”和“×1000”四个增量倍率按键控制。增量倍率按键和增量值的对应关系见表 1-7。

表 1-7 增量倍率按键和增量值的对应关系

增量倍率按键	×1	×10	×100	×1000
增量值/mm	0.001	0.01	0.1	1

任务反馈

1）量具要轻拿轻放，严禁磕碰。

2）量具使用前要用量块找正。

3）不允许测量粘有研磨剂的工件，也不准用砂布或磨石等摩擦测量刃口或测杆。

4）测量工件时，要待工件冷却后测量，并注意清理测量位置的切屑。

5）量具使用完毕，要用清洁的软布把切屑、切削液等擦干净，放入专用盒内。

6）熟悉机床操作面板，要注意安全，避免误操作。

7）初次操作机床要注意感知机床的运动方向。

8）体验机床几种不同的进给方式时，要注意避免机床超程。

9）按键互锁，即按一下其中一个指示灯亮，其余几个指示灯灭。

考考你

1. 简述游标卡尺的读数方法。
2. 简述千分尺的读数方法。
3. 简述游标万能角度尺的读数方法。
4. 简述数控铣床的基本操作步骤。
5. 常用千分尺测量范围每隔（　　）mm 为一挡。

A. 25　　B. 50　　C. 100　　D. 150

6. 千分尺的制造精度主要是由它的（　　）精度来决定的。

A. 刻线　　B. 测量螺杆　　C. 微分筒　　D. 固定套管

7. 内径千分尺的活动套筒转动一格，测微螺杆移动（　　）。

A. 1mm　　B. 0.1mm　　C. 0.01mm　　D. 0.001mm

8. 增量进给的增量值有______、______、______和______四个增量倍率。

任务总结

学到的知识点	1. 2. 3. 4.
还需要进一步提高的操作练习（知识点）	1. 2. 3. 4.
存在疑问或不懂的知识点	1. 2. 3. 4.
应注意的问题	1. 2. 3. 4.
其他	1. 2. 3. 4.

任务三　数控铣削编程基础知识

知识目标

1. 掌握数控铣床坐标系的设定原则。
2. 掌握数控编程的内容及步骤。

技能目标

1. 掌握数控铣削编程指令格式。
2. 掌握数控铣削对刀的操作方法。

任务描述

零件图如图 1-34 所示，工件尺寸为 60mm × 60mm × 30mm，材料为硬铝。采用寻边器法和试切法对刀。

任务分析

本任务主要是训练学生掌握数控铣削编程的基础知识以及数控铣削加工对刀的基本方法。

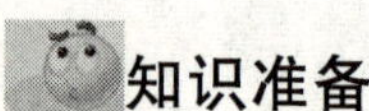

知识准备

一、坐标系建立的原则

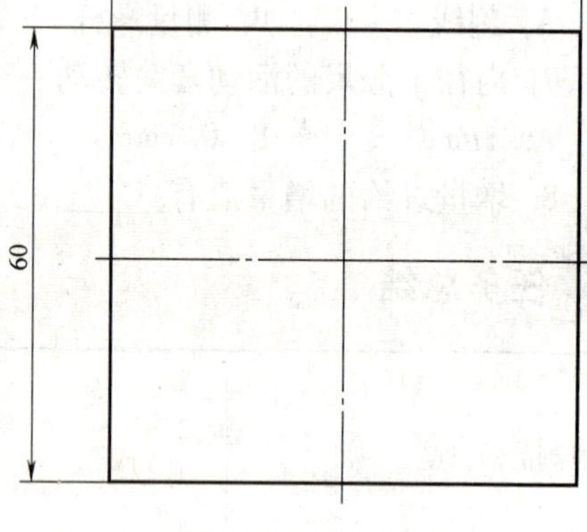

图 1-34　零件图

1）假设刀具相对于静止的工件运动，当工件移动时，则在坐标轴符号上加“′”表示。

2）标准坐标系采用右手笛卡儿直角坐标系，如图 1-35 所示。

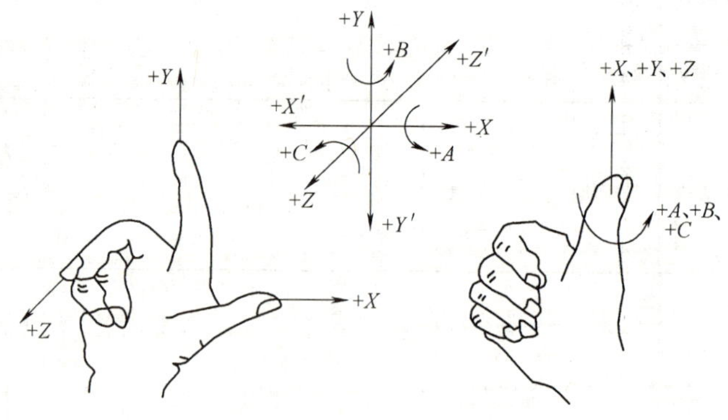

图 1-35　右手笛卡儿直角坐标系

3）刀具远离工件的运动方向为坐标轴的正方向。

4）机床主轴旋转运动的正方向按照右手螺旋法则判定。

二、坐标轴的规定

1. *Z* 坐标轴

1）在机床坐标系中，规定传递切削力的主轴为 *Z* 坐标轴。

2）对于没有主轴的机床（如数控龙门刨床），则规定 *Z* 坐标轴垂直于工件装夹平面方向。

3）如机床上有几个主轴，则选一个垂直于工件装夹面的主轴作为主要的主轴。

2. *X* 坐标轴

1）*X* 坐标轴是水平方向，它平行于工件装夹平面。

2）对于工件旋转的机床，*X* 坐标的方向在工件的径向上，并且平行于横滑座。

3）对于刀具旋转的机床，如 *Z* 坐标是水平（卧式）的，当从主要刀具的主轴向工件看时，向右的方向为 *X* 的正方向；如 *Z* 坐标是垂直（立式）的，当从主要刀具的主轴向立柱看时，*X* 的正方向指向右边。

4）对刀具或工件均不旋转的机床（如刨床），*X* 坐标平行于主要进给方向，并以该方向为正方向。

3. *Y* 坐标轴

Y 坐标轴根据 *Z* 和 *X* 坐标轴，按照右手直角笛卡儿直角坐标系确定。

如在 *X*、*Y*、*Z* 主要直线运动之外另有第二组、第三组平行于它们的运动，可分别将它们的坐标定为 *U*、*V*、*W* 和 *P*、*Q*、*R*。

4. 旋转坐标轴 *A*、*B*、*C*

A、*B*、*C* 分别表示轴线平行于 *X*、*Y*、*Z* 的旋转坐标轴。

三、机床坐标系的确定方法

1. 坐标轴的确定方法

一般先确定 *Z* 坐标轴，因为它是传递主切削力的主要轴或方向，再按规定确定 *X* 坐标轴，最后用右手法则确定 *Y* 坐标轴。

几种常用数控铣床和镗床坐标系如图 1-36 ~ 图 1-39 所示。

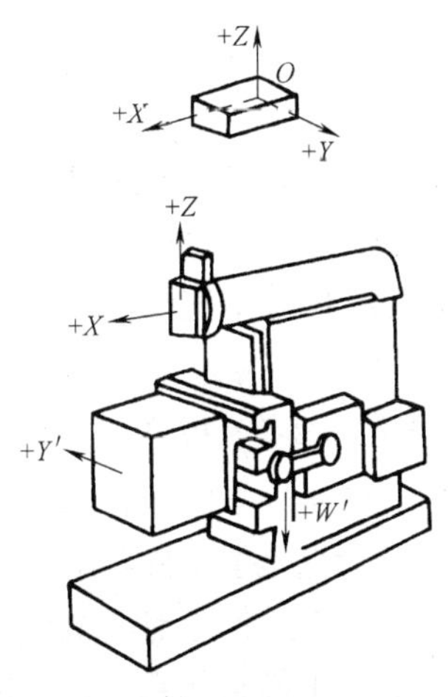

图 1-36　数控刨床坐标系

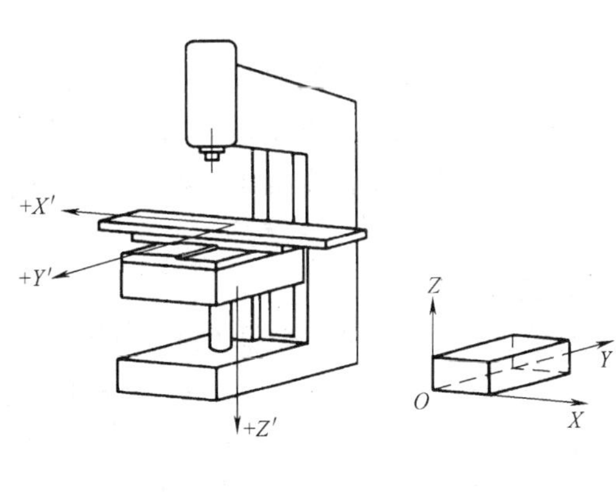

图 1-37　立式数控铣床坐标系

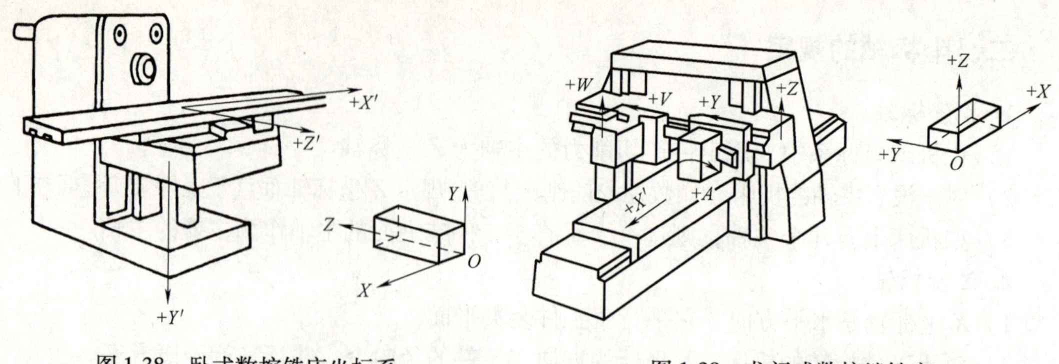

图 1-38 卧式数控铣床坐标系　　图 1-39 龙门式数控镗铣床

2. 机床原点

机床坐标系是用来确定工件坐标系的基本坐标系，其坐标和原点方向视机床的种类和结构而定。机床坐标系的原点也称机床原点，如图 1-40 所示。零点是固有的点。

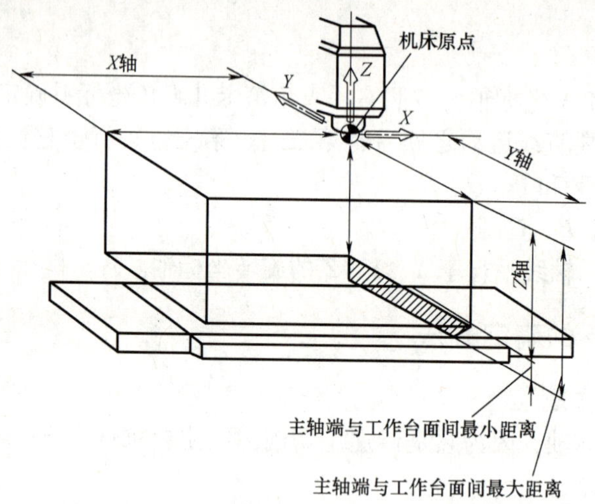

图 1-40 立式数控铣床和加工中心机床原点

机床起动时，通常要进行机动回零或手动回零。所谓回零，就是指运动部件回到各轴正向极限位置。这个极限位置就是机床原点。机床原点在机床一经设计和制造出来便被确定下来。所以，机床原点是机床坐标中固有的点，不能随意改变。工件坐标系的原点是任意的，可以由编程人员自行设定。这就是两个坐标系的不同之处，编程时切记不能混淆。

3. 工件坐标系

工件坐标系是编程人员在编程和加工时使用的坐标系，是程序的参考坐标系，工件坐标系的位置以机床坐标系为参考点，一般在一个机床中可以设定 6 个工件坐标系。编程人员以工件图样上的某点为工件坐标系，称工件原点，而编程时的刀具轨迹坐标点是按工件轮廓在工作坐标系中的坐标确定的。在加工时，工件随夹具装夹在机床上，这时测量工件原点与机床原点间的距离，称作工件原点偏置。在加工时，工件原点偏置便能自动加到工件坐标系上，使数控系统可按机床坐标系确定加工时的绝对坐标值。因此，编程人员可以不考虑工件在机床上的实际装夹位置和装夹精度，而利用数控系统的原点偏置功能，通过工件原点偏置值，补偿工件在工作台上的位置误差。现在大多数数控机床都有这种功能，使用起来很方便。

4. 附加运动坐标系

一般我们称 X、Y、Z 为主坐标系或第一坐标系，如有平行于第一坐标系的第二组和第三组坐标系，则分别指定为 U、V、W 和 P、Q、R。所谓第一坐标系是指靠近主轴的直线运动，稍远的为第二坐标系，更远的为第三坐标系。

四、数控编程的内容及步骤

1. 加工工艺分析

1）零件图样进行分析，明确加工的内容和要求。

2）确定加工方案。

3）选择适合的数控机床。

4）选择或设计刀具和夹具。

5）确定合理的加工路线，选择合理的切削用量等。

2. 数学处理

在确定了工艺方案后，就需要根据零件的几何尺寸、加工路线等计算刀具中心运动轨迹，以获得刀位数据。

3. 编写程序

在完成上述工艺处理及数值计算工作后，即可编写零件加工程序。程序编制人员使用数控系统的程序指令，按照规定的程序格式，逐段编写加工程序。程序编制人员应对数控机床的功能、程序指令及代码十分熟悉，才能编写出正确的加工程序。

4. 程序校验及首件试切

将编写好的加工程序输入数控系统，就可控制数控机床进行加工。在正式加工之前，应对程序进行校验。通常可采用机床空运转的方式检查机床动作和运动轨迹的正确性，以校验程序是否无误。在具有图形模拟显示功能的数控机床上，可通过显示加工轨迹或模拟刀具对工件的切削过程对程序进行检查。对于形状复杂和要求较高的零件，也可采用铝件、塑料或石蜡等易切削材料进行试切来校验程序。通过检查试件，不仅可确认程序是否正确，还可检验加工精度是否符合要求。若能采用与被加工零件材料相同的材料进行试切，则更能反映实际加工效果，当发现加工的零件不符合加工技术要求时，可修改程序或采取尺寸补偿等措施。数控编程的内容及步骤如图 1-41 所示。

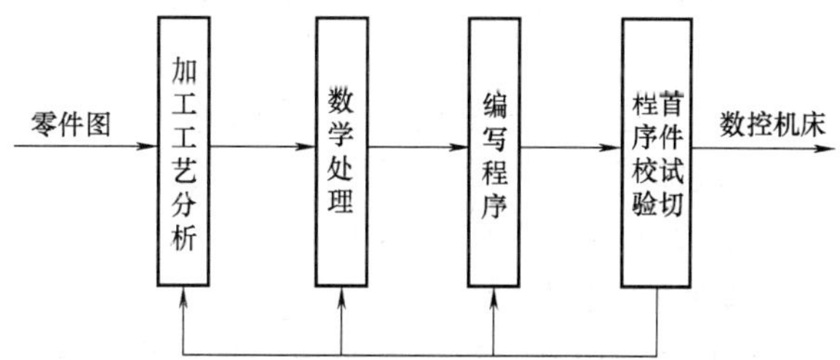

图 1-41　数控编程的内容及步骤

五、程序结构与格式

1. 程序的组成结构

程序都是由程序号、程序内容和程序结束三部分组成的。程序的内容则由若干程序段组成，程序段由若干指令字组成，每个指令字又由字母和数字组成。即字母和数字组成字，指令字组成程序段，程序段组成程序，加工中程序通常可分为主程序和子程序，两者的组成结构见表1-8。

表1-8 主程序和子程序的组成结构

主程序		子程序	
%3001	主程序号	%4001	子程序号
N10 G90 G21 G40 G80;		N10 G91 G82 Y12 Z-12.0 R3.0 Q3.0 F250;	
N20 G91 G28 X0 Y0 Z0;		N20 X12 L9;	
N30 S2000 M03 T0101;		N30 Y12;	程序内容
…		…	
N70 M98 P4001 L3;	程序内容	N40 X-12 L9;	
N8 G80;		N50 M99;	程序返回
…			
N100 M09;			
N110 G91 G20 X0 Y0 Z0;			
N120 M30;	程序结束		

（1）程序号　程序号为程序的开始部分，为了区别存储器中的程序，每个程序都要有程序号，在程序号前采用程序编号地址码。如在华中数控系统中采用“%”、在FANUC系统中采用大写英文字母“O”作为程序号地址，其他系统也有采用“P”、“:”等。

（2）程序内容　程序内容是整个程序的核心，由许多程序段组成，表示数控机床所要完成的全部动作。

（3）程序结束　以程序结束指令M02或M30作为整个程序结束的符号。

2. 程序段格式

程序段的格式定义了每个程序段中功能字的句法，程序段格式的顺序如下：

N__ G__ X__ Y__ Z__ I__ J__ K__ P__ Q__ R__ A__ B__ C__ F__ S__ T__ M__;

注意：上述程序段中包括的各种指令并非在加工程序的每个程序段中都必须有，而是根据各程序段的具体功能来选择相应的指令。

例如：N10 G92 X0 Y0 Z80;

3. 程序段中的指令字

一个程序段由多个指令字组成，这些指令字可分为顺序号字、准备功能字、尺寸功能字、进给功能字、主轴功能字、刀具功能字、辅助功能字和程序段结束字。每个字都由称为地址字符的英文字母开头，ISO标准规定的各地址字符含义见表1-9。

表1-9 地址字符表

字符	含义	字符	含义
A	绕 X 轴旋转	D	刀具半径补偿指令
B	绕 Y 轴旋转	E	第二进给功能
C	绕 Z 轴旋转	F	进给速度的指令

（续）

字符	含　义	字符	含　义
G	指令动作方式	Q	固定循环终止段号或固定循环定距
H	暂不指定，有的为补偿值地址	R	固定循环中定距或圆弧的半径等
I	圆弧中心 X 轴向坐标	S	主轴转速指令
J	圆弧中心 Y 轴向坐标	T	刀具编号指令
K	圆弧中心 Z 轴向坐标	U	平行于 X 轴的附加轴
L	固定循环及子程序重复次数	V	平行于 Y 轴的附加轴
M	辅助功能	W	平行于 Z 轴的附加轴
N	顺序号	X	X 坐标轴绝对坐标值
O	程序号、子程序号的指定或不使用	Y	Y 坐标轴绝对坐标值
P	暂停时间或程序中某功能的开始使用的顺序号	Z	Z 坐标轴绝对坐标值

（1）程序段顺序号字　由地址码 N 及后续 2～4 位数字组成，用于对各程序段编号。编号的顺序也是各程序段的执行顺序。例如：N20 表示该语句的句号为 20。

（2）准备功能字　准备功能字由地址码 G 及其后续 2 位数字组成，从 G00～G99 共 100 种。G 功能的主要作用是指定数控机床的运动方式，为数控系统的插补运算等做好准备。所以它一般都位于程序段中尺寸字的前面而紧跟在程序段顺序号字之后。G 代码分为模态指令（又称续效代码）和非模态指令。模态指令可在连续多个程序段中有效，直到被同组的代码取代；非模态指令只在本程序段中有效。不同组的 G 代码，在同一程序段中可以指定多个。

（3）尺寸功能字　尺寸功能字也称坐标字，用于给定各坐标轴位移的方向和数值。它由各坐标轴地址码、+、-符号及其后的数值组成（“+”可省略）。尺寸功能字安排在 G 功能字之后。尺寸功能字的地址对直线进给运动为：X、Y、Z、U、V、W、P、Q、R；对于绕轴回转运动为：A、B、C、D、E。此外，还有插补参数字（地址码）I、J 和 K 等。尺寸功能字的单位对直线位移多为 mm，也有用脉冲当量的，回转运动则用 rad 或“r”，具体视选用的数控系统而定。

（4）进给功能字　进给功能也称 F 功能，由地址码 F 及其后续的数值组成，用于指定刀具的进给速度。进给功能字应写在相应轴尺寸字之后，对于几个轴合成运动的进给功能字，应写在最后一个尺寸字之后。进给速度的指定有直接法和代码法两种。

1）直接法是用 F 后面的数值直接指定进给速度，一般单位为 mm/min，切削螺蚊时用 mm/r，在英制单位中用 in 表示。例如，F500 表示进给速度为 500mm/min。目前的数控系统大多数采用直接指定法。

2）用代码法指定进给速度时，F 后面的数值表示进给速度代码，代码按一定规律与进给速度对应。常用的有 1、2、3、4、5 位代码法及进给速率数（FRN）法等。例如 2 位代码法，即规定 0～99 对应 100 种进给速度，编程时只指定代码值，通过查表或计算可得出实际进给速度值。

（5）主轴转速功能字　主轴转速功能也称 S 功能，由地址码 S 及后续的若干位数字组成，用于指定机床主轴转速，单位为 r/min。指定方法也有直接法和代码法两种。

例如，用直接法时，S1500 表示主轴转速为 1500r/min。用一位代码法（经济型数控机床常用）时，S3 表示机床第 3 级转速，具体转速值在机床说明书中规定。

（6）刀具功能字　刀具功能也称 T 功能，由地址码 T 及后续的若干位数字组成，用于更换刀具时指定刀具或显示待换刀号，如 T02 表示 2 号刀。有的也能指定刀具位置补偿，例如 T0203，02 为刀具号（选择 2 号刀具），03 为刀具补偿值组号（调用第 3 组刀具补偿值）。刀具补偿用于对换刀、刀具磨损、编程等产生的误差进行补偿。

（7）辅助功能字　辅助功能也称 M 功能，由地址码 M 及后续两位数字组成，从 M00 ~ M99 共 100 种。它是控制机床各种开关功能的指令。常用辅助功能 M 代码的含义及用途见表 1-10。

表 1-10　常用辅助功能 M 代码的含义及用途

代码	含　义	用　途
M00	程序停止	实际为暂停指令，当执行有 M00 指令的程序段后，主轴的转动、进给、切削液都将停止。它与单程序停止相同，模态信息全部被保存，以便进行某一手动操作，如换刀、测量工件的尺寸等。重新起动机床后，继续执行后面的程序
M01	选择停止	与 M00 的功能基本相似，只有在按下“选择停止”后，M01 才有效，否则机床继续执行后面的程序段；按“启动”键，继续执行后面的程序
M02	程序结束	该指令在程序的最后一条，表示执行完程序内所有指令后，主轴停止、进给停止、切削液关闭，机床处于复位状态
M03	主轴正转	主轴顺时针方向旋转
M04	主轴反转	主轴逆时针方向旋转
M05	主轴停止转动	主轴停止转动
M06	换刀	加工中心的自动换刀动作
M08	切削液开	切削液开
M09	切削液关	切削液关
M30	程序结束并返回起始行	使用 M30 时，除表示执行 M02 的内容之外，还返回到程序的第一条语句，准备下一个工件的加工
M98	子程序调用	调用子程序
M99	子程序返回	子程序结束及返回

注：不同机床的 M 代码规定有差异，编程时必须根据说明书的规定进行。

（8）第二辅助功能字　第二辅助功能又称 B 功能，它是用来指定工作台进行分度的。B 功能是用地址字 B 及其后面的两位或三位数字来表示，如 B60、B180、B270 等。

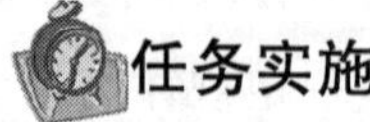

任务实施

对刀操作就是确定刀具上某一点在工件坐标系中坐标值的过程。对于圆柱形铣刀，对刀点通常是指切削刃底平面的中心，对于球头铣刀，是指球头的中心。对刀的过程实际就是在机床坐标系中建立工件坐标系的过程。对刀的准确性直接影响零件的加工精度。

对刀通常为 X、Y 向和 Z 向对刀。

1. 对刀工具

（1）寻边器　寻边器分偏心式、回转式和光电式，如图 1-42 所示。偏心式、回转式寻边器为机械式构造。机床主轴中心距被测表面的距离为测量圆柱的半径值。

光电式寻边器的测头一般为10mm的钢球，用弹簧拉紧在光电式寻边器的测杆上，碰到工件时可以退让，并将电路导通，发出光信号。通过光电式寻边器的指示和机床坐标位置可得到被测表面的坐标位置。利用测头的对称性，还可以测量一些简单的尺寸。

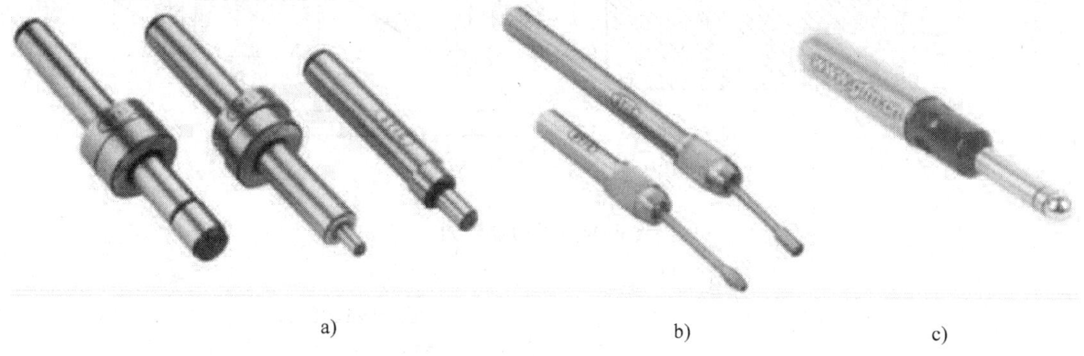

a)　b)　c)

图1-42　寻边器

a）偏心式　b）回转式　c）光电式

（2）*Z*轴设定器　*Z*轴设定器主要用于确定工件坐标系原点在机床坐标系的*Z*轴坐标，或者说是确定刀具在机床坐标系中的高度。*Z*轴设定器有光电式（图1-43a）和指针式（图1-43b）等类型，通过光电指示或指针，判断刀具与设定器是否接触，对刀精度一般可达(50.0±0.0025)mm，设定器标定高度的重复精度一般为0.001～0.002mm。设定器带有磁性表座，可以牢固地吸附在工件或夹具上。其高度一般为50mm或100mm。

a)　b)

图1-43　*Z*轴设定器

a）光电式　b）指针式

2. 常用对刀方法

根据加工精度和现有条件，可采用试切法、寻边器对刀法、机内对刀仪对刀法或机外对刀法等。其中试切法对刀精度较低，加工中常用寻边器和*Z*轴设定器对刀，效率和精度都比较高。

（1）寻边器对刀　将寻边器和普通刀具一样装夹在主轴上，当测头与金属工件接触时，寻边器上的指示灯被接通点亮，电流通过床身形成回路。逐步降低增量，使测头与工件表面处于极限位置（进一步即点亮，退一步即熄灭），此位置即可认定。如图1-44所示，将寻边器先后移动到工件正对的两侧面，分别记下X_1、X_2、Y_1、Y_2坐标值，则对称中心在机床坐标系中的坐标为$(X_1+X_2)/2$和$(Y_1+Y_2)/2$。按下操作面板F5“设置”键，进入坐标设置界面，选择“工件坐标系”，移动光标，选择G54、G59，输入计算得到的数值。

（2）*Z*轴设定器对刀

1）将刀具装在主轴上，将*Z*轴设定器吸附在已经装夹好的工件或夹具平面上，如图1-45所示。

2）快速移动工作台和主轴，让刀具端面靠近*Z*轴设定器的上表面。

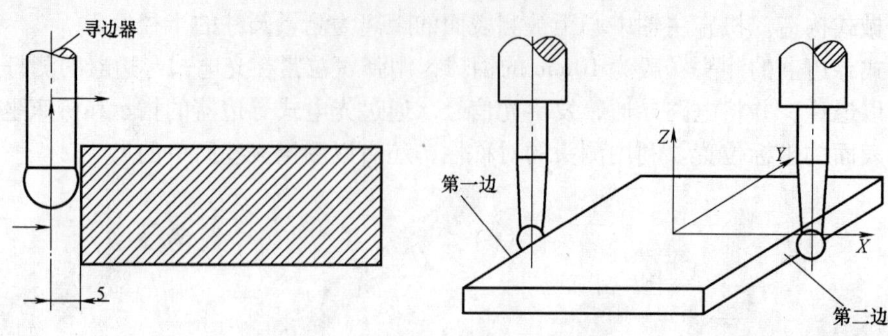

图 1-44 寻边器对刀

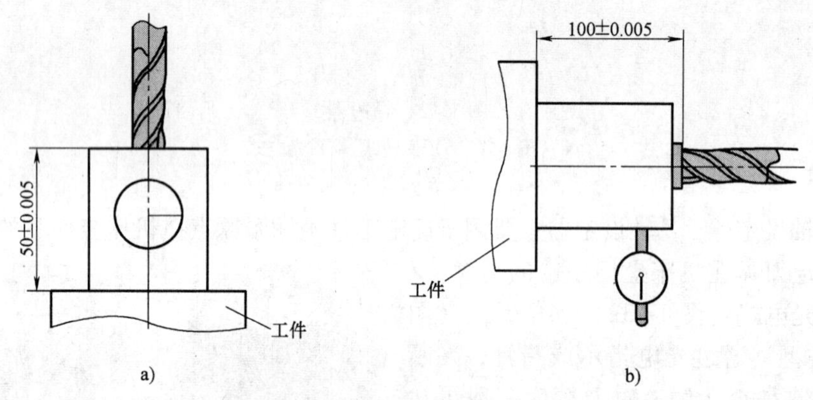

图 1-45 Z 轴设定器对刀

a）立式对刀 b）卧式对刀

3）改用步进或电子手轮微调操作，开始倍率可大些，快要接近设定器表面时，倍率改小，使刀具端面慢慢接触到 Z 轴设定器的上表面，直到 Z 轴对刀器发光或指针指示到零位。

4）记下机械坐标系中的 Z 值数据。

5）在当前刀具情况下，工件或夹具平面在机床坐标系中的 Z 坐标值为此数据值再减去 Z 轴设定器的高度。

6）若工件坐标系 Z 坐标零点设定在工件或夹具的对刀平面上，则此值即为工件坐标系 Z 坐标零点在机床坐标系中的位置，也就是 Z 坐标零点偏置值。

（3）试切法对刀 试切法与寻边器对刀相似，与确定刀具和工件是否接触不同，而是通过产生切屑或振动来判断，误差相对较大。

3. 对刀步骤

（1）X、Y 向对刀

1）将工件装夹在机用平口钳上。

2）将寻边器装夹到主轴上，使寻边器测头靠近工件左侧，改用小倍率让测头慢慢靠近工件左侧，直到寻边器发光，记下 X_1 坐标值。

3）抬起寻边器，改用大倍率，移至工件右侧上方，降下寻边器至合适位置，让测头慢慢靠近工件右侧，直至寻边器发光，记下 X_2 坐标值。

4）工件坐标原点在机床坐标系中的 X 坐标值为 $(X_1+X_2)/2$。

5）同理可得 Y 坐标值。

（2）Z 向对刀

1）卸下寻边器，将加工所用刀具装上主轴，然后把 Z 轴设定器放在工件上，使刀具快速移动到 Z 轴设定器的上方。

2）快速移动主轴，使刀具靠近 Z 轴设定器上表面，改用小倍率，使刀具慢慢接触 Z 轴设定器上表面，直到其指针指到零为止，记下机床坐标系 Z 值。

3）若 Z 轴设定器的高度为 50mm，则工件坐标原点在机械坐标系中的 Z 轴坐标值为 -50。

（3）储存坐标值　将测得的 X、Y、Z 值输入到机床工件坐标中，通常使用 G54 ~ G59 代码储存参数。

任务反馈

1）X、Y 向对刀时，注意进刀和退刀方向，否则容易造成 Z 轴设定器或刀具损坏。

2）Z 向对刀时，下降时要控制好倍率；对刀后，确定好抬刀方向再退刀，避免损坏 Z 轴设定器或刀具。

3）机械式寻边器对刀时，转速应低于 300r/min；而采用光电式寻边器测量时不应旋转，否则容易造成寻边器损坏。

4）一定要把对刀数据存入相应储存地址，否则容易出现恶性事故。

考考你

1. 数控加工中零件加工程序都是由__________、__________和__________三部分组成。

2. 装夹 60mm × 60mm 零件，练习对刀，将测量数据填入下表。

序　号	X_1 坐标值	X_2 坐标值	X 坐标值	Y_1 坐标值	Y_2 坐标值	Y 坐标值	Z 坐标值
1							
2							
3							

任务总结

学到的知识点	1. 2. 3. 4.
还需要进一步提高的操作练习（知识点）	1. 2. 3. 4.

（续）

存在疑问或不懂的知识点	1. 2. 3. 4.
应注意的问题	1. 2. 3. 4.
其他	1. 2. 3. 4.

项目二　U 形件加工

知识目标

1. 掌握数控铣床的铣削方式。
2. 能熟练使用指令绘制零件图形。

技能目标

1. 熟悉数控铣床操作界面。
2. 了解数控铣床轮廓加工编程的基本格式。
3. 掌握平面加工的加工工艺，粗、精加工平面的加工路线。
4. 掌握外轮廓加工的加工工艺，粗、精加工的加工路线。
5. 熟练掌握利用修改刀具半径补偿值去除余量的方法。

任务描述

加工图 2-1 所示的 U 形凸台，毛坯外形尺寸为 60mm × 60mm × 15mm，材料为硬铝，试分析加工工艺，编写加工程序。

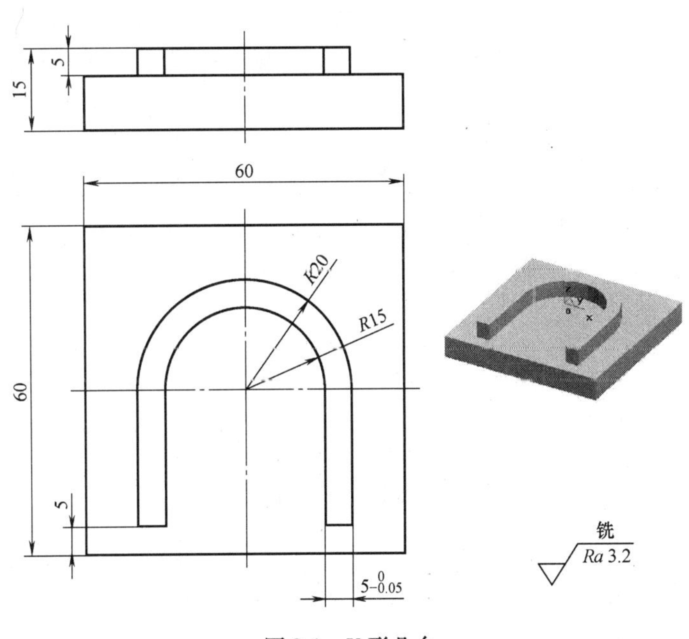

图 2-1　U 形凸台

任务分析

本任务主要是训练学生掌握数控铣削加工中平面加工以及外轮廓加工的基本方法。

知识准备

一、铣削方式

1. 周铣和端铣

用刀齿分布在圆周表面的铣刀进行铣削的方式叫作周铣，如图 2-2a 所示；用刀齿分布在圆柱端面上的铣刀进行铣削的方式叫作端铣，如图 2-2b 所示。

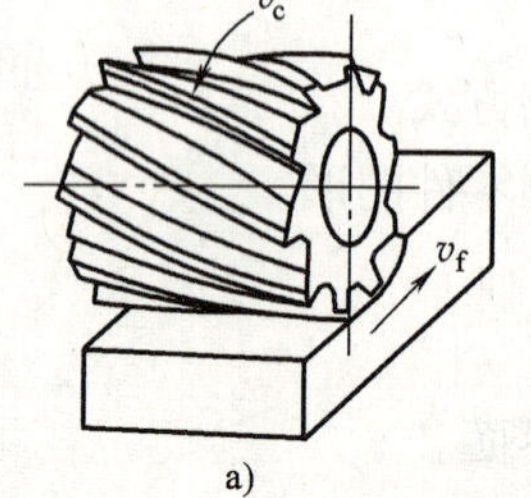

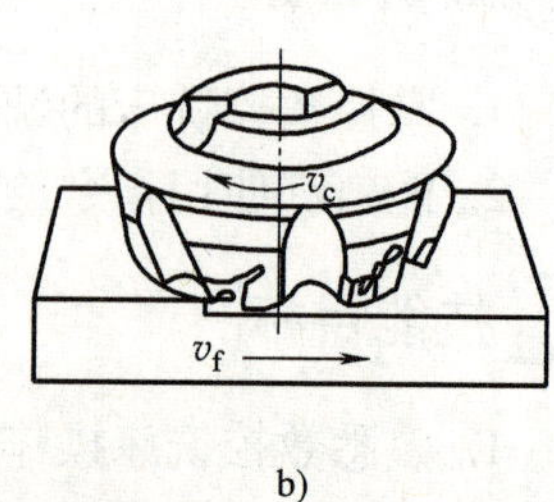

图 2-2 周铣和端铣

a）周铣 b）端铣

与周铣相比，铣平面时采用端铣较为有利。

1）面铣刀的副切削刃对已加工表面有修光作用，能使表面粗糙度值降低。周铣的工件表面则有波纹状残留面积。

2）面铣刀同时参与铣削的齿数较多，切削力的变化程度较小，因此工作引起的振动比周铣小。

3）面铣刀的主切削刃刚接触工件时，切屑厚度不等于零，使切削刃不易磨损。

4）面铣刀的刀杆伸出较短，刚性好，刀杆不易变形，可用较大的切削用量。

由此可见，端铣法的加工质量较好，生产率较高，所以铣削平面大多采用端铣。但是，周铣对加工各种形面的适应性较广，而有些形面（如成形面等）则不能用端铣。

2. 顺铣和逆铣

顺铣是指铣刀旋转方向与工件进给方向一致，逆铣是指铣刀旋转方向与工件进给方向相反，如图 2-3 所示。

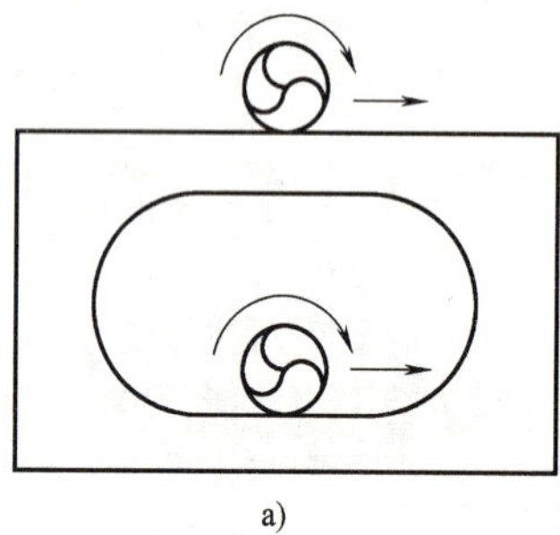

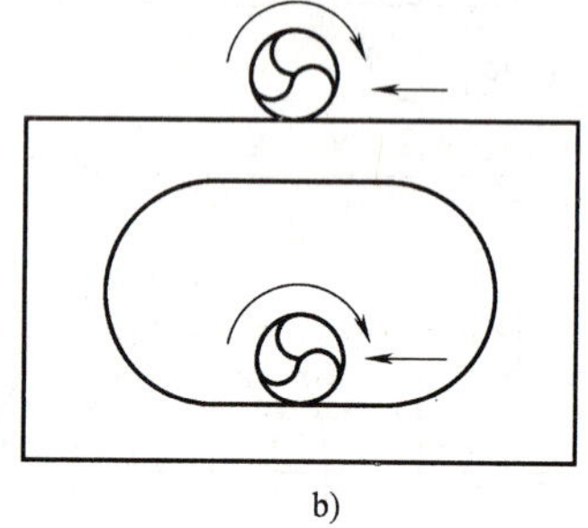

图 2-3 铣削方式

a）逆铣 b）顺铣

1）顺铣时，每个刀齿的切削厚度都是由小到大逐渐变化的。当刀齿刚与工件接触时，切削厚度为零，只有当刀齿在前一刀齿留下的切削表面上滑过一段距离，切削厚度达到一定数值后，刀齿才真正开始切削。逆铣时的切削厚度是由大到小逐渐变化的，刀齿在切削表面上的滑动距离也很小。而顺铣时，刀齿在工件上走过的路程也比逆铣短。因此，在相同的切削条件下，采用逆铣时，刀具易磨损。应使铣削宽度大约等于 2/3 的铣刀直径，这样可保证切削刃一开始就能立即切入工件，几乎没有摩擦。如果小于 1/2 的铣刀直径，则刀片又开始

“摩擦”工件，因为切入时切削厚度变小，每齿进给量也将因径向切削宽度的变窄而减小。“摩擦”的结果使刀具寿命缩短，对于硬质合金刀具，增加每齿进给量和减小吃刀量是比较有利的。所以粗铣时，若径向切削宽度小于铣刀半径，增加进给量，其刀具寿命将会提高，加工时间随之缩短。当然，精铣需要工件表面光洁，所以应限制进给量。

2）逆铣时，由于铣刀作用在工件上的水平切削力方向与工件进给运动方向相反，所以工作台丝杆与螺母能始终保持螺纹的一个侧面紧密贴合。而顺铣时则不然，由于水平铣削力的方向与工件进给运动方向一致，当刀齿对工件的作用力较大时，由于工作台丝杆与螺母间间隙的存在，工作台会产生窜动，这样不仅破坏了切削过程的平稳性，影响工件的加工质量，而且严重时会损坏刀具。

3）逆铣时，由于刀齿与工件间的摩擦较大，因此已加工表面的冷硬现象较严重。

4）顺铣时，刀齿每次都是由工件表面开始切削，所以不宜用来加工有硬皮的工件。

5）顺铣时的平均切削厚度大，切削变形较小，与逆铣相比较功率消耗要少些（铣削碳钢时，功率消耗可减少5%，铣削难加工材料时可减少14%）。

顺铣时，由于铣削力与工作台的运动方向一致，会拉动工作台，其拉动距离等于工作台丝杠螺母的间隙，会造成铣刀、工件、夹具甚至铣床的损坏，因此，一般情况下应采用逆铣加工。

二、G02（顺时针圆弧插补）和 G03（逆时针圆弧插补）

格式：G02/G03 X __ Y __ Z __ R __或 G02/G03 X __ Y __ Z __I __ J __ K __ F __。在编程中，为简化程序，常用 G2、G3 代替 G02、G03，其含义相同，请读者注意。

说明：

X、Y、Z——在 G90 时为圆弧终点在工件坐标系中的坐标，在 G91 时为圆弧终点相对于圆弧起点的位移量。

I、J、K——圆心相对于圆弧起点的偏移值，在 G90/G91 时都是以增量方式指定。

R——圆弧半径。

F——被编程的两个轴的合成进给速度。

圆弧插补 G02/G03 在坐标平面中方向的规定如图 2-4 所示。

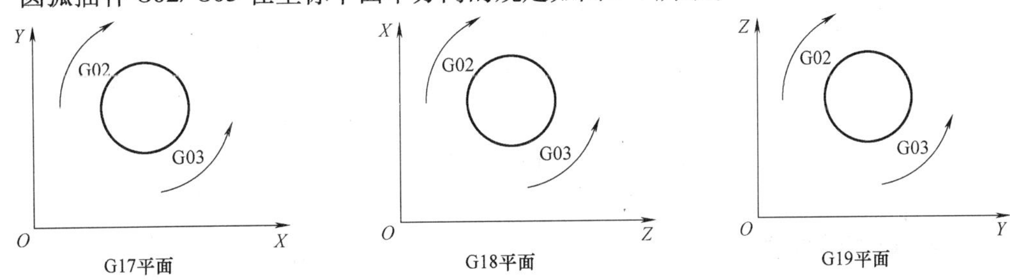

图 2-4　圆弧插补 G02/G03 在坐标平面中方向的规定

使用圆弧半径 R 插补时，X、Y 为圆弧终点坐标，当圆弧圆心角小于 180°时 R 为正值，否则 R 为负值，F 为刀具的进给速度。

例 1　使用 G02 加工劣弧 a 和优弧 b，编写加工程序，如图 2-5 所示。

程序：

圆弧 *a*

G90 G02 X0 Y30 R30 F300

圆弧 *b*

G90 G02 X0 Y30 R－30 F300

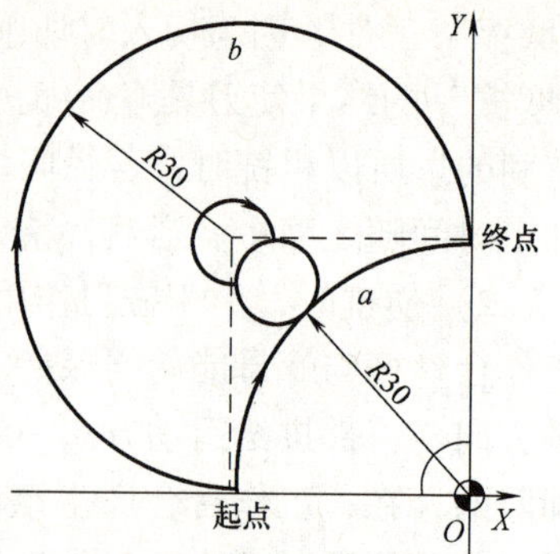

图 2-5 圆弧编程应用

例 2 使用 G02/G03 对整圆加工编程，如图 2-6 所示。

程序：

（1）从 *A* 点顺时针加工时

G90 G02 X30 Y0 I－30 J0 F300

（2）从 *B* 点逆时针加工时

G90 G03 X0 Y－30 I0 J30 F300

注意：

①顺时针或逆时针是从垂直于圆弧所在平面的坐标轴的正方向看到的回转方向。

②整圆编程时不可以使用 R，只能用 I、J、K。

③同时编入 R 与 I、J、K 时 R 有效。

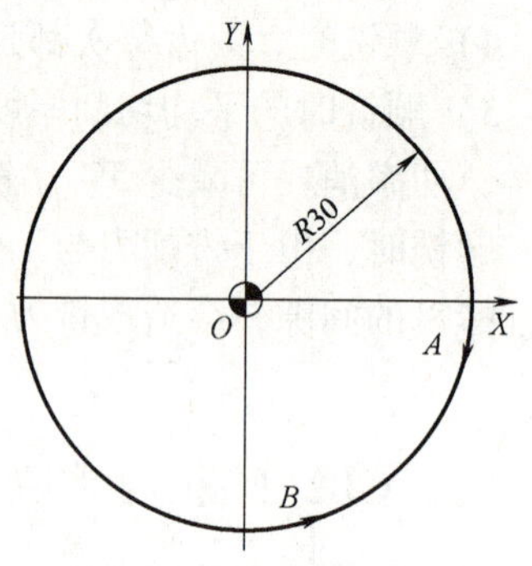

图 2-6 整圆编程应用

采用刀具半径补偿指令 G41、G42，完成工件的粗精加工。同一把刀可以有多个半径补偿值，用不同的平面铣削加工，加工路线应遵循“基面先行，先粗后精”的原则。粗铣时从平面右下角开始，头尾双向加工。精铣加工时，精铣路线采取单向加工。粗、精加工路线如图 2-7 所示。

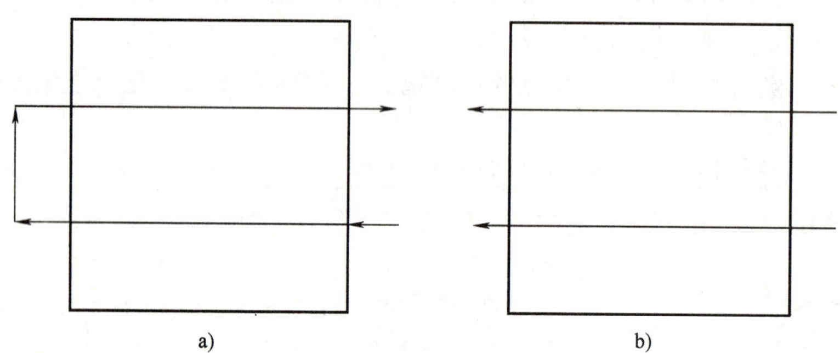

图 2-7 粗、精加工路线

a）粗加工路线 b）精加工路线

三、平面铣削方法

（1）手动 手动铣削平面时，只需 *Z* 向对刀，对刀时用手摇脉冲向下移动面铣刀试切工件上表面，并使主轴正向旋转，使面铣刀的底刃与工件的上表面轻微接触，此时将刀具沿 *X* 或 *Y* 向离开工件，利用“增量”使刀具移动至要切削的深度后，使用“手动”或“手摇脉冲”沿 *X* 和 *Y* 向移动铣削平面。

（2）自动 利用程序铣削平面。

任务实施

一、平面加工的实训步骤

1. 确定加工工艺

（1）确定工艺路线

1）铣削平面，可选用 ϕ55mm 可转位面铣刀。

2）粗加工外轮廓，选用 ϕ20mm 键槽铣刀。

3）精加工外轮廓，选用 ϕ20mm 键槽铣刀。

（2）夹具选用与工件装夹　由于毛坯形状比较规则，零件复杂程度一般，通常选用机用平口钳装夹。装夹工件时用机用平口钳装夹毛坯的两侧面，在工件下表面与机用平口钳之间放入精度较高的平行垫铁，垫铁的厚度与宽度要适当，应保证工件在本次定位装夹中所有需要完成的待加工面充分暴露在外，以方便加工，最后用塑胶锤子敲击工件，使垫铁不能移动后夹紧工件。

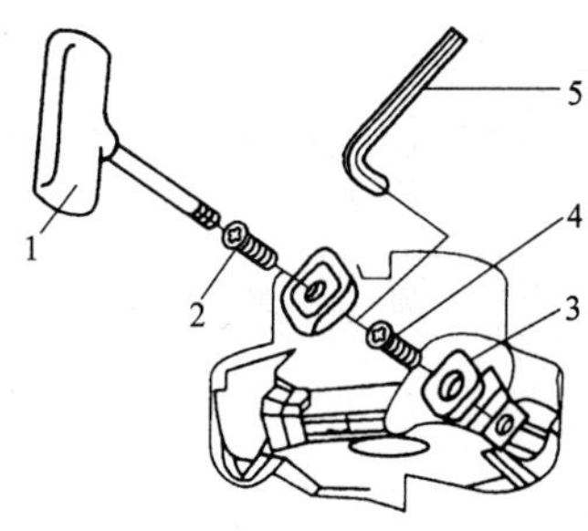

图 2-8　面铣刀安装图
1—刀片螺钉旋具　2—刀片螺钉
3—刀垫　4—刀垫螺钉
5—刀垫扳手

（3）刀具的选择　加工过程中采用的刀具有 ϕ55mm 可转位面铣刀，面铣刀安装图如图 2-8 所示，常用可转位铣刀安装图如图 2-9 所示。

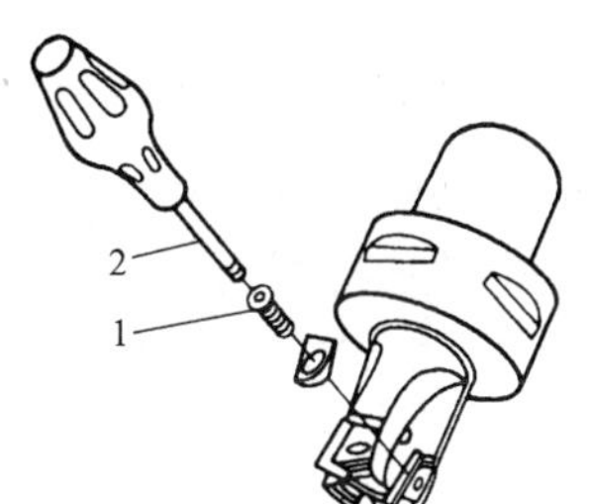

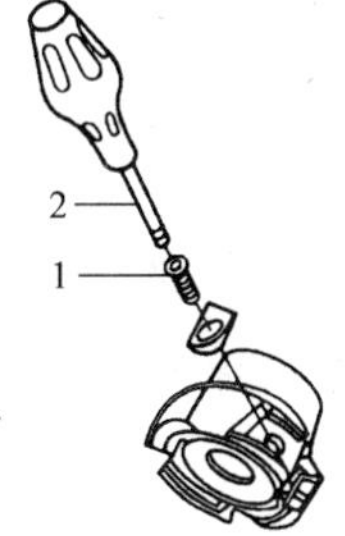

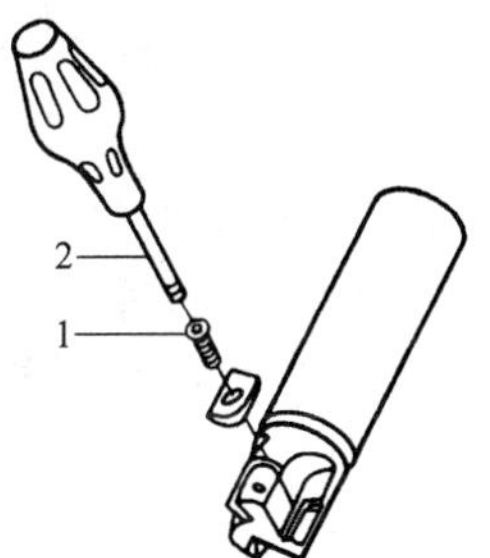

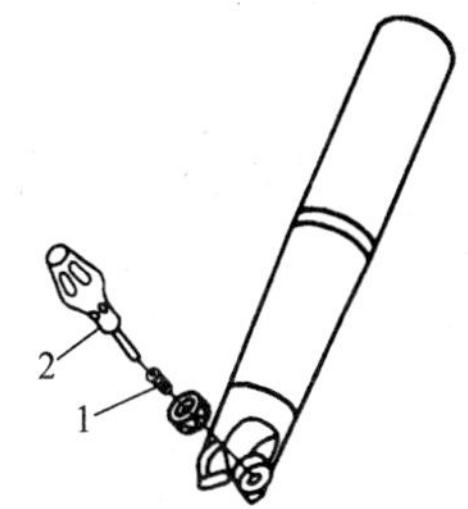

图 2-9　常用可转位铣刀安装图
1—刀片螺钉　2—螺钉旋具

（4）工具、量具、刀具清单（表 2-1）

表 2-1　工具、量具、刀具清单

种　类	序　号	名　称	规　格	精　度	单　位	数　量
工具	1	机用平口钳			个	1
	2	机用平口钳扳手			个	1
	3	平行垫铁			块	2
	4	塑胶锤子			个	1
	5	Z 轴设定器	50mm	0.01mm	个	1
	6	寻边器	机械式（ϕ10mm）		个	1
	7	刀柄	ER32、ER25		个	各 1
	8	筒夹	ϕ20mm			1

（续）

种　类	序　号	名　称	规　格	精　度	单　位	数　量
量具	1	游标卡尺	0～150mm	0.02mm	把	1
	2	内径千分尺	0～25mm	0.01mm	把	1
刀具	1	可转位面铣刀	ϕ55mm		把	1
	2	键槽铣刀	ϕ20mm		把	1

（5）切削用量的选择（表2-2）

表2-2　切削用量的选择

加工步骤		刀具与切削参数				
序　号	加工内容	刀具规格		主轴转速 n /(r/min)	进给速度 v_f /(mm/min)	刀具半径补偿/mm
		类　型	材　料			
1	粗加工上表面	ϕ55mm 可转位面铣刀	硬质合金	1000	200	
2	精加工上表面			1600	400	
3	粗加工外轮廓	ϕ20m 键槽铣刀	高速钢	800～1000	60～80	10.5
4	精加工外轮廓			1000～1400	100～150	计算

2. 对刀（设定工件坐标系）

（1）*X*、*Y* 向对刀　将刀具装到主轴上，并使主轴正向旋转。

1）采用“手动”或“手摇脉冲”方式移动铣刀沿 *X* 或 *Y* 方向靠近被测边，直到铣刀的周刃轻微接触到工件表面，听到切削刃与工件摩擦声；保持 *X* 或 *Y* 坐标不变，将铣刀沿 +*Z* 方向退离工件；记录机床指令坐标系的 *X* 或 *Y* 坐标值，并沿 *X* 或 *Y* 方向移动工件长度的一半（宽度的一半）加上刀具半径值；将此时机床指令坐标系下的 *X* 或 *Y* 坐标值输入 G54 中的 *X* 或 *Y* 参数中。

2）“手动”或“手摇脉冲”方式移动铣刀沿 *X* 或 *Y* 方向靠近被测边，直到铣刀的周刃轻微接触到工件表面，听到切削刃与工件摩擦声；保持 *X* 或 *Y* 坐标不变，将铣刀沿 +*Z* 方向退离工件；记录机床指令坐标系的 *X* 或 *Y* 坐标值，并沿 *X* 或 *Y* 方向移动靠近另一被测边，再次记录机床指令坐标系的 *X* 或 *Y* 坐标值，将两次记录的坐标值相加求和，将结果的一半输入到 G54 中的 *X* 或 *Y* 参数中。

（2）*Z* 向对刀　采用“手动”或“手摇脉冲”方式向下移动面铣刀试铣上表面，并使主轴正向旋转，使铣刀的底刃与工件的上表面轻微接触，记录此时机床指令坐标系下的 *Z* 值，并将记录的 *Z* 值输入到 G54 的 Z 参数中。

3. 编制数控加工程序

（1）铣削平面加工程序（表2-3）

表2-3　铣削平面加工程序

程　序		说　明
O0001		文件名
%0001		程序名
N1	G0 G54 G90 G17 X0 Y0 Z20	建立工件坐标系，Z 高度为20mm

（续）

程　序		说　明
N2	M3 S1000 F200	主轴正转，转速为 1000r/min，进给量为 200mm/min，具体视加工情况而定
N3	G0 X80 Y－30 M8	快速移动到点（80，－30），切削液开
N4	G1 Z－1	下刀 1mm
N5	G1 X－80 Y－30	直线移动至点（－80，－30）
N6	G91 Y50	增量编程，*Y* 向移动到 50mm
N7	X160	增量编程，*X* 向移动到 160mm
N8	G90 G0 Z10 M9	绝对值编程，*Z* 轴抬刀 10mm，切削液关
N9	X0 Y0	刀具退回工件坐标系原点（0，0）
N10	M5	主轴停止
N11	M3 S1600 F400	精加工，转速为 1600r/min，进给量为 400mm/min，具体视加工情况而定
N12	G0 X80 Y－30 M8	刀具快速移动到点（80，－30）
N13	G1 Z－1.05	下刀 1.05mm
N14	G1 X－80 Y－30	直线移动到点（－80，－30）
N15	G0 Z20	抬刀 20mm
N16	G1 X80 Y20	直线移动到点（80，20）
N17	G1 Z－1.05	直线下刀深度－1.05mm
N18	X－80	直线移动到点（－80，20）
N20	G0 Z20 M9	快速抬刀 20mm
N21	G0 X0 Y0	回到坐标系原点（0，0）
N22	M30	程序停止

（2）U 形凸台加工程序（表 2-4）

表 2-4　U 形凸台加工程序

程　序		说　明
O0001		文件名
%0001		程序名
N1	G0 G54 G90 G17 X0 Y0 Z20	绝对尺寸编程，建立工件坐标系，快速定位到 X0 Y0 Z20 处
N2	M3 S800	主轴正转，转速为 800r/min
N3	G0 X－50 Y－60 M08	快速移动到点（－50，－60）
N4	G1 Z－5 F100	*Z* 轴吃刀量为 5mm
N5	G41 G1 X－20 Y－40 D01 F200	*X*、*Y* 轴切削进给，并引入刀具 1 号半径补偿值
N6	G1 X－20 Y0	直线插补（－20，0）
N7	G2 X20 Y0 R20	顺时针圆弧插补，半径为 20mm，终点坐标为（20.0）
N8	G1 X20 Y－25	直线插补至点（20，－25）
N9	G1 X15 Y－25	直线插补至点（15，－25）
N10	G1 X15 Y0	直线插补至点（15，0）
N11	G3 X－15 Y0 R15	逆时针圆弧插补，终点为（－15，0），半径为 15mm

（续）

程 序		说 明
N12	G1 X-15 Y-25	直线插补至点(-15, -25)
N13	G1 X-50 Y-25	直线插补至点(-50, -25)
N14	G0 Z20	快速抬刀20mm
N15	G40 X0 Y0	取消刀具补偿并回到坐标系原点
N16	M30	程序停止

注：要擅于通过更改刀具补偿值实现去除余量和精加工。

4. 实体造型

1）按F5键，选择“XOY平面”作为视图平面和作图平面。在特征树中，单击“平面XY”，再单击“绘制草图”按钮，创建草图。

2）单击“矩形”按钮，选择“中心 长 宽”方式，设定长和宽为60mm，选择坐标原点作为矩形的中心点，如图2-10所示。

3）单击“拉伸增料”按钮，选择“固定深度”方式，设定深度值为15mm，选择“反向拉伸”，单击“确定”按钮，如图2-11所示。

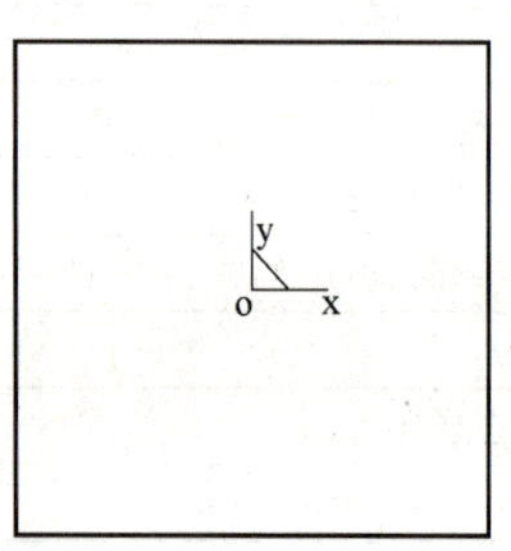

图2-10 绘制矩形草图

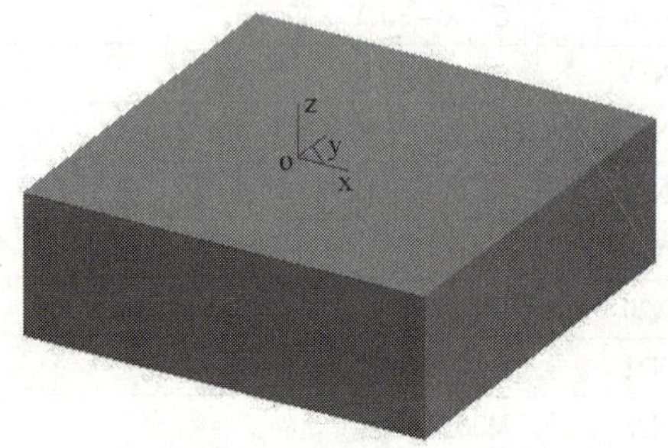

图2-11 实体拉伸增料

4）选择已生成实体的前表面，单击“绘制草图”按钮，激活前表面作为草图平面。单击“直线”按钮，选择“水平/铅垂线”方式，长度设为100mm，选择坐标原点作为中心点。单击“等距线”按钮，分别作向下、向左、向右的等距线，等距距离分别为25mm和左右各15mm、20mm。再单击“圆弧”按钮，选择“两点 半径”方式，选择等距线15mm、20mm与X轴线的交点为圆心，分别绘制直径为15mm、20mm的圆，如图2-12所示。

5）单击“曲线剪裁”按钮和“删除”按钮，对曲线进行裁剪和删除，修剪完成后的轮廓线如图2-13所示。单击“矩形”按钮，选择“中心 长 宽”方式，设定长和宽为60mm，选择坐标原点为矩形的中心点。

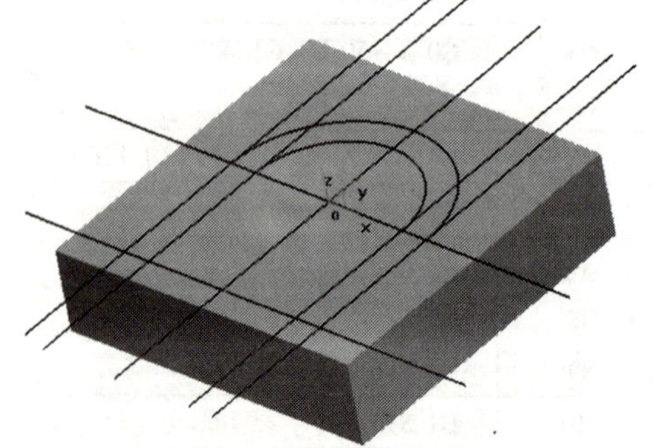

图2-12 实体表面上创建草图

6）单击“拉伸除料”按钮，选择“固定深度”方式，设定深度为 5mm，单击“确定”按钮，如图 2-14 所示。

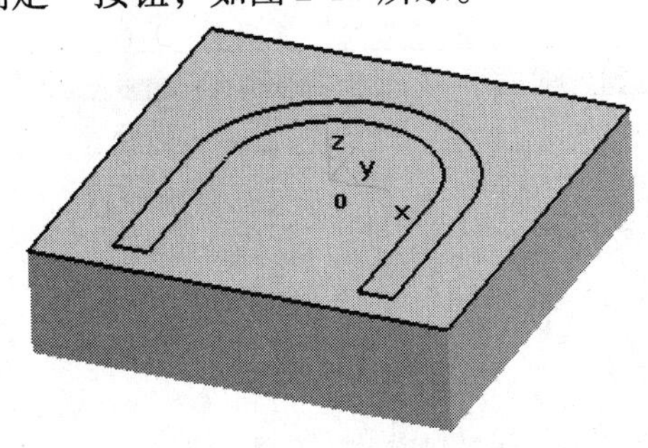

图 2-13　修剪完成后的轮廓线

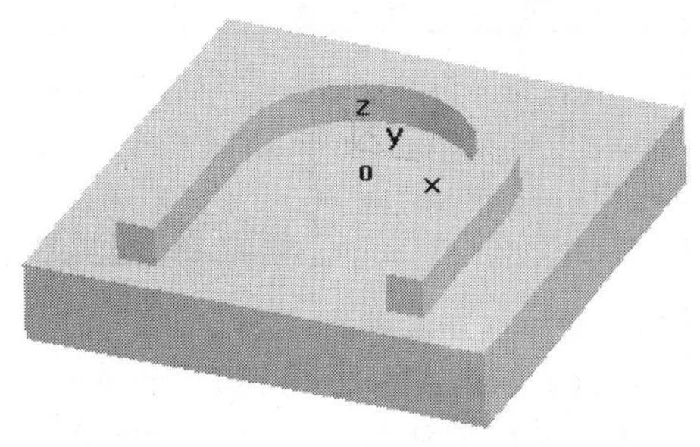

图 2-14　拉伸除料生成图形

二、仿真加工

采用数控仿真软件仿真加工，具体操作步骤见表 2-5。

表 2-5　仿真加工操作步骤

序号	操作步骤	图　示
1	输入加工程序，以“. txt”格式存入计算机	
2	进入仿真系统： 单击“开始”/“程序”/“数控加工仿真系统”/“加密锁管理程序”，屏幕右下方工具栏中出现加密锁的图标，加密锁启动成功 单击“开始”/“程序”/“数控加工仿真系统”弹出“用户登录”界面。单击“快速登录”按钮，进入数控加工仿真系统	
3	选择机床： 选择“机床”/“选择机床”菜单，在“选择机床”对话框中，“控制系统”选择“华中数控”，“机床类型”选择“铣床”，单击“确定”按钮，完成操作	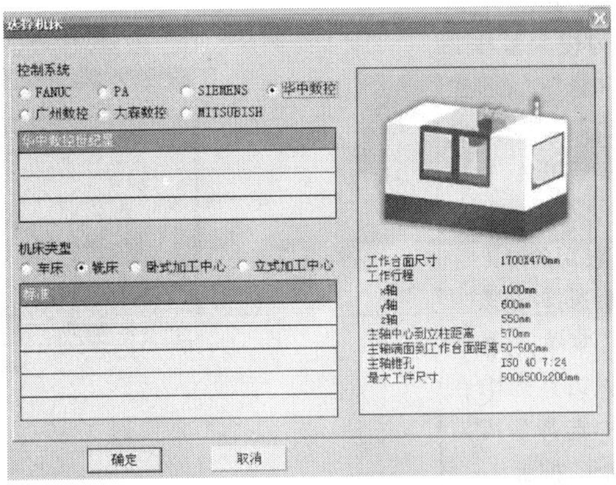

（续）

<table>
<tr><th>序号</th><th>操作步骤</th><th>图　　示</th></tr>
<tr><td>4</td><td>解除急停，机床回零</td><td></td></tr>
<tr><td>5</td><td>安装零件：
1. 定义毛坯：选择“零件”/“定义毛坯”菜单，在弹出的“定义毛坯”对话框中，零件“材料”选择“ZL412 铝”，“形状”选择“长方形”，设置毛坯长宽高尺寸，单击“确定”按钮
2. 安装夹具：选择“零件”/“安装夹具”菜单，在“选择夹具”对话框中，“选择零件”选取“毛坯 1”，“选择夹具”选取“平口钳”，按“确定”按钮
3. 放置零件：选择“零件”/“放置零件”菜单，在弹出的“选择零件”对话框中，选择名称为“毛坯 1”的零件，并单击“安装零件”按钮</td><td>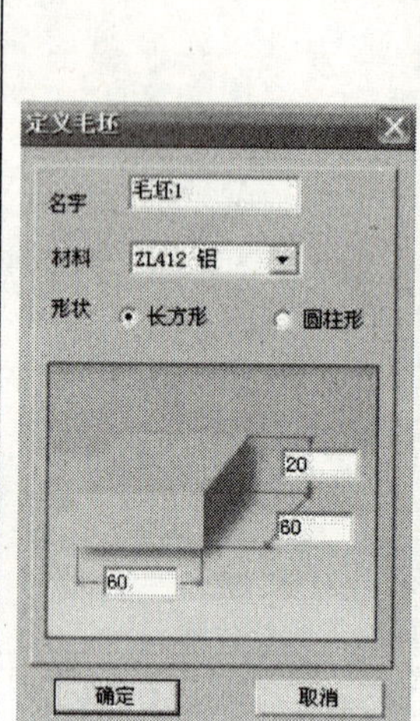

a)
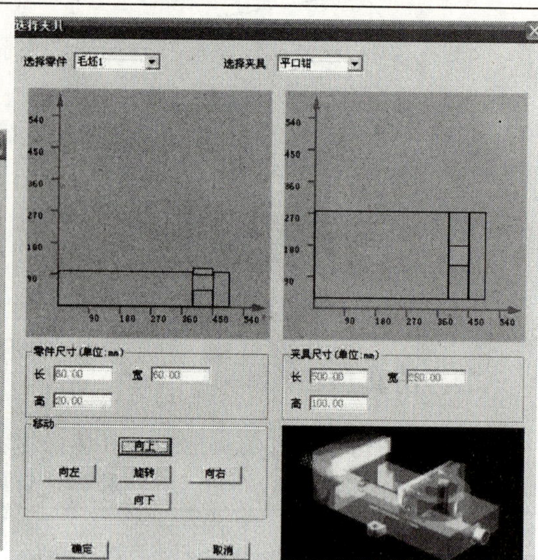

b)
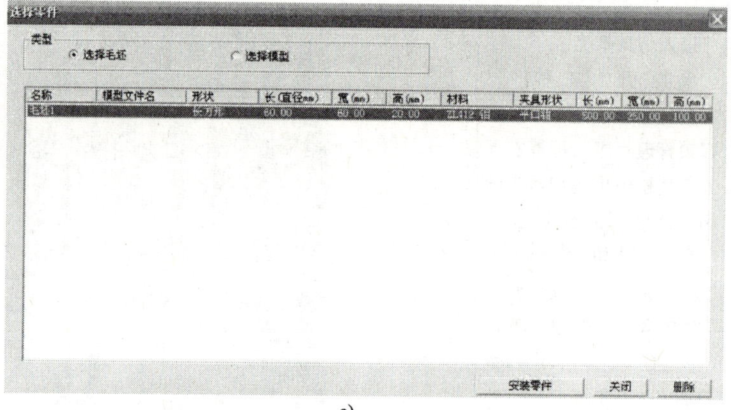

c)</td></tr>
<tr><td>6</td><td>对刀、安装刀具：
XY 轴对刀使用基准工具。选择“机床”/“基准工具”菜单，如图 a 所示，左边是刚性靠棒工具，右边是寻边器。Z 轴对刀使用实际加工时使用的刀具
安装刀具：选择“机床”/“选择刀具”菜单，选择所需刀具名称、刀具类型，在可选刀具中选择所需刀具，单击“确认”按钮</td><td>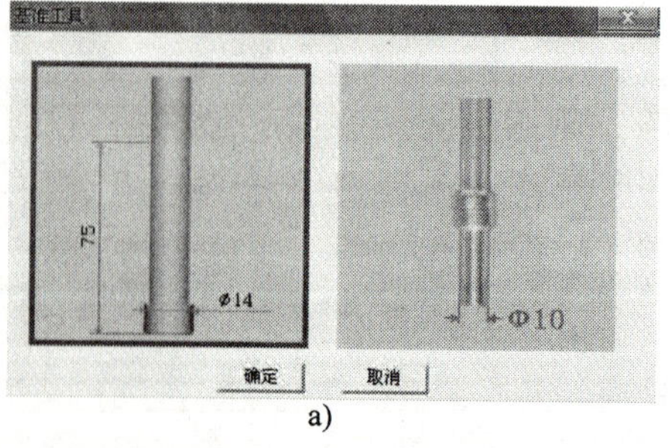

a)</td></tr>
</table>

（续）

序号	操作步骤	图　　示
6	对刀、安装刀具： *XY* 轴对刀使用基准工具。选择“机床”/“基准工具”菜单，如图 a 所示，左边是刚性靠棒工具，右边是寻边器。*Z* 轴对刀使用实际加工时使用的刀具 安装刀具：选择“机床”/“选择刀具”菜单，选择所需刀具名称、刀具类型，在可选刀具中选择所需刀具，单击“确认”按钮	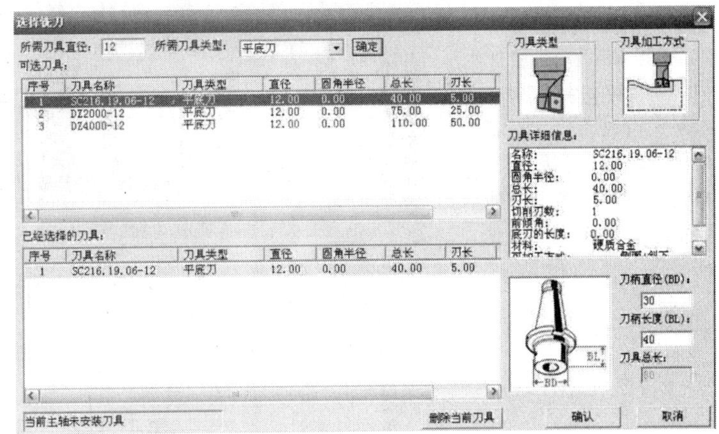 b)
7	输入零件原点参数 G54： 主菜单—MDI（F4）—坐标系（F3），用键盘输入通过对刀得到的工件坐标原点，按 Enter 键，将参数输入到指定区域	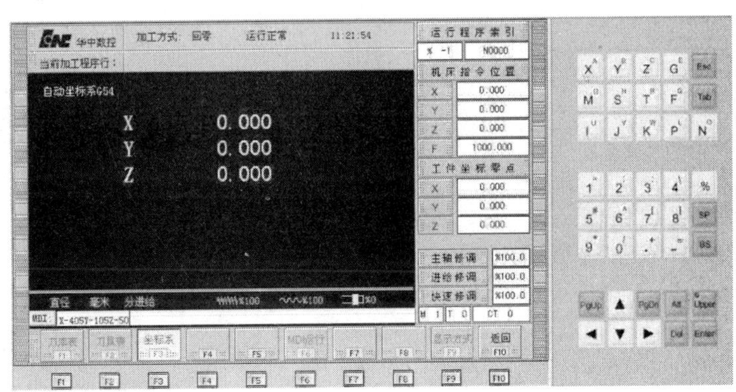
8	输入刀具补偿参数： 主菜单—MDI（F4）—刀具表（F2），在半径中输入补偿值。按 Enter 键后，输入数值，再按 Enter 键完成输入	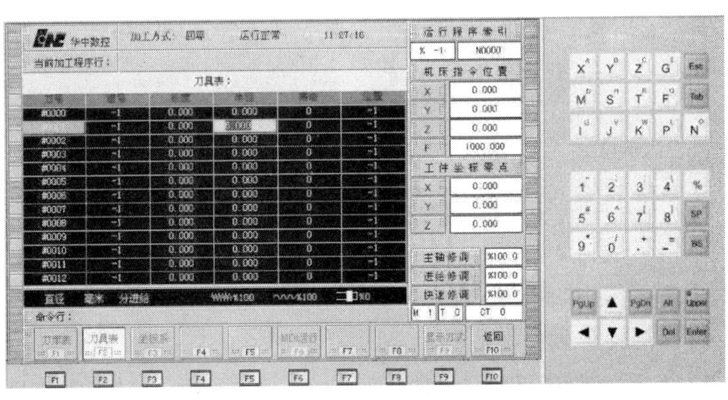

（续）

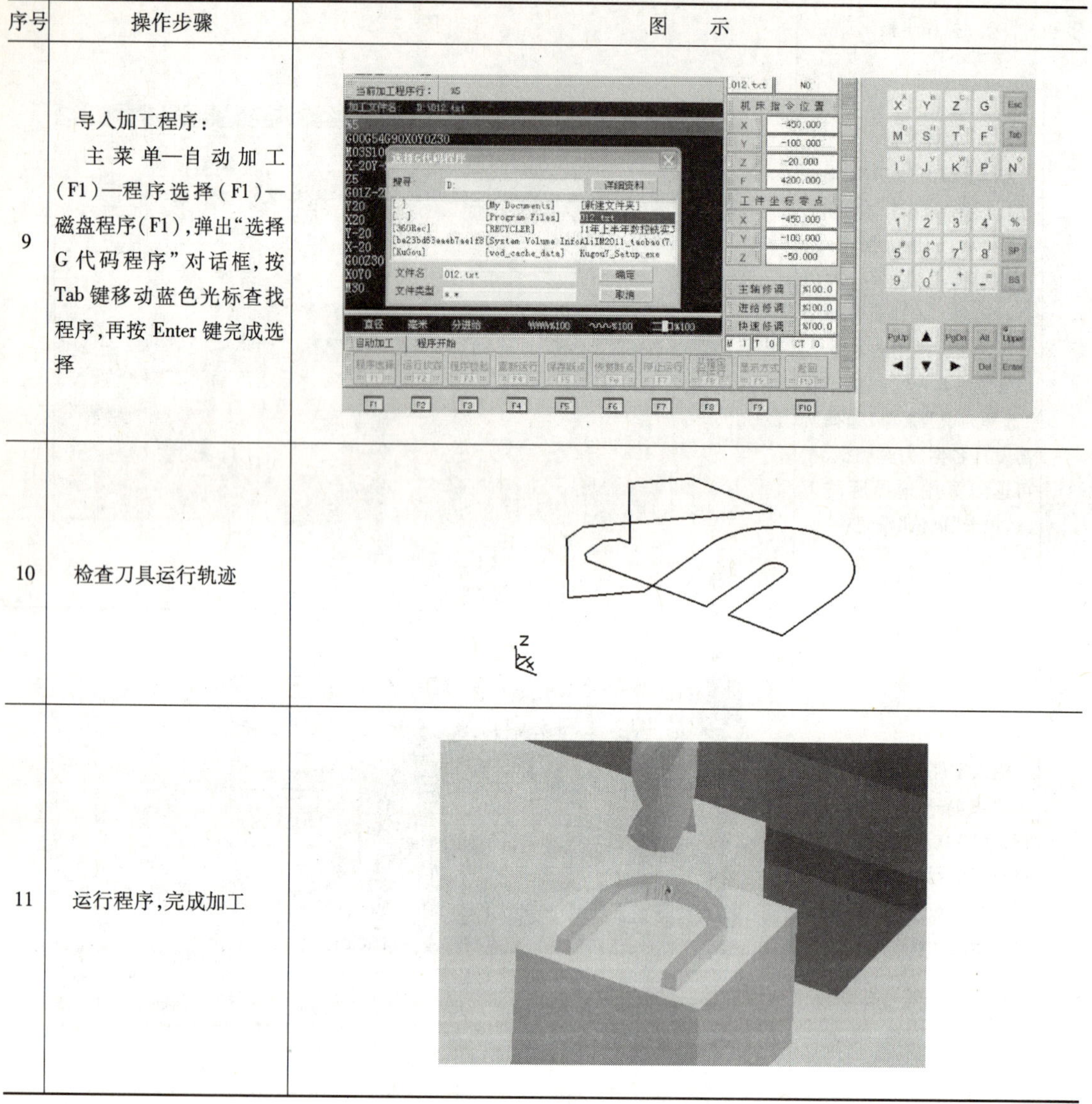

序号	操作步骤	图示
9	导入加工程序： 主菜单—自动加工（F1）—程序选择（F1）—磁盘程序（F1），弹出“选择G代码程序”对话框，按Tab键移动蓝色光标查找程序，再按Enter键完成选择	
10	检查刀具运行轨迹	
11	运行程序，完成加工	

三、加工

加工操作步骤见表2-6。

表2-6　加工操作步骤

序　号	操作步骤
1	接通电源，旋起急停按钮，系统复位
2	返回参考点
3	使用百分表找正机用平口钳
4	装夹工件、对刀
5	输入零件原点参数G54～G59（主菜单—设置（F5）—坐标系设定（F5））
6	输入刀具补偿参数（主菜单—刀具补偿（F4）—刀补表（F4））

（续）

序　号	操作步骤
7	输入并编辑加工程序
8	程序校验（主菜单—程序（F1）—程序校验（F5））
9	自动加工（粗加工，加工余量单边0.5mm左右）
10	自动加工（精加工，通过减少刀补值的方法控制零件的加工精度），测量零件，合格后卸下加工零件
11	清理机床
12	将工作台移至机床中间位置，按下急停按钮，断开机床电源

任务评价

零件加工结束后，把检测结果填入评分表，见表2-7。

表2-7　U形凸台加工评分表

班级		姓名		学号		日期	
任务名称							
基本检测	编程	序号	检测项目		配分	扣分	得分
		1	切削加工工艺制订正确		5		
		2	切削用量选择合理		5		
		3	程序正确、简单、明确、规范		6		
	操作	4	设备操作、维护保养正确		4		
		5	安全、文明生产		10		
		6	刀具选择、安装正确、规范		4		
		7	工件找正、装夹正确、规范		6		
基本检测结果小计					40		
尺寸检测	序号	考核内容		评分标准	配分	扣分	得分
	1	整体外形		1. 外形：形状正确，尺寸误差不超过1mm即得分 2. 尺寸：每个尺寸超出0.01mm扣5分，每个尺寸最多扣完自身分值 3. Ra 值：降一级扣3分，降二级不得分	10		
	2	圆弧 $R15$mm			8		
	3	圆弧 $R20$mm			8		
	4	尺寸 $5_{-0.05}^{\ 0}$mm			15		
	5	自由公差5mm			7		
	6	深度尺寸5mm			8		
	7	表面粗糙度			4		
尺寸检测结果小计					60		
合　计					100		

任务反馈

1）根据加工要求采用正确的对刀工具，控制对刀误差。

2）在对刀过程中，可通过改变微调进给量来提高对刀精度。

3）对刀时需小心谨慎操作，尤其要注意移动方向，避免发生碰撞危险。

4）对刀数据一定要存入与程序对应的存储地址，防止因调用错误而产生严重后果。

5）采用寻边器对刀时，注意主轴移动方向，尤其是 Z 向对刀时。

6）注意切入和切出方式。

7）工件要装夹牢固，加工过程中，要检查工件是否窜动。

任务总结

学到的知识点	1. 2. 3. 4.
还需要进一步提高的操作练习（知识点）	1. 2. 3. 4.
存在疑问或不懂的知识点	1. 2. 3. 4.
应注意的问题	1. 2. 3. 4.
其他	1. 2. 3. 4.

项目三　线 盒 加 工

知识目标

1. 掌握数控铣床轮廓加工编程的基本格式。
2. 掌握内轮廓加工的加工工艺，粗、精加工的加工路线。
3. 熟练利用修改刀具半径补偿值去除余量的方法。

技能目标

1. 熟悉数控铣床操作界面。
2. 学会键槽铣刀的使用方法及切削用量的选择。
3. 学会选用常用的数控铣削刀具、刀柄和筒夹。
4. 熟练使用量具测量加工尺寸。

任务描述

线盒如图3-1所示，毛坯外形尺寸为60mm×60mm×20mm，材料为硬铝。分析加工工艺，编写加工程序。

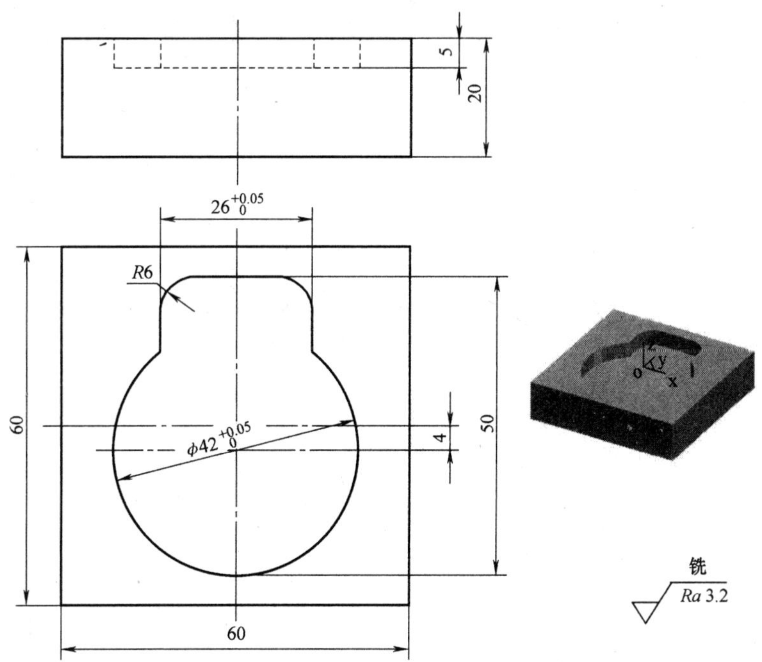

图3-1　线盒

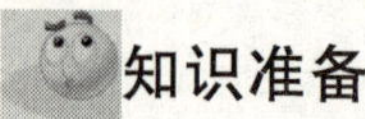

任务分析

本任务主要是训练学生掌握数控铣削加工中工件内轮廓的编程技巧和加工方法。

知识准备

一、本任务编程相关指令

1. 快速点定位指令 G00

格式：G90/G91 G00 X __ Y __ Z __

说明：X、Y、Z 为快速定位的终点，采用 G90 时为终点在工件坐标系中的坐标，采用 G91 时为终点相对于定位起点的坐标值。不移动的轴可省略不写。

执行 G00 指令后，刀具相对于工件以各轴预先设定的速度，从当前位置快速移动到程序段指定的目标点。由于各轴以各自的速度移动，不能保证同时到达终点，其运动轨迹不一定是两点的连线，而有可能是一条折线。

由于 G00 指令的速度很快，甚至高达 30m/min，使用时必须格外小心。为防止刀具与工件发生碰撞，编程加工时，应先将 *Z* 轴移动到安全高度，然后再执行该指令。

2. 直线插补指令 G01

格式：G90/G91 G01 X __ Y __ F __

说明：X、Y、Z 为直线进给的终点，采用 G90 时为终点在工件坐标系中的坐标，采用 G91 时为终点相对于直线起点的坐标值。不移动的轴可省略不写，F 为进给速度。G01 指令刀具以联动的方式，按 F 规定的直线插补运动轨迹合成进给速度，从当前位置按线性路径（运动轨迹为终点与起点的连线）移动到程序段指令的终点。图 3-2 所示刀具从点 *A* 到点 *B* 直线插补程序为

G90 G01 X60 Y30 F100　　绝对编程

G91 G01 X40 Y20 F100　　增量编程

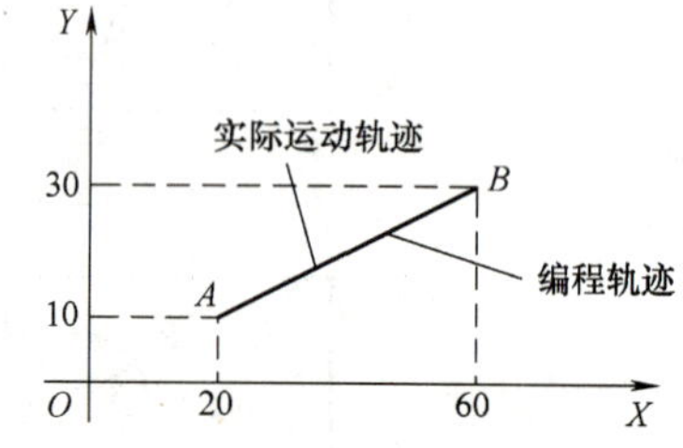

图 3-2　绝对编程和增量编程

3. 圆弧插补指令 G02/G03

$$\text{格式：G17}\begin{Bmatrix}\text{G02}\\ \text{G03}\end{Bmatrix}\text{X}\_\ \text{Y}\_\begin{Bmatrix}\text{R}\_\\ \text{I}\_\ \text{J}\_\end{Bmatrix}\text{F}\_$$

$$\text{G18}\begin{Bmatrix}\text{G02}\\ \text{G03}\end{Bmatrix}\text{X}\_\ \text{Z}\_\begin{Bmatrix}\text{R}\_\\ \text{I}\_\ \text{K}\_\end{Bmatrix}\text{F}\_$$

$$\text{G19}\begin{Bmatrix}\text{G02}\\ \text{G03}\end{Bmatrix}\text{Y}\_\ \text{Z}\_\begin{Bmatrix}\text{R}\_\\ \text{J}\_\ \text{K}\_\end{Bmatrix}\text{F}\_$$

说明：X、Y、Z 为圆弧终点坐标。采用 G90 编程时表示圆弧终点在工件坐标系中的坐标，采用 G91 编程时为圆弧终点相对于圆弧起点的位移量。

G02/G03 为顺时针圆弧/逆时针圆弧加工指令。在圆弧坐标平面内，从未被指定坐标轴（G17 平面为 *Z* 轴，G18 平面为 *Y* 轴，G19 平面为 *X* 轴）的正方向往负方向观察，如为顺时针圆弧则用 G02，而如为逆时针圆弧则用 G03。

R 为圆弧半径，当圆弧圆心角小于 180°时，R 为正值；否则 R 为负值。整圆不能用 R 编程，只能用 I、J、K（圆心坐标减去圆弧起点坐标）。同一程序段中，如果 I、J、K 与 R

同时出现，则 R 有效。

4. 辅助功能（M 功能）

辅助功能由大写字母 M 后跟一位或两位数字组成，主要用于控制零件程序的走向，以及机床各种辅助功能的开关动作。M 指令在同一程序段中不能同时出现两个或多个，否则执行最后一次出现的 M 指令代码。常用 M 功能如下：

（1）M00　程序停止。执行 M00 指令后，机床所有动作均被切断，以便进行某种手动操作，如精度的检测等，重新按循环。启动按钮后，再继续执行 M00 指令后的程序。该指令常用于粗加工与精加工之间精度检测时的暂停。

（2）M01　程序选择停止。M01 的执行过程和 M00 相似，不同的是：只有按下机床控制面板上的“选择停止”开关后，该指令才有效，否则机床继续执行后面的程序。该指令常用于检查工件的某些关键尺寸。

（3）M02/M30　主程序结束。程序结束指令执行后，表示本加工程序内所有内容均已完成。M02 程序结束后，机床 CRT 显示屏上的执行光标不返回程序开始段。

（4）主轴功能　M03/M04/M05。M03 用于主轴顺时针方向旋转，M04 指令用于主轴逆时针方向旋转用指令 M05 表示主轴停转。

（5）切削液开、关　M08/M09。切削液开用 M08 表示，切削液关用 M09 表示。

5. 进给功能（F 功能）

进给功能由地址符 F 后跟若干位数字组成。F 指令表示刀具相对于工件的合成进给速度（进给率）。

6. 主轴功能（S 功能）

主轴功能 S 控制主轴转速，其后的数值表示主轴速度，单位为 r/min。

7. 刀具功能（T 功能）

刀具功能由地址符 T 和其后的数值组成，数值表示选择的刀具号。T 代码与刀具的关系是由机床厂家规定的。

二、刀具补偿功能指令

1. 刀具半径补偿 G40/G41/G42

格式：$\begin{Bmatrix} G17 \\ G18 \\ G19 \end{Bmatrix} \begin{Bmatrix} G40 \\ G41 \\ G42 \end{Bmatrix} \begin{Bmatrix} G00 \\ G01 \end{Bmatrix}$ X__ Y__ Z__ D__

说明：

G41、G42 为模态指令。

刀具半径补偿的建立与取消只能用 G00 或 G01 指令，不能用 G02 或 G03。

G41（或 G42）与 G40 之间的程序段不得出现任何转移加工，如镜像、子程序加工等。

刀具半径补偿平面的切换必须在补偿取消方式下进行。

采用刀具半径补偿指令 G41、G42 应避免过切现象。加工半径小于刀具半径的内圆弧时，进行半径补偿将产生过切。因此选用的刀具半径小于加工圆弧半径才能避免过切现象的发生。

2. 刀具半径补偿的建立

刀具半径补偿的建立就是在刀具从起刀点（起刀点位于零件轮廓之外，距离加工零件轮廓切入点较近）以进给速度接近工件时，刀具中心轨迹从与编程轨迹重合过渡到与编程轨迹偏离一个刀具半径值的过程。刀具半径补偿偏置方向由 G41（左补偿）或 G42（右补偿）确定，如图 3-3 所示。

在图 3-3 中，建立刀具半径左补偿的有关指令如下：

N10 G90 G92 X -10. Y -10. Z0　　定义程序原点，起刀点坐标为（-10，-10，0）
N20 S900 M03　　起动主轴
N30 G17 G01 G41 X0 Y0 D01　　建立刀具半径左补偿，刀具半径偏置寄存号为 D01
N40 Y50.　　定义首段零件轮廓

其中，D01 为调用 D01 号刀具半径偏置寄存器中存放的刀具半径值。

建立刀具半径右补偿的有关指令如下：

N30 G17 G01 G42 X0 Y0 D01

3. 刀具半径补偿的取消

与建立刀具半径补偿过程类似，在零件最后一段刀具半径补偿轨迹加工完成后，刀具撤离工件，回到退刀点，在这个过程中应取消刀具半径补偿，用指令 G40。退刀点也应位于零件轮廓之外，距离加工零件轮廓退出点较近，可以与起刀点相同，也可以不相同。

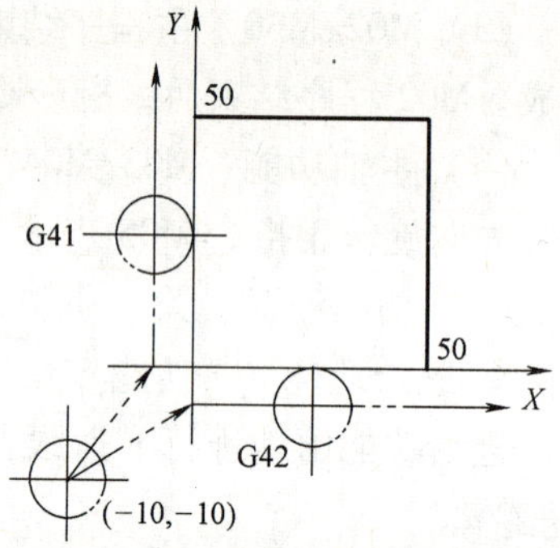

图 3-3　建立刀具半径补偿

4. 刀具半径补偿量的正负与刀具的刀心轨迹

在数控程序的编制中，一般把刀具的半径补偿量输入为正值（+），如果把刀具半径补偿量设为负值（-）时，在刀心轨迹方向不变的情况下，则相当于把数控程序中的补偿位置指令 G41、G42 互换，即加工工件外侧的刀具变为在内侧加工，如图 3-4 所示。在加工表面不变的情况下，刀具刀心轨迹方向将发生相应的变化。

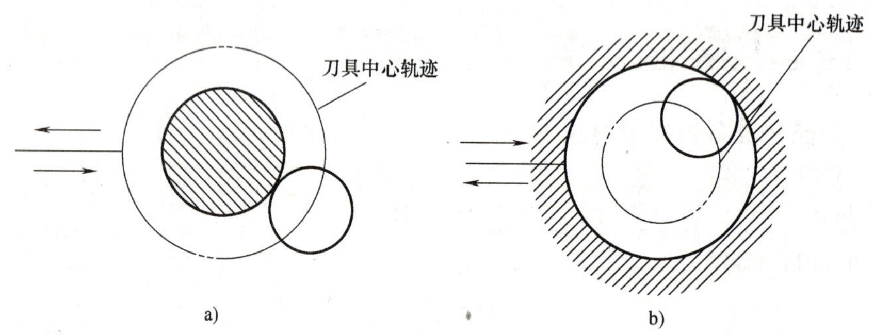

图 3-4　刀具半径补偿量与刀心轨迹
a）工件外侧加工　b）工件内侧加工

5. 半径补偿的作用

（1）简化编程，提高工作效率　如前所述，运用刀具半径补偿功能，可以直接根据零件轮廓尺寸编程，避免人工计算刀心轨迹，减少编程工作量，降低编程出错率。

例如，用 ϕ6mm 立铣刀精加工凸块侧壁，若采用刀具半径补偿功能，可直接按零件给出的轮廓尺寸编程，如果将程序中G41换成G42，则凸块程序可用于凹块凹槽侧壁的加工，免去重新编程的烦琐过程。

（2）用同一把刀具，应用同一程序，实现粗、精加工　粗加工刀具补偿量=刀具半径+精加工余量，精加工刀具补偿量=刀具半径。

假设用ϕ10mm立铣刀粗、精加工一个工件外轮廓侧壁，精加工余量为0.10mm，采用刀具半径补偿功能，粗加工程序中D01补偿代号表示的刀具补偿量是5.10mm（刀具半径5mm+精加工余量0.10mm=5.10mm），粗加工程序运行前将该数值输入数控系统刀补内存表01位置。粗加工完成后，在精加工之前，再通过机床操作面板将原来D01代表的5.10mm的补偿量修改为5.0mm，然后直接运行程序，即可实现精加工。这样不用修改程序，用同一把刀就可以实现粗、精加工。

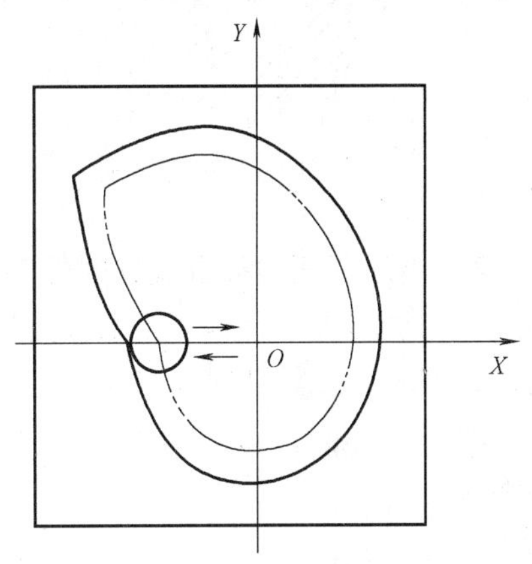

图3-5　内轮廓切削示意图（一）

三、铣削内、外轮廓的进给路线

1. 铣削内轮廓的进给路线

1）铣削封闭的内轮廓表面，若内轮廓曲线不允许外延，如图3-5所示，则刀具只能沿内轮廓曲线的法向切入、切出，此时刀具的切入、切出点应尽量选在内轮廓曲线两几何元素的交点处。当内部几何元素相切无交点时，如图3-6所示，为防止刀补取消时在轮廓拐角处留下凹口（图3-6a），刀具切入、切出点应远离拐角（图3-6b）。

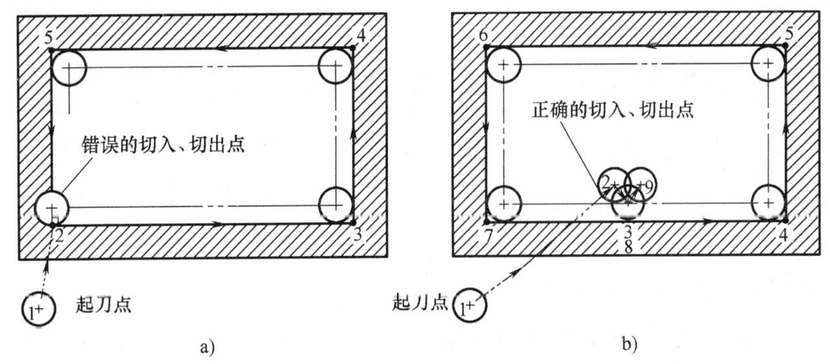

图3-6　内轮廓切削示意图（二）
a）内轮廓错误切入和切出　b）内轮廓正确切入和切出

2）当用圆弧插补铣削内圆弧时，也要遵循从切向切入、切出的原则，最好安排从圆弧过渡到圆弧的加工路线，如图3-7所示，以提高内孔表面的加工精度和质量。

2. 铣削外轮廓的进给路线

1）铣削平面零件外轮廓时，一般采用立铣刀侧刃切削。刀具切入工件时，应避免沿零件外轮廓的法向切入，而应沿切削起始点的延伸线逐渐切入工件如图3-8所示，保证零件曲线平滑过渡。同理，在切离工件时，也应避免在切削终点处直接抬刀，而要沿着切削终点延伸线逐渐切离工件。

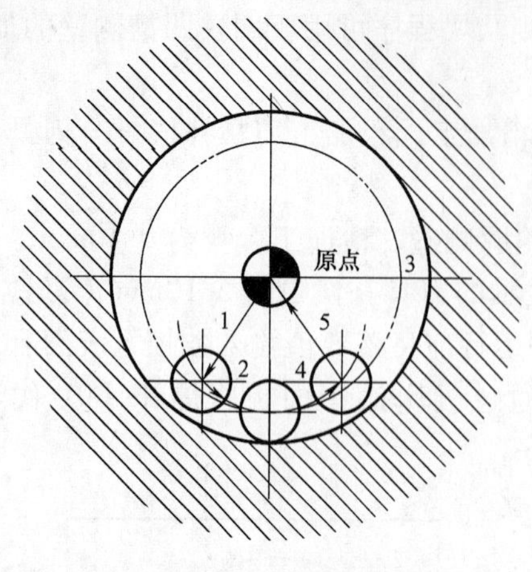

图 3-7 内圆铣削

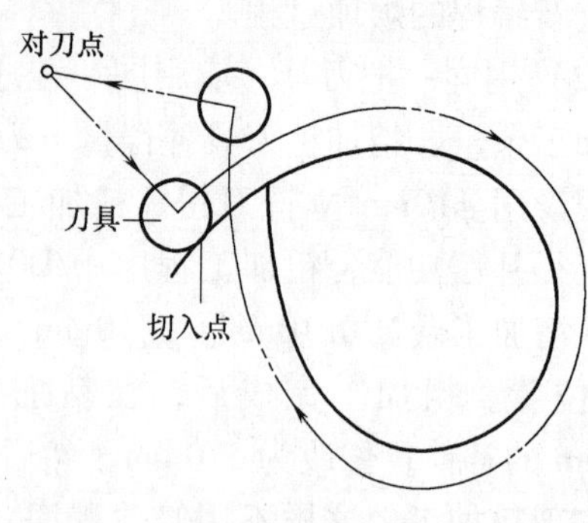

图 3-8 外轮廓切削进给路线

2）当用圆弧插补方式铣削外整圆时，如图 3-9 所示，要安排刀具从切向进入圆周铣削加工。当整圆加工完毕后，不要在切点处直接退刀，而应让刀具沿切线方向多运动一段距离，以免取消刀补时，刀具与工件表面相碰，造成工件报废。

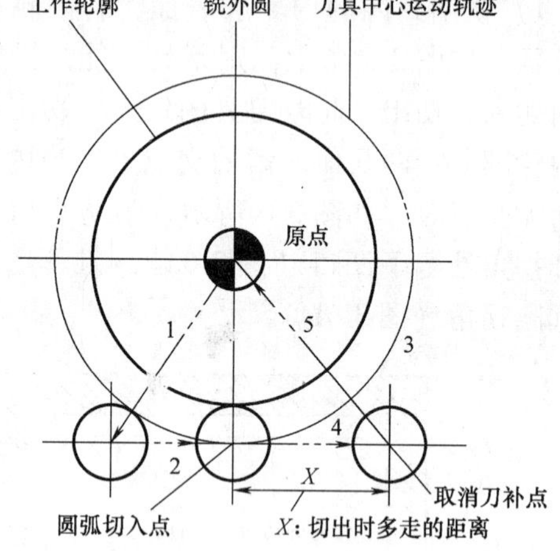

图 3-9 整圆切削进给路线

任务实施

一、确定加工工艺

1. 确定工艺路线

1）铣削平面，可选用 ϕ55mm 可转位面铣刀。

2）粗加工内轮廓，选用 ϕ12mm 键槽铣刀。

3）精加工内轮廓，选用 ϕ12mm 键槽铣刀。

2. 夹具选用与工件装夹

由于毛坯形状比较规则，零件复杂程度一般，通常选用机用平口钳装夹。机用平口钳应安装在工作台中间的 T 形槽内，钳口位置居中，如图 3-10 所示。机用平口钳装夹工件前，必须要找正钳口。首先松开机用平口钳上体与转盘底座的紧固螺母，将机用平口钳水平回转 90°，略拧紧紧固螺母后，用百分表找正钳口，与数控铣床工作台横向（或纵向）进给方向平行，如图 3-11 所示。找正时，注意防止百分表座与连接杆松动。找正时，先将百分表测头与定钳口长度方向的中部接触，然后移动横向工作台，根据显示值微调回转角度，直至钳口与横向（或纵向）平行。同时，Z 向移动，可以校核固定钳口与工作台面的垂直度误差。装夹工件时，用机用平口钳装夹毛坯的两侧面，在工件下表面与机用平口钳之间放入精度较高的平行垫铁，垫铁的厚度与宽度要适当，应保证工件在本次定位装夹中所有需要完成的待加工面充分暴露在外，以方便加工。最后用塑胶锤子敲击工件，使垫铁不能移动后夹紧工件。

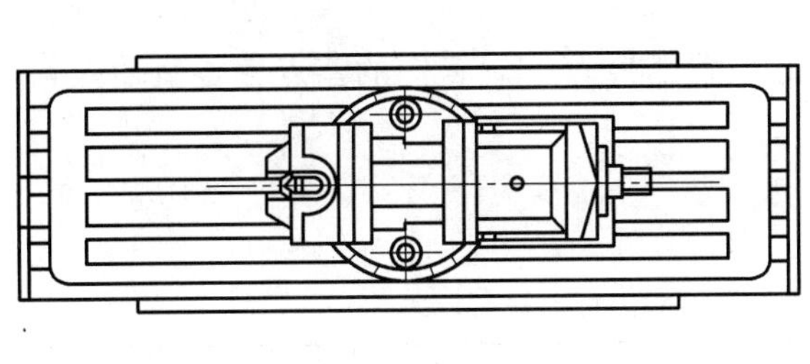

图 3-10 机用平口钳安放位置

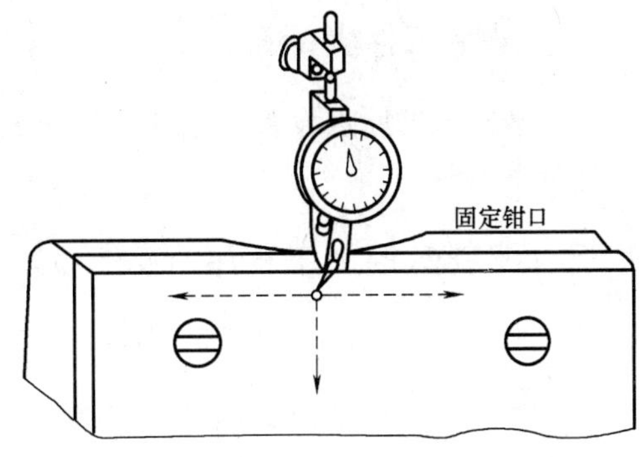

图 3-11 用百分表找正机用平口钳

3. 工具、量具、刀具清单（表 3-1）

表 3-1 工具、量具、刀具清单

种类	序号	名称	规格	精度	单位	数量
工具	1	机用平口钳			个	1
	2	机用平口钳扳手			个	1
	3	平行垫铁			块	2
	4	塑胶锤子			个	1
	5	Z 轴设定器	50mm	0.01mm	个	1
	6	寻边器	机械式（ϕ10mm）		个	1
	7	刀柄	ER32、ER25		个	各 1
	8	筒夹	ϕ12mm		个	各 1
量具	1	游标卡尺	0 ~ 150mm	0.02mm	把	1
	2	内径千分尺	0 ~ 25mm	0.01mm	把	1
刀具	1	可转位面铣刀	ϕ55mm		把	1
	2	键槽铣刀	ϕ12mm			1

4. 切削用量的选择（表 3-2）

表 3-2 切削用量的选择

加工步骤		刀具与切削参数				
序号	加工内容	刀具规格		主轴转速 n /（r/min）	进给速度 v_f /（mm/min）	刀具半径补偿/mm
		类型	材料			
1	粗加工上表面	ϕ55mm 可转位面铣刀	硬质合金	1000	200	无
2	精加工上表面			1600	400	无
3	粗加工内轮廓	ϕ12mm 键槽铣刀	高速钢	800 ~ 1000	100 ~ 200	6.5
4	精加工内轮廓			1000 ~ 1500	100 ~ 150	计算

二、设定工件坐标系

工件坐标系的原点设置在零件上表面的中心位置，将 X、Y、Z 向的零点偏置值输入到工件坐标系 G54 中。

三、编制数控加工程序（表3-3）

表3-3 数控加工程序（华中 HNC-21M 系统）

程序		说明
O0001		文件名
%0001		程序名
N1	G0 G54 G90 G17 X0 Y0 Z20	建立工件坐标系
N2	M3 S800 F200	主轴正转，转速为800r/min，具体视加工情况而定
N3	G0 X－20 Y17 M8	快速移动到（－20，17）
N4	G1 G42 X0 Y17 D01 F200	X 轴切削进给，并引入刀具1号半径补偿值，进给速度为200mm/min；
N5	G1 Z－5 F100	Z 轴吃刀量为5mm，进给速度为100mm/min
N6	G2 I0 J－21	ϕ42mm 整圆铣削加工
N7	G1 G40 X0 Y0	X、Y 轴切削退刀，回到工件坐标系原点，并取消刀具半径补偿
N8	G1 G42 X－13 Y12 D01	X、Y 轴切削进给，并引入刀具1号半径补偿值
N9	G1 Y19	Y 向切削进给
N10	G2 X－7 Y25 R6	顺时针圆弧插补，圆弧半径为6mm
N11	G1 X7	X 向切削进给
N12	G2 X13 Y19 R6	顺时针圆弧插补，圆弧半径为6mm
N13	G1 Y0	Y 向切削进给
N14	G0 Z20	Z 轴快速退刀
N15	G40 X0 Y0	取消刀补，回到工件坐标系原点
N16	M30	程序结束，回到起始位置，机床复位（切削液关，主轴停止）

注：通过更改刀具半径补偿值实现去除余量和精加工。

四、实体造型

1）按 F5 键，选择“XOY 平面”作为视图平面和作图平面。在特征树中，单击“平面XY”，再单击“绘制草图”按钮，创建草图。单击“矩形”按钮，选择“中心 长宽”方式，设定长和宽为60mm，如图3-12 所示。

2）单击“拉伸增料”按钮，选择“固定深度”方式，设定深度为20mm，单击“确定”按钮，如图3-13 所示。

3）选择已生成实体的后表面，单击“绘制草图”按钮，激活后表面作为草图平面。单击“直线”按钮，选择“水平/铅垂线”方式，选择坐标原点为中心点，如图3-14 所示。

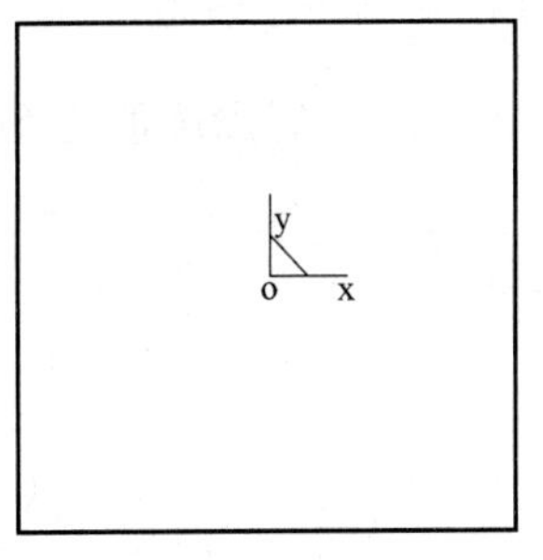

图 3-12　绘制矩形草图

图 3-13　实体拉伸增料

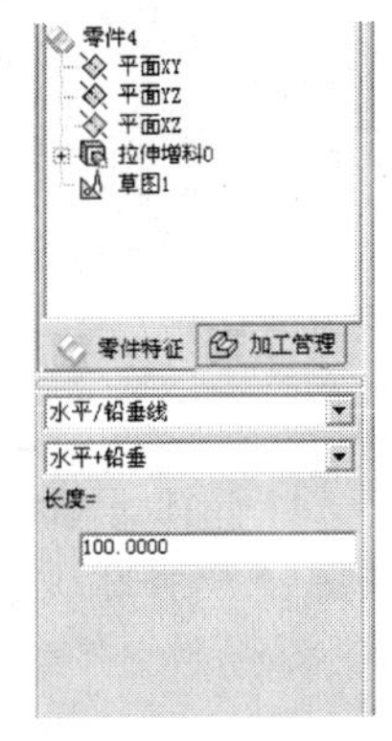

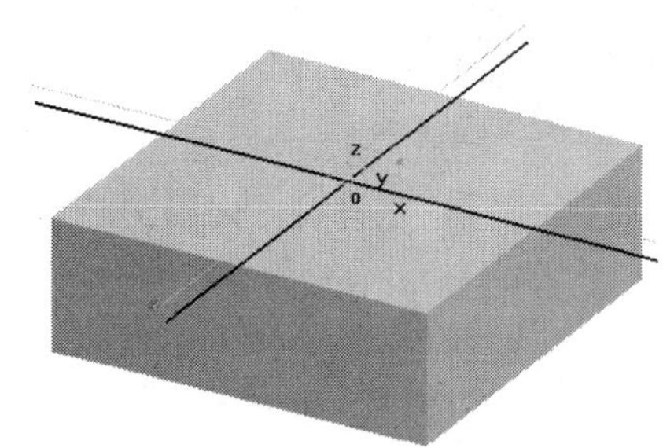

图 3-14　在实体表面上创建草图

4）单击“等距线”按钮，分别作向上、向下和向左、向右的等距线，等距距离分别为 25mm、4mm，左右为 13mm，再单击“整圆”按钮，选择等距线 4mm 与 *Y* 轴零线的交点为圆心，绘制直径为 ϕ41mm 的圆，如图 3-15 所示。

5）单击“曲线过渡”按钮，选择“圆弧过渡”方式，设定过渡半径为 6mm，对两个 *R*6mm 的圆角进行倒圆角。删除多余的线，如图 3-16 所示。

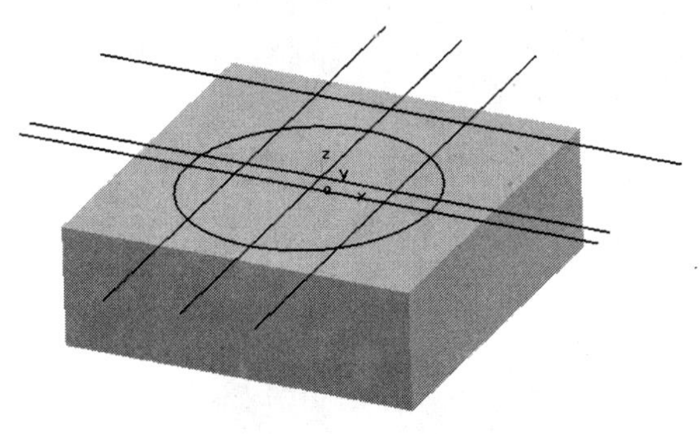

图 3-15　绘制内轮廓线

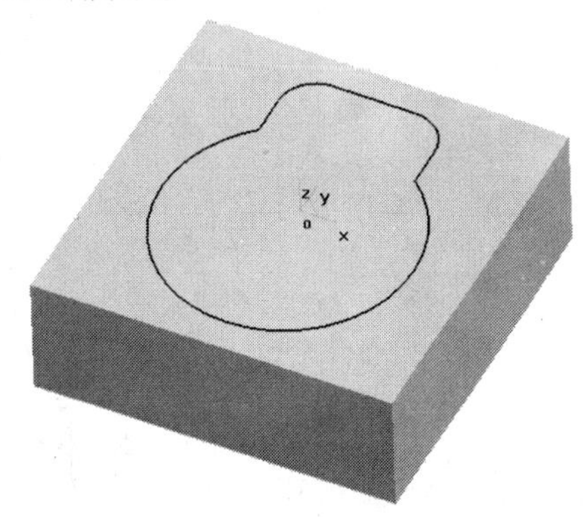

图 3-16　内轮廓线圆弧过渡

6）单击“草图是否封闭”按钮，检查草图是否存在开口环，如图3-17所示。

7）单击“拉伸除料”按钮，选择“固定深度”方式，设定深度值为5mm，单击“确定”按钮，如图3-18所示。

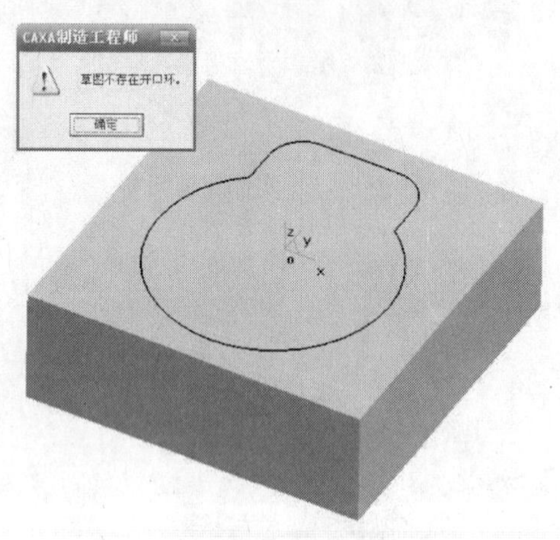

图3-17　检查内轮廓草图封闭情况

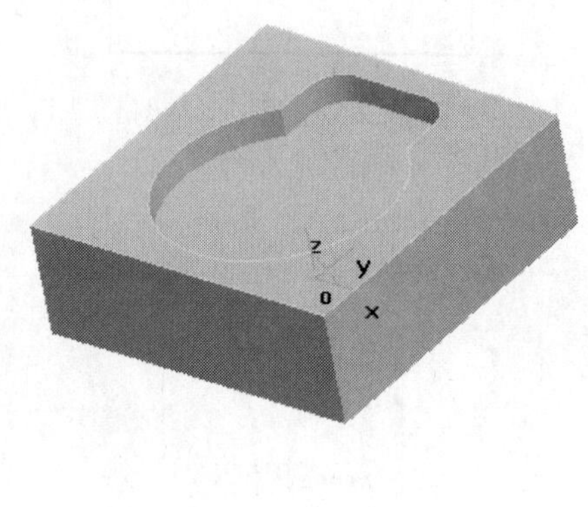

图3-18　拉伸除料内轮廓

五、仿真加工

采用数控仿真软件仿真加工，检查加工程序，操作步骤见表3-4。

表3-4　仿真加工操作步骤

序号	操作步骤	图　示
1	输入加工程序，以“. txt”格式存入计算机	
2	进入仿真系统： 单击“开始”/“程序”/“数控加工仿真系统”/“加密锁管理程序”，屏幕右下方工具栏中出现加密锁的图标，表明加密锁启动成功 单击“开始”/“程序”/“数控加工仿真系统”，弹出“用户登录”界面。单击“快速登录”按钮，进入数控加工仿真系统	用户登录 数控加工仿真系统 上海宇龙软件工程有限公司 天津工程师范学院 （原天津职业技术师范学院） 数控加工实验室 用户名： 密　码： 登　录　快速登录　退　出

（续）

序号	操作步骤	图　示
3	选择机床： 选择“机床”/“选择机床”菜单，在如图所示的“选择机床”对话框中，“控制系统”选择“华中数控”，“机床类型”选择“铣床”，单击“确定”按钮，完成操作	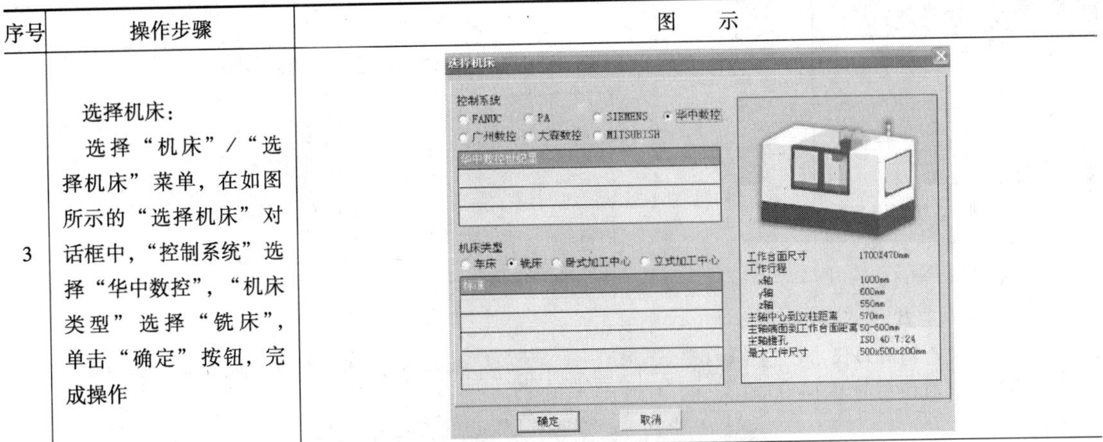
4	解除急停，机床回零	
5	安装零件： 1. 定义毛坯：选择“零件”/“定义毛坯”菜单，在弹出的“定义毛坯”对话框中，“材料”选择“ZL412 铝”，“形状”选择“长方形”，设置毛坯长、宽、高尺寸，单击“确定”按钮 2. 安装夹具：选择“零件”/“安装夹具”菜单，在“选择夹具”对话框中，“选择零件”选取“毛坯1”，“选择夹具”选取“平口钳”，单击“确定”按钮 3. 放置零件：选择“零件”/“放置零件”菜单，弹出“选择零件”对话框，选择名称为“毛坯1”的零件，并单击“安装零件”按钮	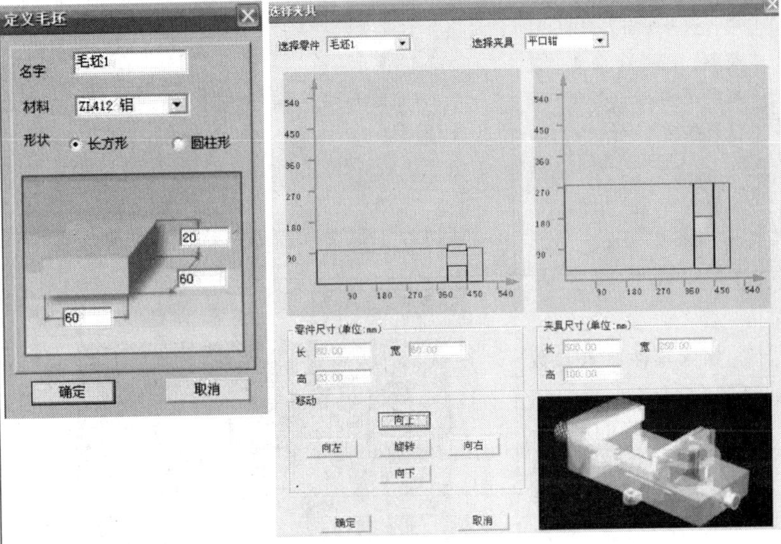 a)　　b) c)

（续）

序号	操作步骤	图　示
6	对刀、安装刀具： *X*、*Y* 轴对刀使用基准工具。选择“机床”/“基准工具”菜单，左边是刚性靠棒工具，右边是寻边器。*Z* 轴对刀使用实际加工时使用的刀具 安装刀具：选择“机床”/“选择刀具”菜单，选择所需刀具直径、类型，在可选刀具中选择所需刀具，单击“确认”按钮	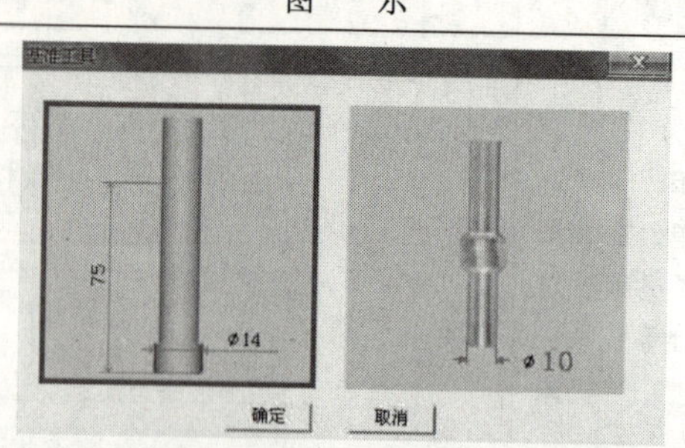 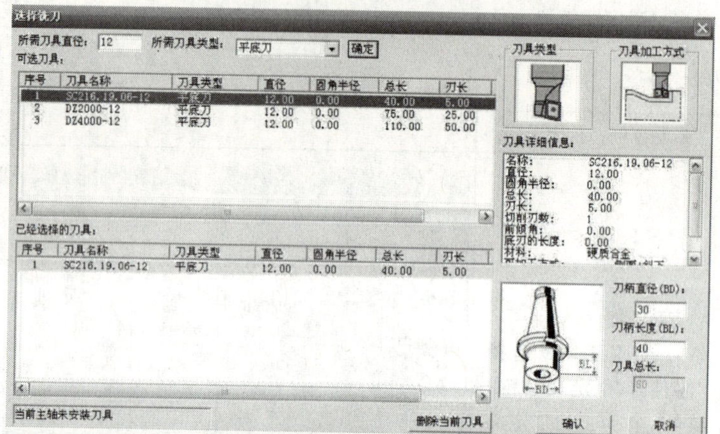
7	输入零件原点参数 G54： 主菜单—MDI（F4）—坐标系（F3），用键盘输入通过对刀得到的工件坐标原点，按 Enter 键，将参数输入到指定区域	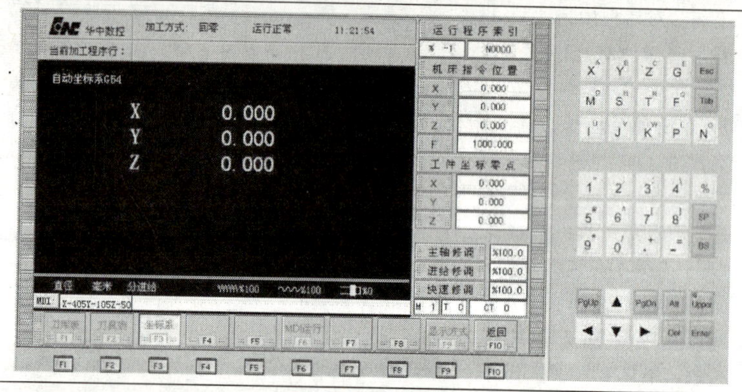
8	输入刀具补偿参数： 主菜单—MDI（F4）—刀具表（F2），在半径中输入补偿值。按 Enter 键后，输入数值，再按 Enter 键完成输入	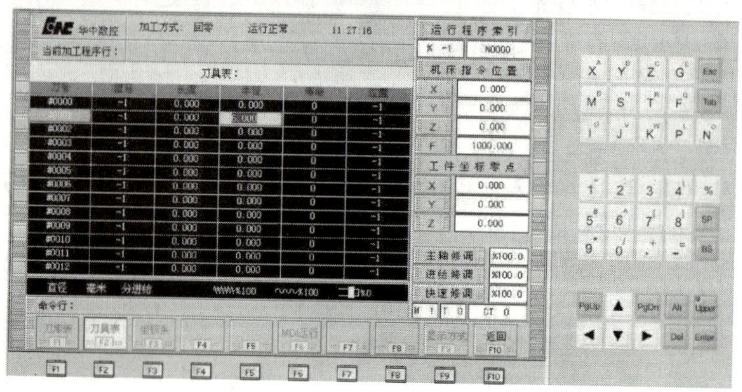

（续）

序号	操作步骤	图示
9	导入加工程序： 主菜单—自动加工（F1）—程序选择（F1）—磁盘程序（F1），弹出“选择G代码程序”对话框，用Tab键移动蓝色光标查找程序，再按Enter键完成选择	
10	检查刀具运行轨迹	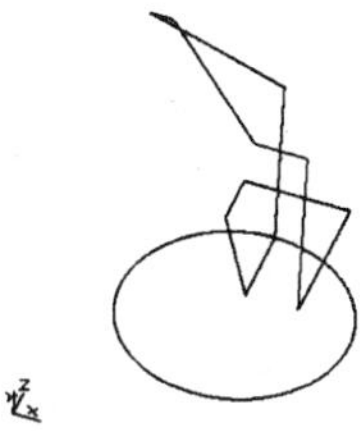
11	运行程序，完成加工	

六、加工

加工操作步骤见表3-5。

表3-5 加工操作步骤

序号	操作步骤
1	接通电源，旋起急停按钮，系统复位
2	返回参考点
3	使用百分表找正机用平口钳
4	装夹工件，对刀

（续）

序号	操作步骤
5	输入零件原点参数 G54～G59［主菜单—设置（F5）—坐标系设定（F5）］
6	输入刀具补偿参数［主菜单—刀具补偿（F4）—刀补表（F4）］
7	输入并编辑加工程序
8	程序校验［主菜单—程序（F1）—程序校验（F5）］
9	自动加工（粗加工，加工余量单边 0.5mm 左右）
10	自动加工（精加工，通过减少刀补值的方法控制零件的加工精度），测量零件，合格后卸下加工零件
11	清理机床
12	将工作台移至机床中间位置，按下急停按钮，断开机床电源

☞任务评价

零件加工结束后，把检测结果填入评分表，见表 3-6。

表 3-6　线盒加工评分表

班级		姓名		学号		日期
任务名称						
基本检测		序号	检测项目	配分	扣分	得分
	编程	1	切削加工工艺制订正确	5		
		2	切削用量选择合理	5		
		3	程序正确、简单、明确、规范	6		
	操作	4	设备操作、维护保养正确	4		
		5	安全、文明生产	10		
		6	刀具选择、安装正确、规范	4		
		7	工件找正、装夹正确、规范	6		
基本检测结果小计				40		
尺寸检测	序号	考核内容	评分标准	配分	扣分	得分
	1	整体外形	1. 外形：形状正确，尺寸误差不超过 1mm 即得分 2. 尺寸：每个尺寸超出 0.01mm 扣 5 分，每个尺寸最多扣完自身分值 3. *Ra* 值：降一级扣 3 分，降二级不得分	10		
	2	尺寸 $26^{+0.05}_{0}$mm		15		
	3	尺寸 $\phi42^{+0.05}_{0}$mm		15		
	4	圆弧 *R*6mm（2 处）		6		
	5	自由公差 4mm		6		
	6	深度尺寸 5mm		4		
	7	表面粗糙度		4		
尺寸检测结果小计				60		
合　计				100		

任务反馈

1）相同零件可采用不同编程方法和加工路线。

2）该题还可以采用将圆弧看成整圆进行加工，以简化程序，还可去除较多的余量。

任务总结

学到的知识点	1. 2. 3. 4.
还需要进一步提高的操作练习（知识点）	1. 2. 3. 4.
存在疑问或不懂的知识点	1. 2. 3. 4.
应注意的问题	1. 2. 3. 4.
其他	1. 2. 3. 4.

项目四　十字滑块加工

知识目标

1. 掌握加工十字滑块的编程方法。
2. 掌握刀具材料的基本性能。
3. 熟练利用刀补进行粗加工、半精加工、精加工以及余量的去除。

技能目标

1. 熟悉数控铣床的操作界面。
2. 学会立铣刀的使用方法及切削用量的选择。
3. 学会选用常用的数控铣削刀具、刀柄和筒夹。
4. 熟练使用量具测量加工尺寸。

任务描述

十字滑块如图 4-1 所示。毛坯外形尺寸为 60mm × 60mm × 30mm，材料为硬铝。分析加工工艺，编写加工程序。

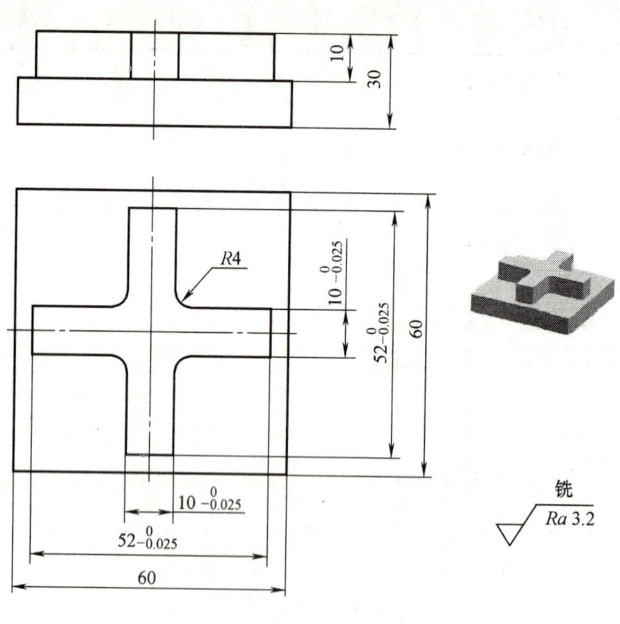

图 4-1　十字滑块

任务分析

本任务主要是训练学生掌握数控铣削加工中凸台类工件的基本加工工艺及编程方法，以及利用改变刀具半径补偿量完成工件的粗加工、半精加工及精加工的方法。

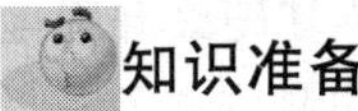

知识准备

一、本任务编程相关指令

1）常用 G 指令：G00（快速移动）、G01（直线插补）。

注意：应用 G00 指令时，尽量避免三轴联动。

2）用立铣刀加工工件轮廓时，在加工程序中应用 G41、G42 代码，只需按加工工件的轮廓编程，通过在 D 存储器中输入刀具半径值，就可加工出正确的轮廓，使编程计算量大为减少。

二、利用刀补进行粗加工、半精加工、精加工及去除余量

1）利用刀补值对加工尺寸进行修正，控制轮廓的尺寸精度。

公式：粗加工补偿量 $=R+\Delta_{半精加工}$

半精加工补偿量 $=(R+\Delta_{精加工})$

精加工补偿量 $=R-\delta_{修}$

$\delta_{修}$ = 半精加工理想尺寸 - 实际加工测量尺寸

式中　$\Delta_{半精加工}$——半精加工余量（mm）；

$\Delta_{精加工}$——精加工余量（mm）；

$\delta_{修}$——修正量（mm）。

例如，加工一个凹槽，侧壁留有 0.15mm 的加工余量。采用 ϕ6mm 直径刀具通过半精加工和精加工完成，其中半精加工余量为 0.10mm，精加工余量为 0.05mm。

2）用不同直径刀具、应用同一程序实现粗、精加工。若粗、精加工分开，用两把刀，如 ϕ16mm 直径刀具用于粗加工，ϕ6mm 直径刀具用于精加工，精加工余量为 0.10mm，其原理与上述相同。粗加工时，D01 刀补值取 8.10mm（ϕ16mm 直径刀具半径值 + 精加工余量）；精加工时，D01 刀补值修改为 3.0mm（ϕ6mm 直径刀具半径值），加工程序仍使用原程序。

3）因刀具磨损（或更换新刀具）引起刀具直径改变，但不用修改程序，达到控制轮廓尺寸的目的。

在零件的自动加工过程中，刀具的磨损、更换经常发生。刀具磨损后，刀具直径小了，会造成加工的轮廓尺寸发生变化（变大或变小），若刀具仍在寿命范围内，可以不换刀，采用刀补处理，只需通过定时检测加工轮廓尺寸，及时修正刀补值，即可保证加工尺寸的精度，而不必修改程序。同理，更换直径相同的新刀具后，刀具直径比旧刀具大了，通过修正刀补值，同样不用修改程序，也可使轮廓尺寸保持一致性。

三、刀具材料

1. 刀具材料应具备的性能

（1）高的硬度和耐磨性　刀具材料的硬度必须高于工件材料的硬度。常温下一般应在 60HRC 以上。一般来说，刀具材料的硬度越高，耐磨性也越好。

（2）足够的强度和韧性　刀具切削部分要承受很大的切削力和冲击力。因此，刀具材

料必须要有足够的强度和韧性。

（3）良好的耐热性和导热性　刀具材料的耐热性是指在高温下仍能保持其硬度和强度的能力，耐热性越好，刀具材料在高温时抗塑性变形的能力、抗磨损的能力也越强。刀具材料的导热性越好，切削时产生的热量越容易传导出去，从而降低切削部分的温度，减小刀具磨损。

（4）良好的工艺性　为便于制造，要求刀具材料具有良好的可加工性，包括热加工性能（热塑性、可焊性、淬透性）和机械加工性能。

（5）良好的经济性

2. 数控铣削常用的刀具材料

（1）高速钢　高速钢是含 W、Cr、V 等合金元素较多的合金工具钢，其常用牌号有 W18Cr4V、W6Mo5Cr4V2 等，广泛用于制造形状复杂的高速切削工具，如麻花钻、铣刀、拉刀、齿轮刀具和其他成形刀具。按用途可分为通用型高速钢、高性能高速钢和粉末冶金高速钢。

1）通用型高速钢一般可分钨钢和钨钼钢。这类高速钢 $w(\mathrm{C})=0.7\%\sim0.9\%$。按钢中含钨量的不同，可分为 $w(\mathrm{W})=12\%$ 或 $w(\mathrm{W})=18\%$ 的钨钢，$w(\mathrm{W})=6\%$ 或 $w(\mathrm{W})=8\%$ 的钨钼系钢，$w(\mathrm{W})=2\%$ 或不含 W 的钼钢。通用型高速钢具有一定的硬度(63～66HRC)和耐磨性，高的强度和韧性，良好的塑性和加工工艺性，因此广泛用于制造各种复杂刀具。

钨钢的典型牌号为 W18Cr4V（简称 W18），具有较好的综合性能，在 600℃时的高温硬度为 48.5HRC，可用于制造各种复杂刀具。它有可磨削性好、脱碳敏感性小等优点，但由于碳化物含量较高，分布较不均匀，颗粒较大，强度和韧性不高。

钨钼钢是指将钨钢中的一部分钨用钼代替所获得的一种高速钢。钨钼钢的典型牌号是 W6Mo5Cr4V2（简称 M2）。M2 的碳化物颗粒细小均匀，强度、韧性和高温塑性都比 W18Cr4V 好。另一种钨钼钢为 W9Mo3Cr4V（简称 W9），其热稳定性略高于 M2 钢，抗弯强度和韧性都比 M2 好，具有良好的可加工性能。

2）高性能高速钢是指在通用型高速钢中增加碳、钒、钴或铝等合金元素，使其常温硬度可达 67～70HRC，抗氧化能力、耐磨性与热稳定性进一步提高。这种高速钢可用于加工不锈钢、高温合金、耐热钢和高强度钢等难加工材料，典型牌号有 M42。

3）粉末冶金高速钢是用高压氩气或纯氮气雾化熔融的高速钢钢水而得到细小的高速钢粉末，然后再热压锻轧制成。适用于制造精密刀具、大尺寸刀具（滚刀、插齿刀）、复杂成形刀具及拉刀等。

（2）硬质合金　硬质合金是由高硬度和高熔点的金属碳化物（碳化钨 WC、碳化钛 TiC、碳化钽 TaC、碳化铌 NbC 等）和金属黏结剂（Co、Mo、Ni 等）用粉末冶金工艺制成的。硬质合金刀具常温硬度为 89～93HRA，化学稳定性好，热稳定性好，耐磨性好，耐热性达 800～1000℃。硬质合金刀具允许的切削速度比高速钢刀具高 5～10 倍。但强度、韧度均比高速钢低，工艺性也不如高速钢。

硬质合金常被制成各种形式的刀片，焊接或机械夹固在刨刀、面铣刀等的刀柄（刀体）上使用。

按国家标准，主要以硬质合金的硬度、抗弯强度等指标将硬质合金刀片材料大致分为

1）K 类（YG 类）：包括 K10～K40，主要成分为 WC、Co。主要用于加工铸铁、非铁金

属和非金属材料。细晶粒硬质合金（如 YG3X、YG6X）在含钴量相同时比中晶粒的硬度和耐磨性要高些，适用于加工一些特殊的硬铸铁、奥氏体不锈钢、耐热合金、钛合金、硬青铜和耐磨的绝缘材料等。

2）P 类（YT 类）：包括 P01 ~ P50，主要成分为 WC、TiC、Co。这类硬质合金的突出优点是硬度高、耐热性好、高温时的硬度和抗压强度比 YG 类高、抗氧化性能好。因此，当要求刀具有较高的耐热性及耐磨性时，应选用 TiC 含量较高的牌号。YT 类硬质合金适于加工塑性材料（如钢材），但不宜加工钛合金、硅铝合金。

3）M 类（YW 类）：包括 M10 ~ M40，主要成分为 WC-TiC-TaC（NbC）-Co。这类合金兼具 YG、YT 类合金的性能，综合性能好，它既可用于加工钢料，又可用于加工铸铁和非铁金属。这类合金如适当增加钴含量，强度可很高，可用于各种难加工材料的粗加工和断续切削。

各个牌号分别以 01 ~ 50 之间的数字表示从高硬度到最大韧性之间的一系列合金。

四、铣刀种类及选用

1. 铣刀的种类

（1）面铣刀　面铣刀的圆周表面和端面上都有切削刃，端部切削刃为副切削刃。面铣刀多制成套式镶齿结构，刀齿为高速钢或硬质合金，刀体材料为 40Cr。

面铣刀主要用于面积较大的平面铣削和较平坦的立体轮廓的多坐标加工。高速钢面铣刀按国家标准规定，直径 $d = 80 \sim 250\text{mm}$，螺旋角 $\beta = 10°$，刀齿数 $z = 10 \sim 26$。

硬质合金面铣刀与高速钢铣刀相比，铣削速度较高、加工效率高、加工表面质量也较好，并可加工带有硬皮和淬硬层的工件，故得到了广泛应用。硬质合金面铣刀按刀片和刀齿的安装方式不同，可分为整体焊接式、机夹-焊接式和可转位式三种，如图 4-2 所示。

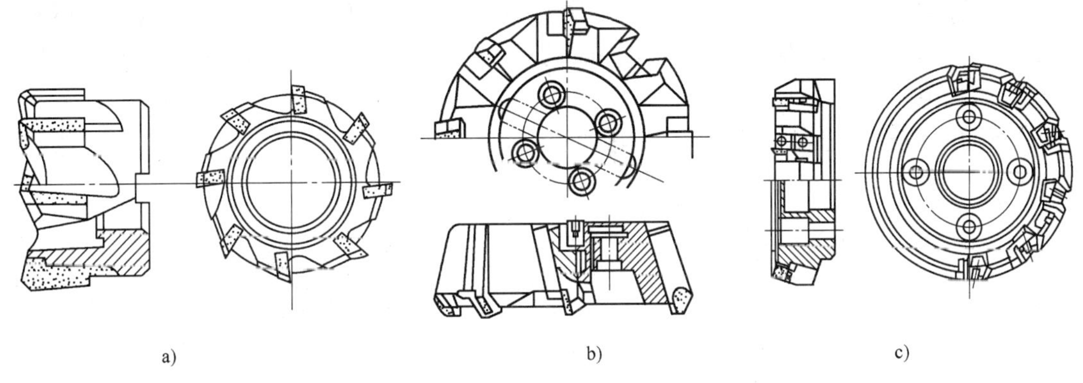

图 4-2　硬质合金机夹式面铣刀结构

a）整体焊接式　b）机夹-焊接式　c）可转位式

（2）立铣刀　立铣刀主要用于铣削侧面、端面、凹槽和台阶面，同时也可铣削两个相互垂直的表面以及成形面。立铣刀的端刃一般为中心孔式。过中心端刃的立铣刀可用于钻孔、插入式铣削等轴向进给。

立铣刀结构如图 4-3 所示，广泛用于加工平面类零件。立铣刀的圆柱表面和端面上都有切削刃，它们可同时进行切削，也可单独进行切削。立铣刀圆柱表面的切削刃为主切削刃，端面上的切削刃为副切削刃。主切削刃一般为螺旋齿，可以增加切削平稳性，提高加工精度。

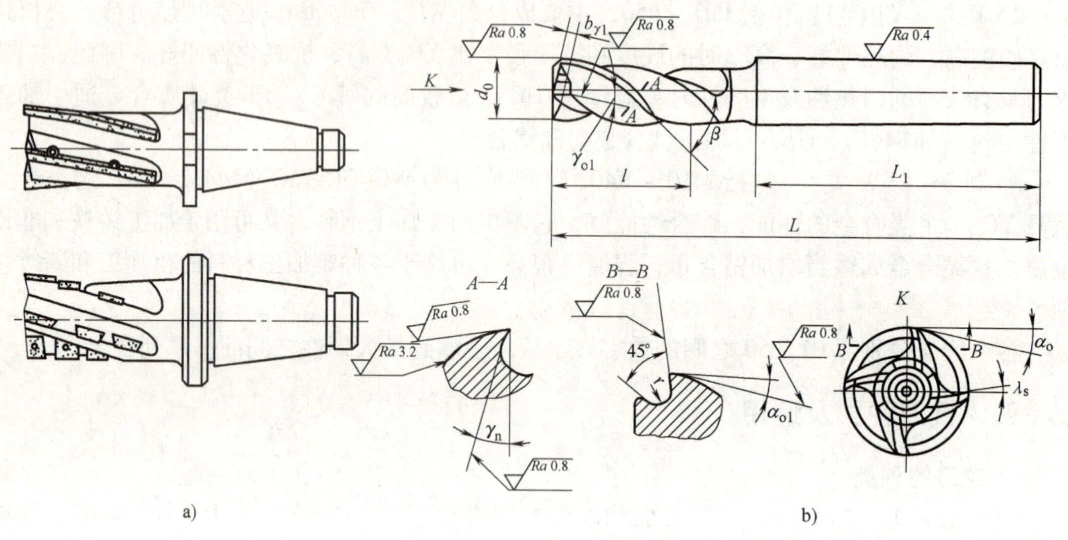

图 4-3 立铣刀结构

a）镶片式立铣刀 b）整体式立铣刀

立铣刀按端部切削刃的不同可分为过中心刃和不过中心刃两种。过中心刃立铣刀可直接轴向进刀。由于不过中心刃立铣刀端面中心处无切削刃，所以它不能作轴向进给，端面刃主要用来加工与侧面相垂直的底平面。

（3）键槽铣刀 键槽铣刀主要用于加工圆头平键键槽，也可用于加工开口槽，少数用于插入式铣削、钻削及锪孔，适用于铣削对槽宽有相应要求的槽。它具有螺旋齿结构，切削平稳。

如图 4-4 所示，它有两个刀齿，圆柱面和端面都有切削刃，端面刃延至中心，既像立铣

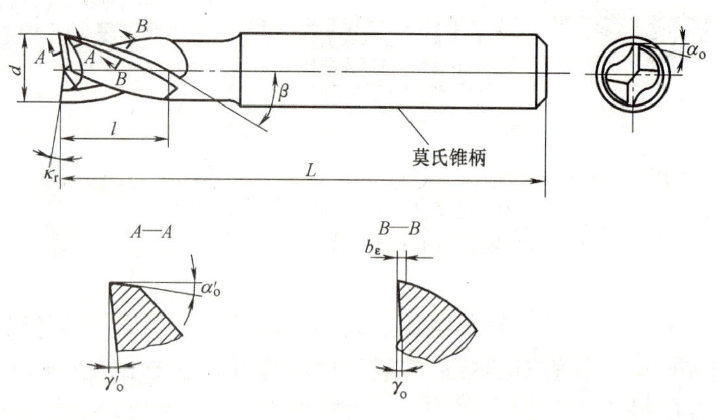

图 4-4 键槽铣刀结构

刀，又像钻头。用键槽铣刀铣削键槽时，先轴向进给达到槽深，然后沿键槽方向铣出键槽全长。由于切削力引起刀具和工件的变形，一次进给铣出的键槽形状误差较大，槽底一般不是直角。为此，通常采用两步法铣削键槽，即先用小号铣刀粗加工出键槽，然后以逆铣方式精加工四周，可得到较好的直角。

（4）模具铣刀　模具铣刀由立铣刀发展而成，它是加工金属模具型面的铣刀的通称，可分为圆锥形立铣刀（圆锥半角为3°、5°、7°、10°）、圆柱形球头立铣刀和圆锥形球头立铣刀三种，如图4-5所示。

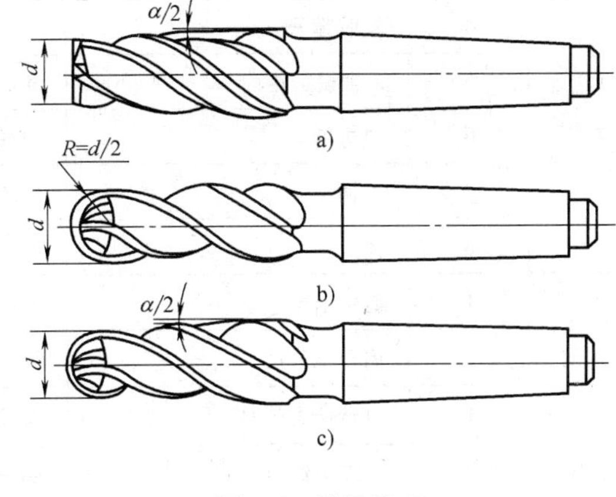

图4-5　模具铣刀

a）圆锥形立铣刀　b）圆柱形球头立铣刀　c）圆锥形球头立铣刀

2. 常用铣刀的选用

1）选用刀具时，要使刀具的尺寸与被加工工件的表面尺寸和形状相适应。

2）加工较大的平面应选择面铣刀。

3）加工平面零件周边轮廓、凹槽和较小的台阶面应选择立铣刀。

4）加工空间曲面、模具型腔或凸模成形表面等多选用模具铣刀，加工封闭的键槽选用键槽铣刀。

任务实施

一、确定加工工艺

1. 确定工艺路线

1）铣削平面，可选用ϕ55mm可转位面铣刀。

2）粗加工外轮廓，选用ϕ16mm三面刃铣刀。

3）精加工外轮廓，选用ϕ8mm键槽铣刀。

2. 夹具选用与工件装夹

由于毛坯形状比较规则，零件复杂程度一般，通常选用机用平口钳装夹。装夹毛坯的两侧面，在工件下表面与机用平口钳之间放入精度较高的平行垫铁，垫铁的厚度与宽度要适当，应保证工件在本次定位装夹中所有需要完成的待加工面充分暴露在外，以方便加工。最后用塑胶锤子敲击工件，使垫铁不能移动后夹紧工件。

3. 工具、量具、刀具清单（表4-1）

表4-1　工具、量具、刀具清单

种类	序号	名称	规格	精度	单位	数量
工具	1	机用平口钳			个	1
	2	机用平口钳扳手			个	1
	3	平行垫铁			块	2

（续）

种类	序号	名称	规格	精度	单位	数量
工具	4	塑胶锤子			个	1
	5	Z 轴设定器	50mm	0.01mm	个	1
	6	寻边器	机械式（ϕ10mm）		个	1
	7	刀柄	ER32、ER25		个	各 1
	8	筒夹	ϕ16mm、ϕ8mm		个	各 1
量具	1	游标卡尺	0～150mm	0.02mm	把	1
	2	内径千分尺	0～25mm	0.01mm	把	1
刀具	1	可转位面铣刀	ϕ55mm		把	1
	2	三面刃铣刀	ϕ16mm		把	1
	3	键槽铣刀	ϕ8mm		把	1

4. 切削用量的选择（表 4-2）

表 4-2 切削用量的选择

加工步骤		刀具与切削参数				
序号	加工内容	刀具规格		主轴转速 n /（r/min）	进给速度 v_f /（mm/min）	刀具半径补偿/mm
		类型	材料			
1	粗加工上表面	ϕ55mm 可转位面铣刀	硬质合金	1200	80～100	无
2	精加工上表面			1600	100～120	无
3	粗加工外轮廓	ϕ16mm 三面刃铣刀	高速钢	800～1000	60～80	8.5
4	精加工外轮廓	ϕ8mm 键槽铣刀		1200～1400	100～150	计算

二、设定工件坐标系

工件坐标系的原点设置在零件上表面的中心位置，将 X、Y、Z 向的零点偏置值输入到工件坐标系 G54 中。

三、编制数控加工程序（表 4-3）

表 4-3 数控加工程序（华中 HNC-21M 系统）

程序		说明
O0001		文件名（粗精外轮廓加工）
%0001		程序名
N1	G0 G54 G90 X0 Y0 Z20	绝对坐标编程，建立工件坐标系，快速定位到（0，0，20）处
N2	M3 S800 F200	主轴正转，转速为 800r/min，进给速度为 200mm/min
N3	X－10 Y－50 M8	X、Y 轴快速定位，切削液开
N4	Z－10	Z 轴快速进刀

（续）

程　序		说　明
O0001		文件名（粗精外轮廓加工）
%0001		程序名
N5	G1 G41 X-5 Y-30 D01	*X*、*Y*轴切削进给，并引入刀具1号半径补偿值
N6	Y-5	*Y*轴切削进给
N7	X-26	*X*轴切削进给
N8	Y5	*Y*轴切削进给
N9	X-5	*X*轴切削进给
N10	Y26	*Y*轴切削进给
N11	X5	*X*轴切削进给
N12	Y5	*Y*轴切削进给
N13	X26	*X*轴切削进给
N14	Y-5	*Y*轴切削进给
N15	X5	*X*轴切削进给
N16	Y-26	*Y*轴切削进给
N17	X-10	*X*轴切削进给
N18	G0 Z20	*Z*轴正向快速退刀
N19	G40 X0 Y0	*X*、*Y*轴快速退刀，取消刀具半径补偿
N20	M30	程序结束回起始位置，机床复位（切削液关，主轴停止）

注：通过更改刀具补偿值实现去除余量和精加工。

四、实体造型

1）按F5键，选择“XOY平面”作为视图平面和作图平面。在特征树中，单击“平面XY”，再单击“绘制草图”按钮，创建草图。单击“矩形”按钮，选择“中心 长 宽”方式，设定长和宽为60mm，如图4-6所示。

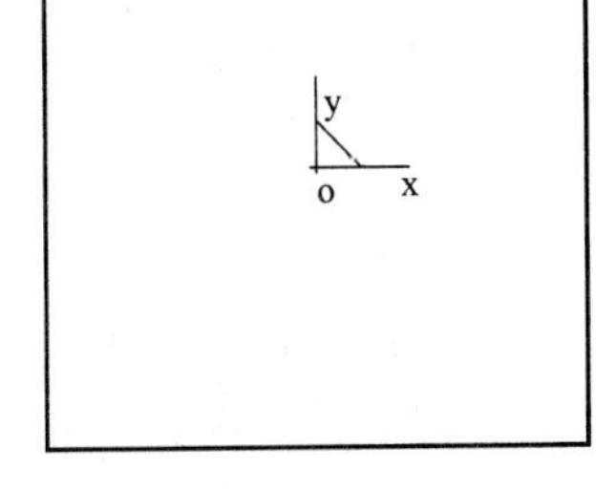

图4-6　绘制矩形草图

2）单击“拉伸增料”按钮，选择“固定深度”方式，设定深度为20mm，单击“确定”按钮，如图4-7所示。

3）选择已生成实体的后表面，单击“绘制草图”按钮，激活后表面作为草图平面。单击“直线”按钮，选择“水平/铅垂线”方式，选择坐标原点为中心点。再单击“等距线”按钮，分别作向上、向下和向左、向右等距线，等距距离分别为26mm、4mm，再去除多余的线，如图4-8所示。

4）单击“曲线过渡”按钮，选择“圆弧过渡”方式，设定过渡半径为4mm，对四个*R*4mm的圆角进行倒圆角。删除多余的线，如图4-9所示。

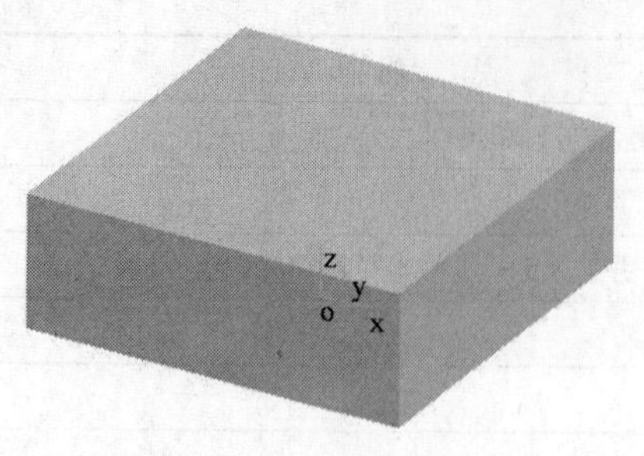

图 4-7 实体拉伸增料

图 4-8 绘制十字凸台轮廓

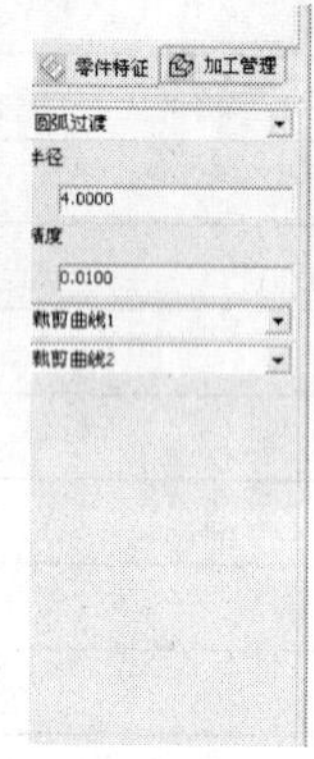

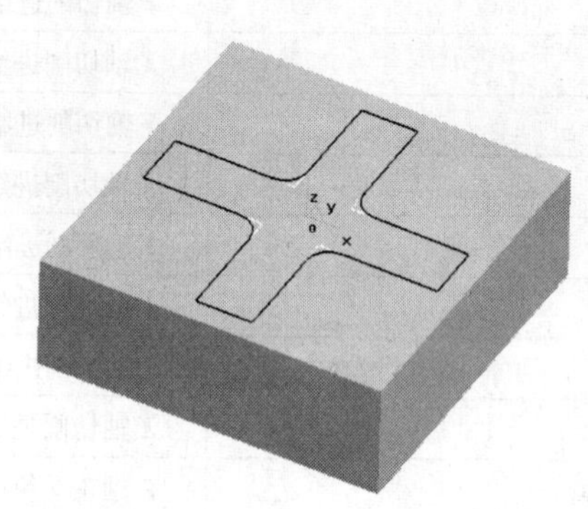

图 4-9 圆弧过渡

5）单击“草图是否封闭”按钮，检查草图是否存在开口环，如图 4-10 所示。

6）单击“拉伸增料”按钮，选择“固定深度”方式，设定深度为 10mm，单击“确定”按钮，如图 4-11 所示。

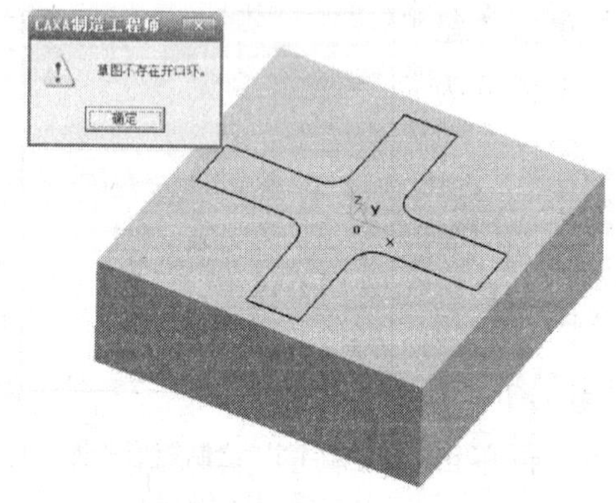

图 4-10 检查轮廓草图是否封闭

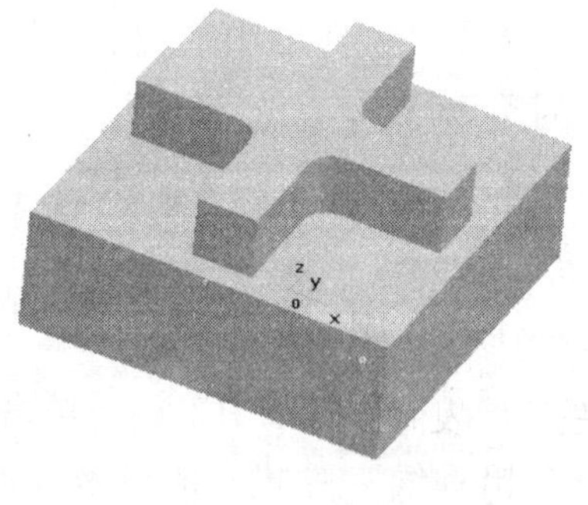

图 4-11 拉伸增料十字凸台

五、仿真加工

采用数控仿真软件仿真加工，检查加工程序，具体操作步骤见表 4-4。

表 4-4　仿真加工操作步骤

序号	操作步骤	图　示
1	输入加工程序，以“. txt”格式存入计算机	
2	进入仿真系统： 单击“开始”/“程序”/“数控加工仿真系统”/“加密锁管理程序”，屏幕右下方工具栏中出现加密锁的图标，加密锁启动成功 单击“开始”/“程序”/“数控加工仿真系统”，弹出“用户登录”界面。单击“快速登录”按钮，进入数控加工仿真系统	
3	选择机床： 选择“机床”/“选择机床”菜单，在“选择机床”对话框中，“控制系统”选择“华中数控”，“机床类型”选择“铣床”，单击“确定”按钮，完成操作	
4	解除急停，机床回零	
5	装夹零件： 1. 定义毛坯：选择“零件”/“定义毛坯”菜单，在弹出的“定义毛坯”对话框中，零件“材料”选择“ZL412 铝”，“形状”选择“长方形”，设置毛坯长宽高尺寸，单击“确定”按钮 2. 安装夹具：选择“零件”/“安装夹具”菜单，在“选择夹具”对话框中，“选择零件”选择“毛坯 1”，“选择夹具”选取“平口钳”，单击“确定”按钮	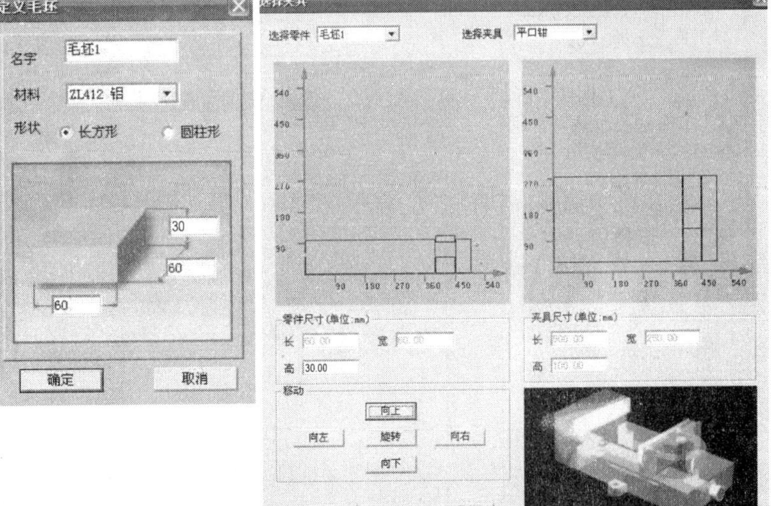 a)　　b)

（续）

<table>
<tr><th>序号</th><th>操作步骤</th><th>图　示</th></tr>
<tr><td>5</td><td>3. 放置零件：选择“零件”/“放置零件”菜单项，在弹出的“选择零件”对话框中，选择名称为“毛坯1”的零件，并单击“安装零件”按钮</td><td>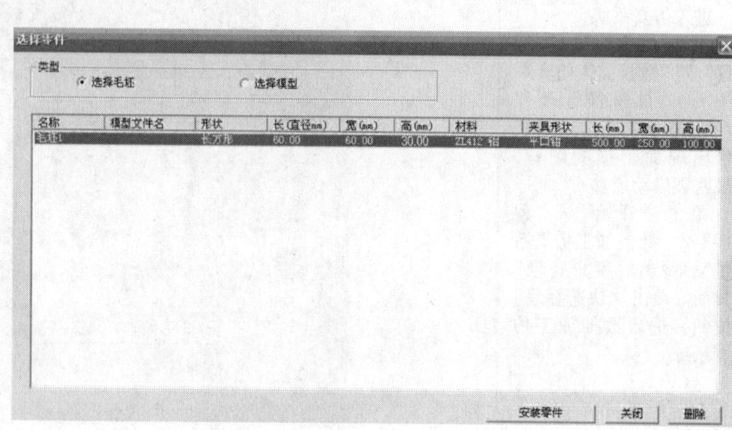
c)</td></tr>
<tr><td>6</td><td>对刀、安装刀具：
X、Y轴对刀，使用基准工具。选择“机床”/“基准工具”菜单，如图a所示，左边是刚性靠棒工具，右边是寻边器。Z轴对刀，使用实际加工时使用的刀具
安装刀具：选择“机床”/“选择刀具”菜单，选择所需刀具直径、刀具类型，在可选刀具中选择所需刀具，单击“确认”按钮</td><td>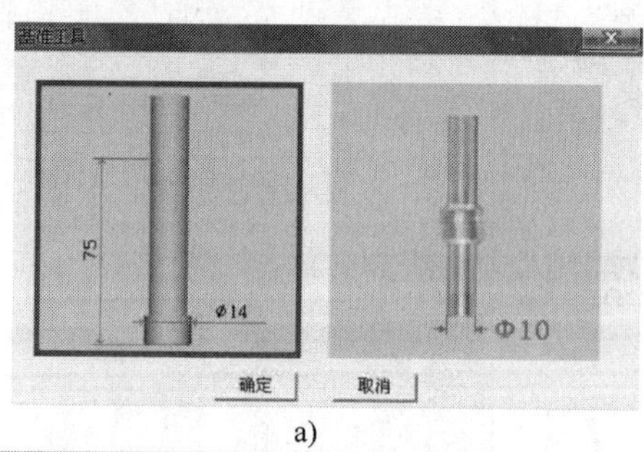
a)
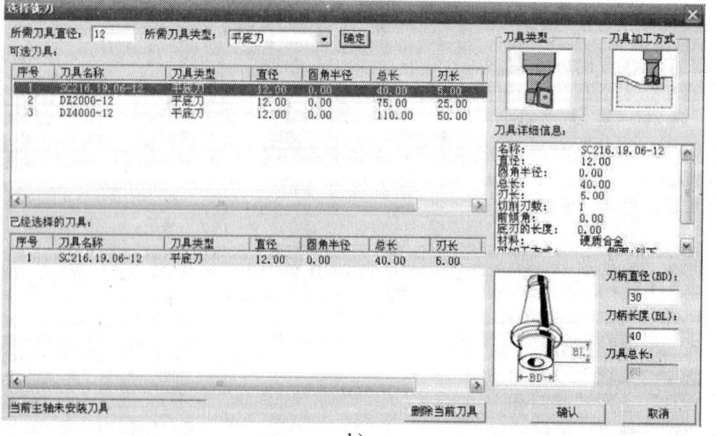
b)</td></tr>
</table>

（续）

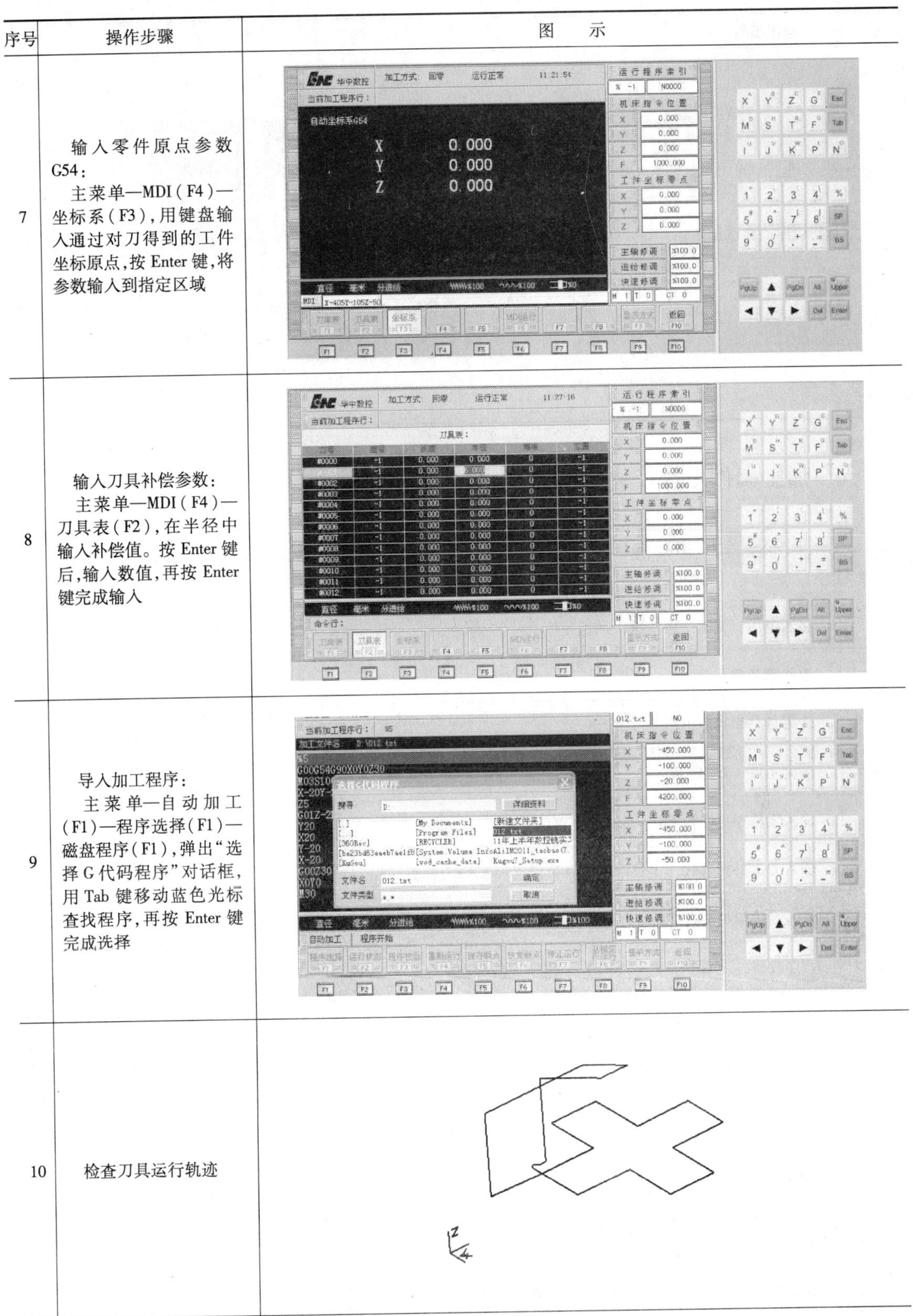

序号	操作步骤	图　示
7	输入零件原点参数 G54： 主菜单—MDI（F4）—坐标系（F3），用键盘输入通过对刀得到的工件坐标原点，按 Enter 键，将参数输入到指定区域	
8	输入刀具补偿参数： 主菜单—MDI（F4）—刀具表（F2），在半径中输入补偿值。按 Enter 键后，输入数值，再按 Enter 键完成输入	
9	导入加工程序： 主菜单—自动加工（F1）—程序选择（F1）—磁盘程序（F1），弹出“选择 G 代码程序”对话框，用 Tab 键移动蓝色光标查找程序，再按 Enter 键完成选择	
10	检查刀具运行轨迹	

（续）

序号	操作步骤	图示
11	运行程序，完成加工	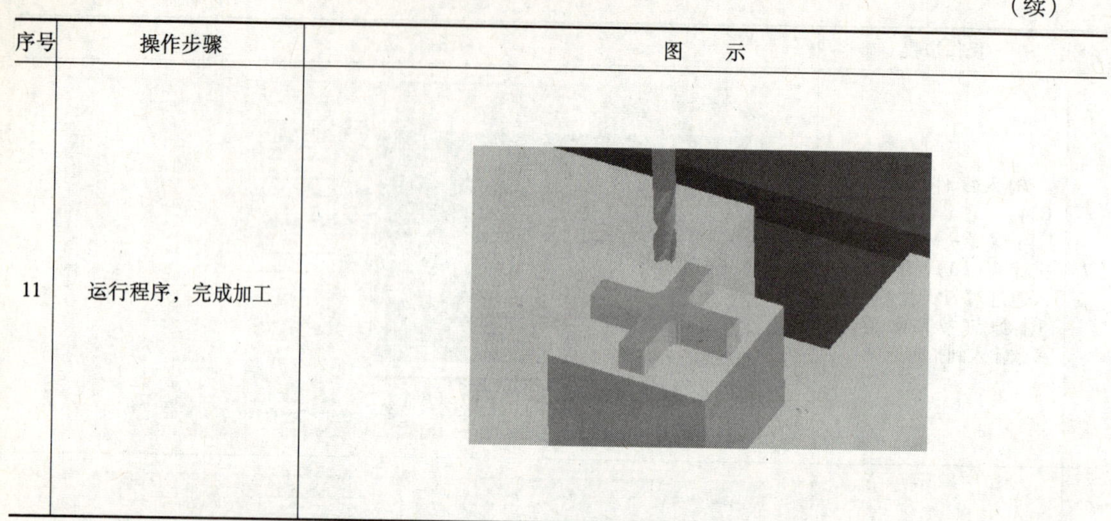

六、加工操作步骤（表4-5）

表4-5 加工操作步骤

序号	操作步骤
1	接通电源，旋起急停按钮，系统复位
2	返回参考点
3	使用百分表找正机用平口钳
4	装夹工件、对刀
5	输入零件原点参数 G54 ~ G59［主菜单—设置（F5）—坐标系设定（F5）］
6	输入刀具补偿参数［主菜单—刀具补偿（F4）—刀补表（F4）］
7	输入、编辑加工程序
8	程序校验［主菜单—程序（F1）—程序校验（F5）］
9	自动加工（粗加工，加工余量单边 0.5mm 左右）
10	自动加工（精加工，通过减少刀补值的方法控制零件的加工精度），测量零件，合格后卸下加工零件
11	清理机床
12	将工作台移至机床中间位置，按下急停按钮，断开机床电源

任务评价

零件加工结束后，把检测结果填入评分表，见表4-6。

表 4-6　十字滑块评分表

<table>
<tr><td>班级</td><td></td><td>姓名</td><td></td><td>学号</td><td></td><td>日期</td><td></td></tr>
<tr><td colspan="2">任务名称</td><td colspan="6"></td></tr>
</table>

<table>
<tr><td rowspan="9">基本检测</td><td rowspan="2"></td><td>序号</td><td colspan="2">检测项目</td><td>配分</td><td>扣分</td><td>得分</td></tr>
<tr><td>1</td><td colspan="2">切削加工工艺制订正确</td><td>5</td><td></td><td></td></tr>
<tr><td rowspan="2">编程</td><td>2</td><td colspan="2">切削用量选择合理</td><td>5</td><td></td><td></td></tr>
<tr><td>3</td><td colspan="2">程序正确、简单、明确、规范</td><td>6</td><td></td><td></td></tr>
<tr><td rowspan="4">操作</td><td>4</td><td colspan="2">设备操作、维护保养正确</td><td>4</td><td></td><td></td></tr>
<tr><td>5</td><td colspan="2">安全、文明生产</td><td>10</td><td></td><td></td></tr>
<tr><td>6</td><td colspan="2">刀具选择、安装正确、规范</td><td>4</td><td></td><td></td></tr>
<tr><td>7</td><td colspan="2">工件找正、装夹正确、规范</td><td>6</td><td></td><td></td></tr>
<tr><td colspan="4">基本检测结果小计</td><td>40</td><td></td><td></td></tr>
<tr><td rowspan="6">尺寸检测</td><td colspan="2">序号</td><td>考核内容</td><td>评分标准</td><td>配分</td><td>扣分</td><td>得分</td></tr>
<tr><td colspan="2">1</td><td>外形</td><td rowspan="5">1. 外形：形状正确，尺寸误差不超过 2mm 即得分
2. 尺寸：每个尺寸超出 0.01mm 扣 5 分，每个尺寸最多扣完自身分值
3. Ra 值：降一级扣 3 分，降二级不得分</td><td>10</td><td></td><td></td></tr>
<tr><td colspan="2">2</td><td>尺寸 $52_{-0.025}^{0}$mm（2 处）</td><td>20</td><td></td><td></td></tr>
<tr><td colspan="2">3</td><td>尺寸 $10_{-0.025}^{0}$mm（2 处）</td><td>20</td><td></td><td></td></tr>
<tr><td colspan="2">4</td><td>深度尺寸 10mm</td><td>5</td><td></td><td></td></tr>
<tr><td colspan="2">5</td><td>表面粗糙度</td><td>5</td><td></td><td></td></tr>
<tr><td colspan="5">尺寸检测结果小计</td><td>60</td><td></td><td></td></tr>
<tr><td colspan="5">合　计</td><td>100</td><td></td><td></td></tr>
</table>

任务反馈

1）精铣时，采用顺铣加工，以提高工件表面质量和尺寸精度。

2）测量时，要注意测量部位是否有毛刺和切屑。

3）铣削加工后，可用锯条或铁片去除毛刺。

任务总结

<table>
<tr><td>学到的知识点</td><td>1.
2.
3.
4.</td></tr>
</table>

（续）

还需要进一步提高的操作练习（知识点）	1. 2. 3. 4.
存在疑问或不懂的知识点	1. 2. 3. 4.
应注意的问题	1. 2. 3. 4.
其他	1. 2. 3. 4.

项目五　密封盖加工

知识目标

1. 掌握切削加工参数的确定方法。
2. 了解数控铣削的工艺过程。

技能目标

1. 熟悉数控铣床操作界面。
2. 了解数控铣床轮廓加工编程的基本格式。
3. 掌握加工内、外轮廓的加工工艺及粗、精加工的加工路线。

任务描述

密封盖如图 5-1 所示，毛坯外形尺寸为 60mm × 60mm × 20mm，材料为硬铝。分析加工工艺，编写加工程序。

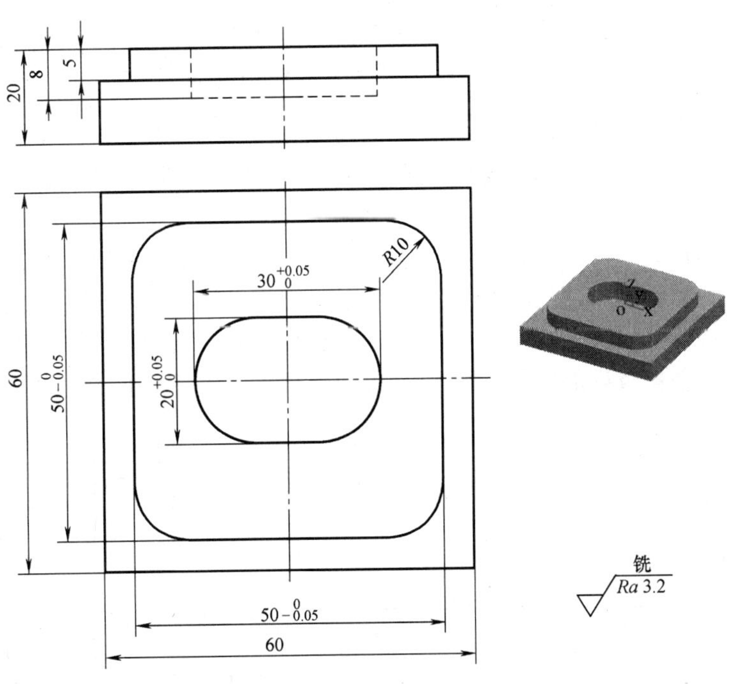

图 5-1　密封盖

任务分析

本任务主要是训练学生掌握数控铣削加工轮廓的基本方法。

知识准备

一、确定加工路线

加工路线就是刀具在整个加工工序中的运动轨迹，它不但包括了工步的内容，也反映出工步的顺序。加工路线是编写程序的依据之一。

1. 最短加工路线

图 5-2a 所示为零件上的孔系分布图。图 5-2b 所示的加工路线为先加工完外圈孔后再加工内圈孔。若改用图 5-2c 所示的加工路线，减少了空刀时间，则可节省定位时间近一半，提高了加工效率。

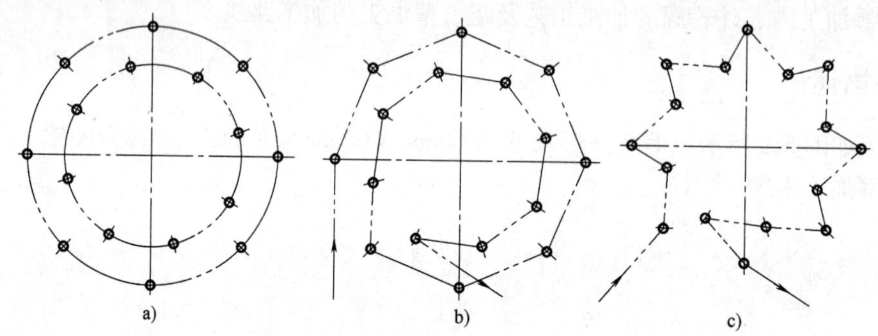

图 5-2 最短加工路线的比较
a）零件上孔系分布图 b）路线 1 c）路线 2

2. 最终轮廓一次加工完成

为保证工件轮廓表面加工后的表面粗糙度要求，最终轮廓应安排在最后一次加工中连续加工出来。

图 5-3a 所示为用行切方式加工内腔的加工路线，这种加工能切除内腔中的全部余量，不留死角，不伤轮廓。但行切法将在两次进给的起点和终点间留下残留高度，达不到要求的表面粗糙度。所以，如果采用图 5-3b 所示的加工路线，先用行切法，最后沿周向环切一刀，光整轮廓表面，能获得较好的效果。图 5-3c 所示也是一种较好的加工路线。

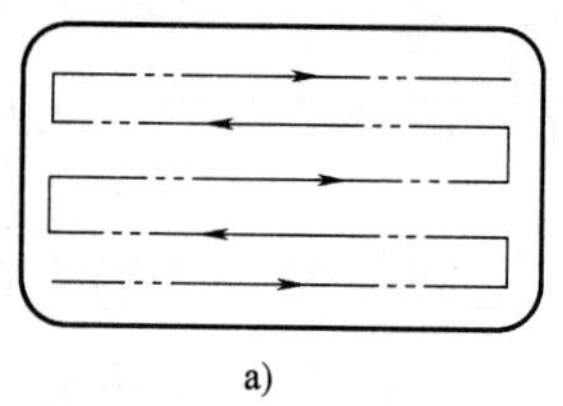

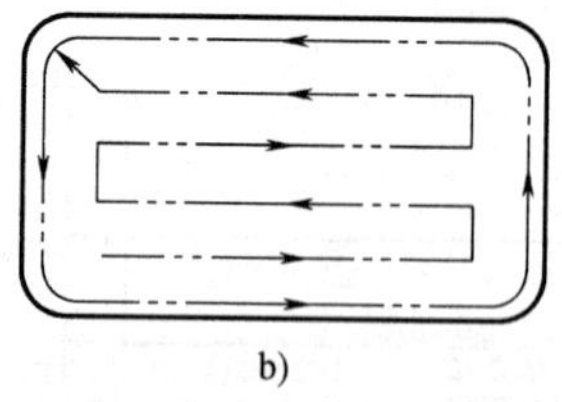

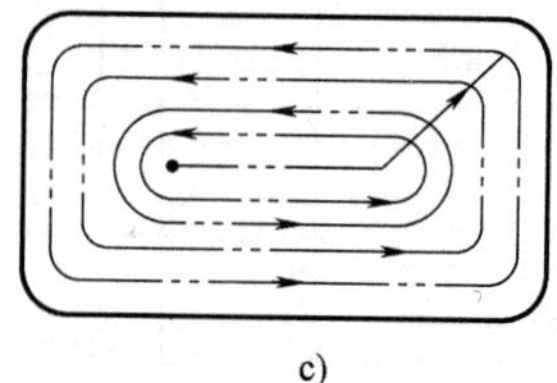

图 5-3 铣削内腔的三种加工路线
a）路线 1 b）路线 2 c）路线 3

3. 选择切入切出方向

考虑刀具的进、退刀（切入、切出）路线时，刀具的切出点或切入点落在沿零件轮廓的切线上，以保证工件轮廓光滑；应避免在工件轮廓面上垂直上、下刀而划伤工件表面；尽量减少在轮廓加工切削过程中的暂停（切削力突然变化造成弹性变形），以免留下刀痕。

4. 选择使工件在加工后变形小的路线

对横截面积小的细长零件或薄板类零件，应采用分几次加工到最后尺寸或对称去除余量法安排加工路线。安排工步时，应先安排对工件刚性破坏较小的工步。

5. 内外轮廓加工路线

1）铣削平面零件外轮廓时，一般采用立铣刀侧刃切削。刀具切入工件时，应避免沿零件外轮廓的法向切入，而应沿切削起始点的延长线逐渐切入工件，保证零件曲线平滑过渡。同理，在切离工件时，也应避免在切削终点处直接抬刀，要沿着切削终点延长线逐渐切离工件，如图5-4所示。

2）铣削封闭的内轮廓表面，若内轮廓曲线不允许外延，如图5-5所示，刀具只能沿内轮廓曲线的法向切入、切出，此时刀具的切入点、切出点应尽量选在内轮廓曲线两几何元素的交点处。

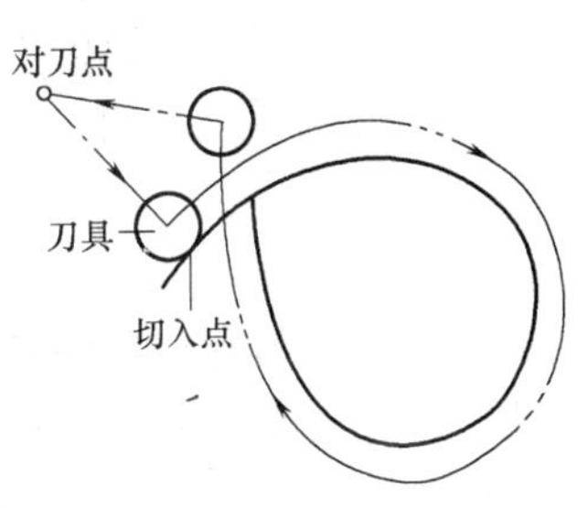

图5-4　外轮廓铣削刀具切入和切出路线

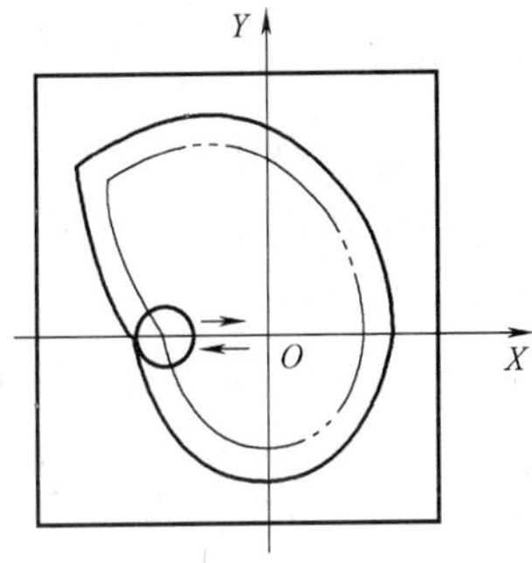

图5-5　内轮廓铣削刀具切入和切出路线

6. 加工路线确定注意事项

1）轮廓加工中应避免进给停顿，否则会在轮廓表面留下刀痕。

2）若在被加工表面范围内垂直下刀和抬刀，也会划伤表面。

3）为提高工件表面的精度和减小表面粗糙度值，可以采用多次进给的方法，精加工余量一般以0.2～0.5mm为宜。

4）加工时应先粗、精加工外轮廓，再粗、精加工内轮廓。

二、对刀点、换刀点与刀位点的选择

1. 对刀点的选择

对刀点是在数控机床上加工零件时，刀具相对工件运动的起点。对刀点的选定原则如下：

1）便于数学处理和程序编制。

2）在机床上找正容易。

3）加工过程中检查方便、可靠。

4）引起的加工误差小。

在加工时，工件在机床加工尺寸范围内的安装位置是任意的，要正确执行加工程序，必须确定工件在机床坐标系中的确切位置。对刀点是工件在机床上定位装夹后，设置在工件坐标系中，用于确定工件坐标系与机床坐标系空间位置关系的参考点。在设计工艺和编制程序时，应合理设置对刀点，以操作简单、对刀误差小为原则。对刀点既可以与编程原点重合，也可以不重合，这主要取决于加工精度和对刀的方便性。当对刀点与编程原点重合时，$x_1=0$，$y_1=0$，如图 5-6 所示。对于以孔定位的零件，可以取孔的中心作为对刀点。

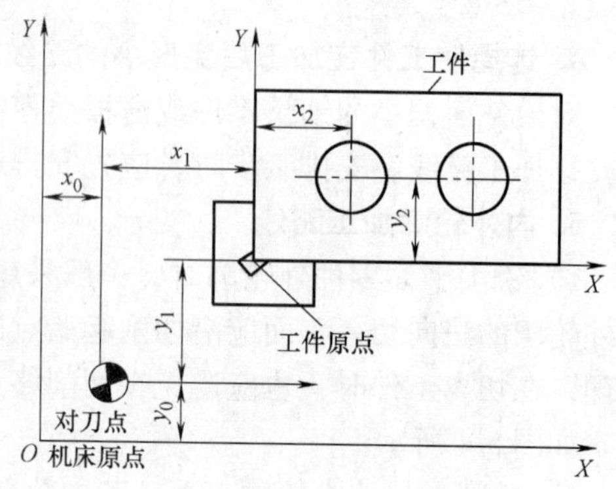

图 5-6　对刀点与机床原点和工件原点的关系

2. 换刀点的选择

换刀点是指加工过程中需要换刀时刀具的相对位置点。换刀点往往设在工件的外部，以能顺利换刀、不碰撞工件和机床上其他部件为准。如在数控铣床上，常以机床参考点作为换刀点；在加工中心上，以换刀机械手的固定位置点作为换刀点；在车床上，则以刀架远离工件的行程极限点作为换刀点。选取的这些点都是便于计算的相对固定点。

3. 刀位点的选择

刀位点是指编制程序和加工时，用于表示刀具特征的点，也是对刀和加工的基准点。车刀的刀位点是刀尖或刀尖圆弧中心；钻头的刀位点是钻头顶点；圆柱形铣刀的刀位点是刀具中心与刀具底面的交点；球头铣刀的刀位点是球头的球心或球头顶点。由于各类数控机床的对刀方法不完全相同，所以对刀时应结合具体机床进行操作。

三、刀具下刀、进退刀方式的确定

在铣削轮廓表面时一般采用立铣刀侧刃进行切削。对于二维轮廓加工，通常采用的加工路线为：从起刀点下刀至下刀点→沿切向切入工件→轮廓切削→刀具向上抬刀，退离工件→返回起刀点。

1. *Z* 轴下刀方式（图 5-7）

1）起始高度是防止刀具与工件发生碰撞而设置的。

2）在安全高度以下，刀具以进给速度切至切削深度。

3）加工型腔时，如用键槽铣刀可在工件加工位置上方直接下刀，如用立铣刀须钻下刀孔。

2. 刀具的进退刀方式

进退刀在铣削加工中是非常重要的，二维轮廓的铣削加工常用的进退刀方式有垂直进刀、侧向进刀和圆弧进刀方式，如图 5-8 所示。垂直进刀路径短，但工件表面有接痕，常用于粗加工；侧向进刀和圆弧进刀的加工表面质量高，多用于精加工。

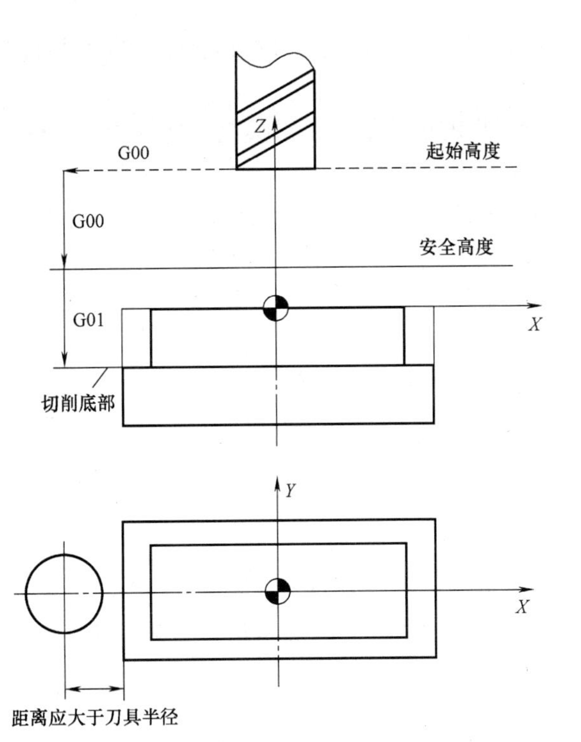

图 5-7 刀具 Z 向下刀方式

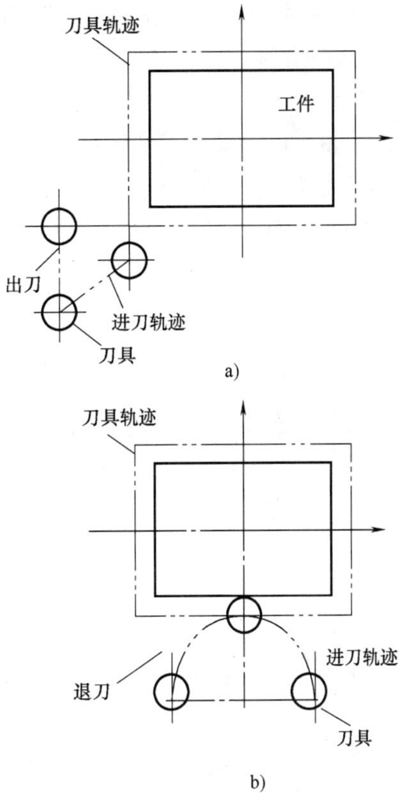

图 5-8 刀具的进、退刀方式

a）侧向进刀 b）圆弧进刀

3. 顺铣和逆铣对加工质量的影响

在铣削加工中，采用顺铣还是逆铣方式是影响工件表面质量的重要因素之一。逆铣时，切削力 F 的水平分力 F_x 的方向与进给运动 V_f 方向相反；顺铣时，切削力 F 的水平分力 F_x 的方向与进给运动 V_f 的方向相同。为了降低表面粗糙度值，提高刀具寿命，对于铝镁合金、钛合金和耐热合金等材料，尽量采用顺铣加工。但如果零件毛坯为钢铁材料锻件或铸件，表皮硬而且余量一般较大，这时采用逆铣较为合理。通常情况下，由于数控机床采用滚珠丝杠结构传动，其进给传动间隙很小，顺铣的工艺性优于逆铣。

四、切削用量

1. 数控铣削加工参数

（1）切削速度 v_c 切削速度是刀具切削刃上选定点相对于工件主运动的瞬时线速度。由于切削刃上各点的切削速度可能不同，计算时常用最大切削速度代表刀具的切削速度。当主运动为回转运动时

$$v_c = \frac{\pi d n}{1000}$$

式中 d——切削刃上选定点的回转直径（mm）；

n——主运动的转速（r/s 或 r/min）。

（2）进给速度 v_f、进给量 f　进给速度 v_f 是切削刃上选定点相对于工件进给运动的瞬时速度，单位为 mm/s 或 mm/min。

进给量 f 是刀具在进给运动方向上相对于工件的位移量，用刀具或工件每转或每行程的位移量来表示，单位为 mm/r 或 mm/行程。

铣削时，进给速度常用每齿进给量 f_z 来表述，单位为 mm/z。进给速度 V_f、进给量 f、每齿进给量 f_z 和刀具齿数 z 之间的关系如下：

$$v_f = nf = nzf_z$$

式中 v_f——进给速度（mm/z）；

n——转速（r/min）；

f——进给量（mm/r）；

z——刀具齿数；

f_z——每齿进给量（mm/z）。

（3）背吃刀量　背吃刀量 a_p 为平行于铣刀轴线测量的切削层尺寸，单位为 mm。

（4）侧吃刀量 a_e　侧吃刀量为垂直于铣刀轴线测量的切削层尺寸，单位为 mm。

端铣时，a_p 为切削层深度；而周铣时，a_p 为被加工表面的宽度。端铣时，a_e 为被加工表面宽度；而周铣时，a_e 为切削层深度。

2. 数控铣削切削用量的选择

（1）背吃刀量（端铣）或侧吃刀量（周铣）　背吃刀量或侧吃刀量的选取主要由加工余量和对表面质量的要求决定。

1）在工件表面粗糙度值要求为 Ra12. 5 ~ 25μm 时，如果周铣的加工余量小于 5mm，端铣的加工余量小于 6mm，粗铣一次就可以达到要求。但在余量较大、工艺系统刚性较差或机床动力不足时，可分两次进给完成。

2）在工件表面粗糙度值要求为 Ra3. 2 ~ 12. 5μm 时，可分粗铣和半精铣两步进行。粗铣时背吃刀量或侧吃刀量选择方法同前。粗铣后留 0. 5 ~ 1. 0mm 余量，在半精铣时切除。

3）在工件表面粗糙度值要求为 Ra0. 8 ~ 3. 2μm 时，可分粗铣、半精铣、精铣三步进行。半精铣时背吃刀量或侧吃刀量取 1. 5 ~ 2mm，精铣时周铣背吃刀量或侧吃刀量取 0. 3 ~ 0. 5mm。

（2）进给速度与每齿进给量　进给速度 v_f 是单位时间内工件与铣刀沿进给方向的相对位移，单位为 mm/min。

每齿进给量 f_z 的选取主要取决于工件材料的力学性能、刀具材料、工件表面粗糙度等因素。工件材料的强度和硬度越高，f_z 越小；反之则越大。硬质合金铣刀的每齿进给量高于同类高速钢铣刀。工件表面粗糙度要求越高，f_z 就越小。工件刚性差或刀具强度较低时，应取较小值。

（3）切削速度　一般指铣刀外圆的线速度，要根据工件材料、刀具材料及加工条件来选择。

数控铣削速度见表 5-1。

表 5-1　数控铣削速度　（单位：m/min）

工件材料	铣刀材料				
	碳素钢	高速钢	合金钢	碳化钛	碳化钨
铸铁（软）	10 ~ 20	15 ~ 20	28 ~ 40		75 ~ 100
铸铁（硬）		10 ~ 15	10 ~ 20		45 ~ 60
低碳钢	10 ~ 14	18 ~ 28	20 ~ 30	45 ~ 70	
中碳钢	10 ~ 15	15 ~ 25	18 ~ 28	40 ~ 60	
高碳钢		10 ~ 15	12 ~ 20	30 ~ 45	
合金钢				35 ~ 80	
高速钢			15 ~ 25	45 ~ 70	

数控铣刀进给速度见表 5-2。

表 5-2　数控铣刀进给速度　（单位：mm/z）

工件材料	平铣刀	面铣刀	圆柱形铣刀	面铣刀	成形铣刀	高速钢镶刃刀	硬质合金镶刃刀
铸铁	0.2	0.2	0.07	0.05	0.04	0.3	0.1
可锻铸铁	0.2	0.15	0.07	0.05	0.04	0.3	0.09
低碳钢	0.2	0.2	0.07	0.05	0.04	0.3	0.09
中、高碳钢	0.15	0.15	0.06	0.04	0.03	0.2	0.08
铸钢	0.15	0.1	0.07	0.05	0.04	0.2	0.08

3. 数控铣削切削用量的选择原则

1）粗加工时，首先选择一个尽可能大的背吃刀量，其次根据机床动力和刚性的限制条件选择一个较大的进给量，最后根据刀具寿命确定最佳的切削速度。

2）精加工时，首先根据粗加工后的余量确定背吃刀量，其次根据已加工表面的表面粗糙度要求，选择一个较小的进给量，最后在保证刀具寿命的前提下，尽可能选择较高的切削速度。

五、数控铣削加工工艺过程

首先，通过分析零件图样，明确工件适合在数控铣削的加工内容、加工要求；然后，以此为出发点确定零件数控铣削的加工工艺和过程顺序；然后，选择确定数控加工的工艺装备，确定机床，考虑工件的装夹方案；最后，明确和细化工步的具体内容，包括对加工路线、位移量和切削参数等的确定。

数控铣削加工工艺设计过程（图 5-9）如下：

①分析数控铣削加工要求。分析毛坯，了解加工条件，对适合数控加工的工件图样进行分析，以明确数控铣削的加工内容和加工要求。

②确定加工方案。设计各结构的加工方法，合理规划数控铣削加工工序。

③确定加工设备。确定适合工件加工的数控铣床或加工中心类型、规格、技术参数；确定装夹设备、刀具、量具等加工用具；确定装夹方案、对刀方案。

④设计加工路线，确定加工路线数据，确定切削用量等内容。

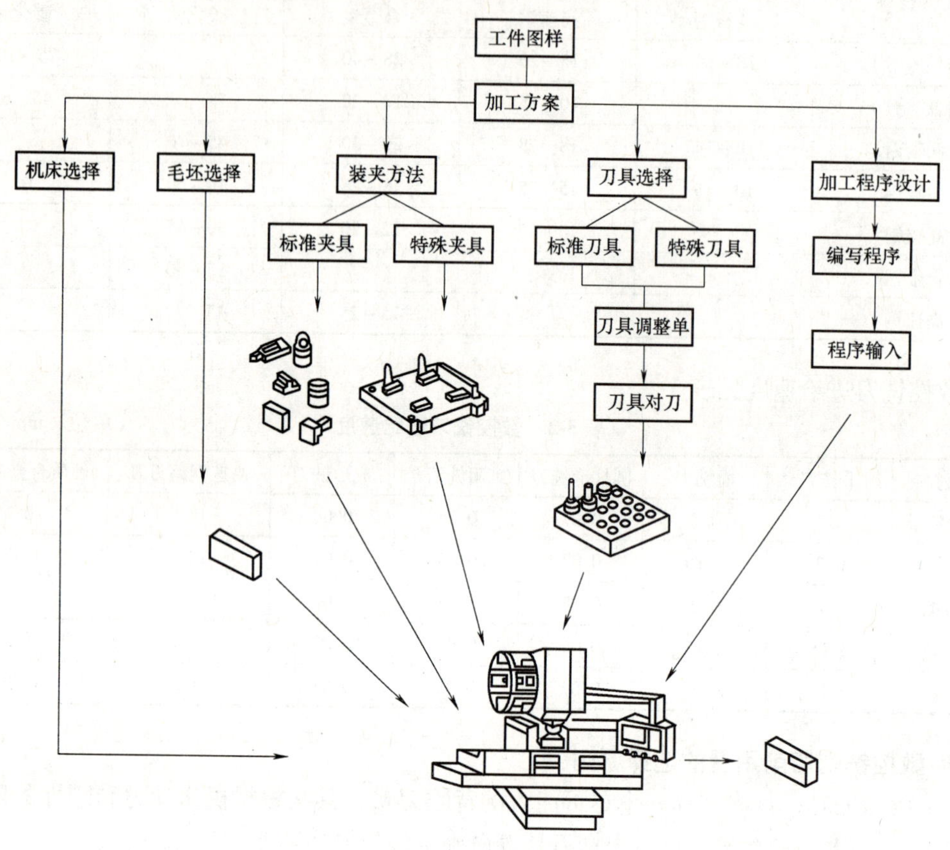

图 5-9 数控铣削加工工艺设计过程

⑤根据工艺设计内容，填写规定格式的加工程序；根据工艺设计调整机床，对编制好的程序进行校验和试切，并验证工艺、改进工艺。

⑥编写数控加工专用技术文件，作为管理数控加工及产品验收的依据。

1. 数控铣削加工工序的确定

在确定了某个工序的加工内容后，要进行详细的工步设计，即安排这些工序的加工顺序，同时考虑编制程序时刀具运动轨迹的设计。一般将一个工步编制为一个加工程序，因此，工步顺序实际上也就是加工程序的执行顺序。

2. 数控铣削加工工序的划分方法

（1）刀具集中分序法　按所用刀具划分工序，用同一把刀加工零件上所有可以完成的部位，再用第二把刀、第三把刀完成其他部位。这种方法可以减少换刀次数，压缩空程时间，减少不必要的定位误差。

（2）粗、精加工分序法　根据零件的形状、尺寸精度等因素，按照粗、精加工分开的原则进行分序。对单个零件或一批零件，先进行粗加工、半精加工，最后精加工。

（3）加工部位分序法 先加工平面、定位面，再加工孔；先加工简单的几何形状，再加工复杂的几何形状；先加工精度比较低的部位，再加工精度要求较高的部位。

一般数控铣削采用工序集中的方式，这时工步的顺序就是工序分散时的工序顺序，可以按一般切削加工顺序安排的原则进行。通常按照从简单到复杂的原则，先加工平面、沟槽、孔，再加工形腔、外形，最后加工曲面；先加工精度要求低的表面，再加工精度要求高的部位等。

任务实施

一、确定加工工艺

1. 确定工艺路线

1）铣削平面，可选用 ϕ55mm 可转位面铣刀。

2）粗、精加工外轮廓，选用 ϕ10mm 键槽铣刀。

3）粗、精加工内轮廓，选用 ϕ10mm 键槽铣刀。

2. 夹具选用与工件装夹

由于毛坯形状比较规则，零件复杂程度一般，通常选用机用平口钳装夹，装夹工件时用机用平口钳装夹毛坯的两侧面。在工件下表面与机用平口钳之间放入精度较高的平行垫铁，垫铁的厚度与宽度要适当，应保证工件在本次定位装夹中所有需要完成的待加工面充分暴露在外，以方便加工。最后，用塑胶锤子敲击工件，使垫铁不能移动后再夹紧工件。

3. 工具、量具、刀具清单（见表5-3）

表5-3 工具、量具、刀具清单

种类	序号	名称	规格	精度	单位	数量
工具	1	机用平口钳			个	1
	2	机用平口钳扳手			个	1
	3	平行垫铁			块	2
	4	塑胶锤子			个	1
	5	*Z* 轴设定器	50mm	0.01mm	个	1
	6	寻边器	机械式（ϕ10mm）		个	1
	7	刀柄	ER32、ER25		个	各1
	8	筒夹	ϕ14、ϕ12、ϕ8mm		个	各1
量具	1	游标卡尺	0～150mm	0.02mm	把	1
	2	内径千分尺	0～25mm	0.01mm	把	1
刀具	1	可转位面铣刀	ϕ55mm		把	1
	2	键槽铣刀	ϕ10mm		把	1

4. 切削用量的选择（见表5-4）

表5-4 切削用量的选择

加工步骤		刀具与切削参数				
序号	加工内容	刀具规格 类型	刀具规格 材料	主轴转速 n /（r/min）	进给速度 v_f /（mm/min）	刀具半径补偿/mm
1	粗加工上表面	ϕ55mm 可转位面铣刀	硬质合金	1000	200	
2	精加工上表面			1600	400	
3	粗加工内外轮廓	ϕ10mm 键槽铣刀	高速钢	1200～1500	60～80	5.2
4	精加工内外轮廓			1700～1900	100～150	计算

二、设定工件坐标系

工件坐标系的原点设置在零件上表面的中心位置，将 X、Y、Z 向的零偏值输入到工件坐标系 G54 中。

三、编制数控加工程序（见表5-5）

表5-5 数控加工程序（华中 HNC-21M 系统）

程序		说明
O0001		文件名
%0001		程序名（内轮廓加工程序）
N1	G0 G54 G90 G17 X0 Y0 Z20	建立工件坐标系
N2	M3 S1200	主轴正转，转速为1200r/min，具体视加工情况而定
N3	G0 X0 Y－20 M8	快速移动到点（0，－20）
N4	G0 G41 X0 Y0 D01	引入刀具1号半径补偿值
N5	G1 Z－8 F50	Z 轴吃刀量为8mm，进给量为50mm/min
N6	G1 X0 Y10 F100	直线插补至点（0，10），进给量为100mm/min
N7	G1 X－5 Y10	直线插补至点（－5，10）
N8	G3 X－5 Y－10 R10	逆时针圆弧插补至终点（－5，－10），半径为10mm
N9	G1 X5 Y－10	直线插补至点（5，－10）
N10	G3 X5 Y10 R10	逆时针圆弧插补至终点（5，10），半径为10mm
N11	G1 X－5 Y10	直线插补至点（－5，10）
N12	G0 Z20	Z 轴抬刀20mm
N13	G40 X0 Y0	取消刀具半径补偿并回工件坐标系原点
N14	M30	程序停止
O0002		文件名
%0002		程序名（外轮廓加工程序）
N1	G0 G54 G90 G17 X0 Y0 Z20	建立工件坐标系
N2	M3 S1200	主轴正转，转速为1200r/min，具体视加工情况而定
N3	G0 X－30 Y－40 M8	快速移动到点（－30，－40）
N4	G41 G0 X－25 Y－25 D01	引入刀具1号半径补偿值

（续）

程 序		说 明
O0002		文件名
%0002		程序名（外轮廓加工程序）
N5	G1 Z-5 F80	*Z* 轴切深 5mm，进给量为 80mm/min
N6	G1 X-25 Y15 F200	直线插补至点（-25，15），进给量为 200mm/min
N7	G2 X-15 Y25 R10	顺时针圆弧插补至点（-15，25），半径为 10mm
N8	G1 X15 Y25	直线插补至点（15，25）
N9	G2 X25 Y15 R10	顺时针圆弧插补至点（25，15），半径为 10mm
N10	G1 X25 Y-15	直线插补至点（25，-15）
N11	G2 X15 Y-25 R10	顺时针圆弧插补至点（15，-25），半径为 10mm
N12	G1 X-15 Y-25	直线插补至点（-15，-25）
N13	G2 X-25 Y-15 R10	顺时针圆弧插补至点（-25，-15），半径为 10mm
N14	G0 Z20	快速抬刀 20mm
N15	G40 X0 Y0	取消刀具半径补偿并回工件坐标系原点
N16	M30	程序停止

四、实体造型

1）按 F5 键，选择“XOY 平面”作为视图平面和作图平面。在特征树中，单击“平面 XY”，再单击“绘制草图”按钮，创建草图。单击“矩形”按钮，选择“中心 长 宽”方式，设定长和宽为 60mm，结果如图 5-10 所示。

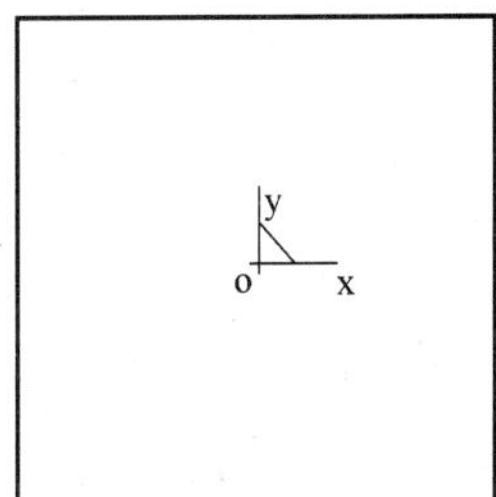

图 5-10 绘制矩形草图

2）单击“拉伸增料”按钮，选择“固定深度”方式，设定深度为 15mm，单击“确定”按钮，如图 5-11 所示。

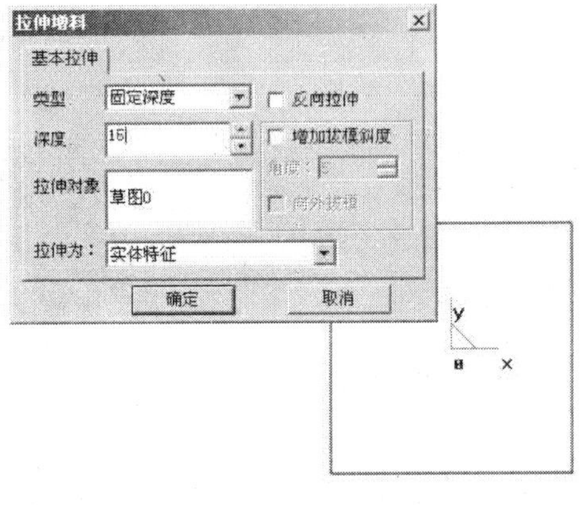

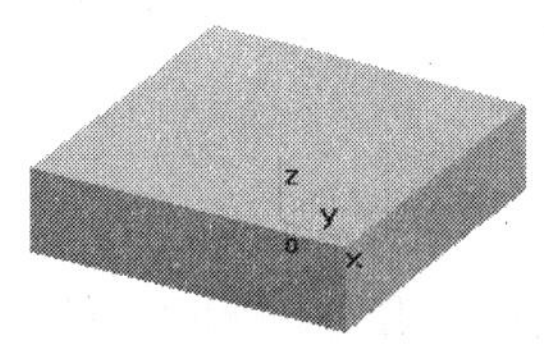

图 5-11 拉伸增料生成底板

3）选择已生成实体的后表面，单击“绘制草图”按钮，激活后表面作为草图平面。单击“矩形”按钮，选择“中心 长 宽”方式，设定长和宽为50mm。单击“曲线过渡”按钮，选择“圆弧过渡”方式，设定过渡半径为R10mm，对4个R10mm的圆角进行倒圆角，如图5-12所示。

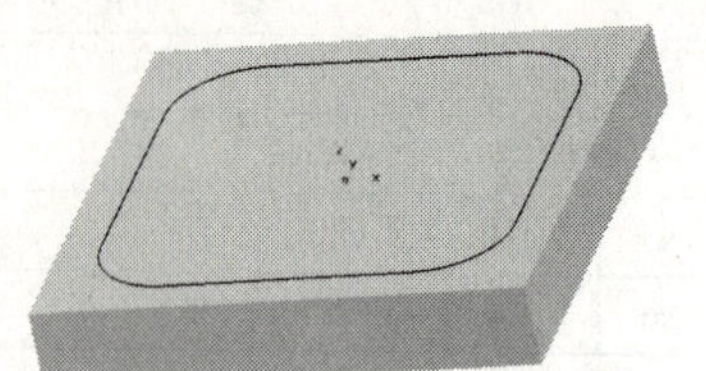

图5-12 绘制凸台轮廓线草图

4）单击“拉伸增料”按钮，选择“固定深度”方式，设定深度值为5mm，单击“确定”按钮，如图5-13所示。

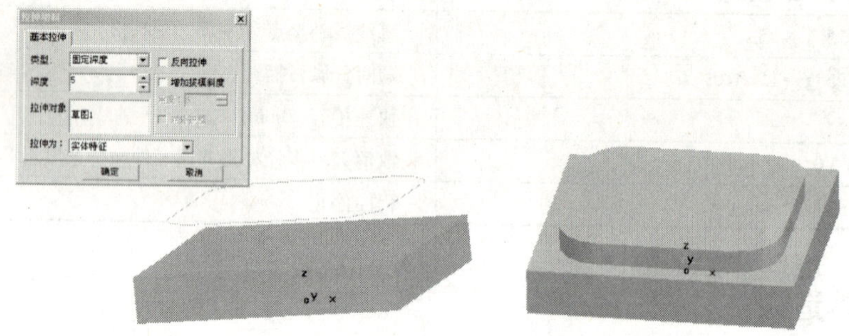

图5-13 拉伸增料生成凸台实体

5）选择已生成实体的后表面，单击“绘制草图”按钮，激活后表面作为草图平面。单击“矩形”按钮，选择“中心 长 宽”方式，设定长和宽分别为30mm、20mm。再单击“整圆”按钮，选择“三点”和“捕捉切点”方式绘制出左侧整圆，如图5-14所示，同理，绘制出右侧整圆。按零件图去掉多余的线，如图5-14所示。

图5-14 绘制内型腔草图

6）单击“拉伸除料”按钮，选择“固定深度”方式，设定深度值为8mm，单击“确定”按钮，如图5-15所示。

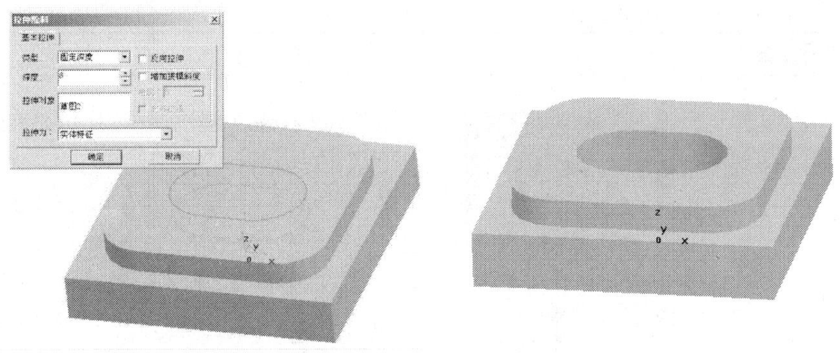

图 5-15　拉伸除料生成型腔完成建模

五、仿真加工

采用数控仿真软件仿真加工，检查加工程序，具体操作步骤见表 5-6。

表 5-6　仿真加工操作步骤

序号	操作步骤	图　示
1	输入加工程序，以“. txt”格式存入计算机	
2	进入仿真系统： 单击“开始”/“程序”/“数控加工仿真系统”/“加密锁管理程序”，屏幕右下方工具栏中出现加密锁的图标，加密锁启动成功 单击“开始”/“程序”/“数控加工仿真系统”，弹出“用户登录”界面。单击“快速登录”按钮，进入数控加工仿真系统	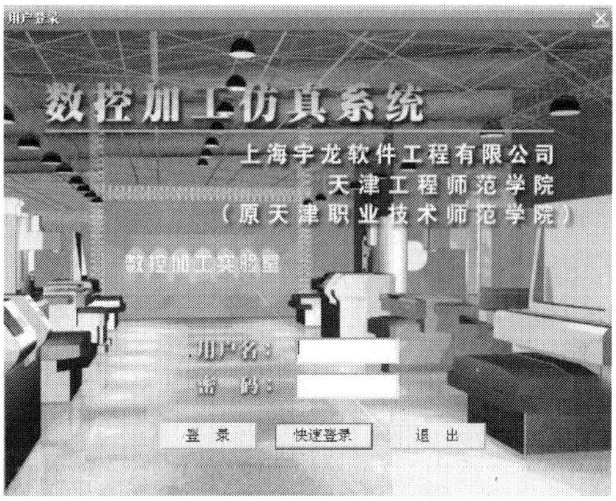
3	选择机床： 选择“机床”/“选择机床”菜单，在“选择机床”对话框中，“控制系统”选择“华中数控”，“机床类型”选择“铣床”，单击“确定”按钮，完成操作	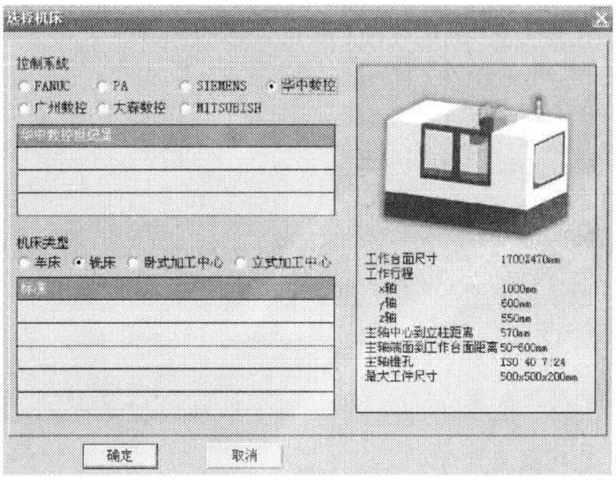
4	解除急停，机床回零	

（续）

序号	操作步骤	图　示
5	装夹零件： 1. 定义毛坯：选择“零件”/“定义毛坯”菜单，在弹出的“定义毛坯”对话框中，零件“材料”选择“ZL412 铝”，“形状”选择“长方形”，设置毛坯长宽高尺寸，单击“确定”按钮 2. 安装夹具：选择“零件”/“安装夹具”菜单项，在“选择夹具”对话框中，“选择零件”选择“毛坯1”，“选择夹具”选择“平口钳”，单击“确定”按钮 3. 放置零件：选择“零件”/“放置零件”菜单，在弹出的“选择零件”对话框中，选择名称为“毛坯1”的零件，并单击“安装零件”按钮	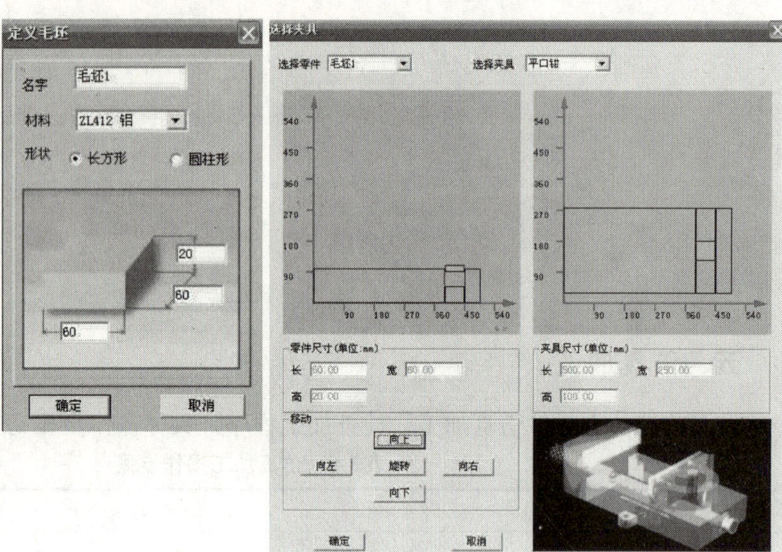 a)　　b) c)
6	对刀、安装刀具： *X*、*Y* 轴对刀，使用基准工具。选择“机床”/“基准工具”菜单，如图 a 所示，左边是刚性靠棒工具，右边是寻边器。*Z* 轴对刀，使用实际加工时所要使用的刀具 安装刀具：选择“机床”/“选择刀具”菜单，选择所需刀具直径、刀具类型，在可选刀具中选择所需刀具，单击“确认”按钮	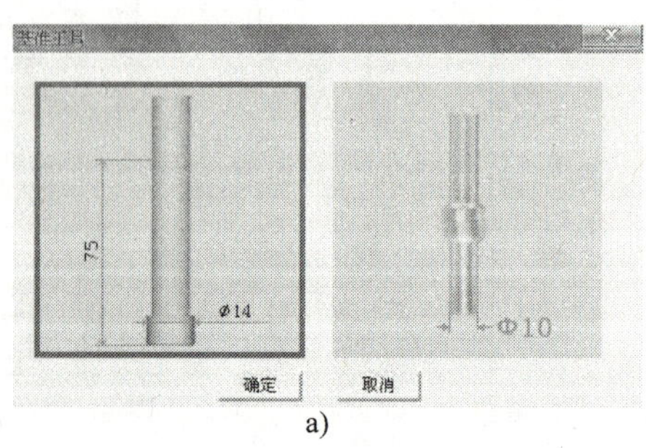 a)

（续）

序号	操作步骤	图　示
6	对刀、安装刀具： *X*、*Y* 轴对刀，使用基准工具。选择“机床”/“基准工具”菜单，如图 a 所示，左边是刚性靠棒工具，右边是寻边器。*Z* 轴对刀，使用实际加工时所要使用的刀具 安装刀具：选择“机床”/“选择刀具”菜单，选择所需刀具直径、刀具类型，在可选刀具中选择所需刀具，单击“确认”按钮	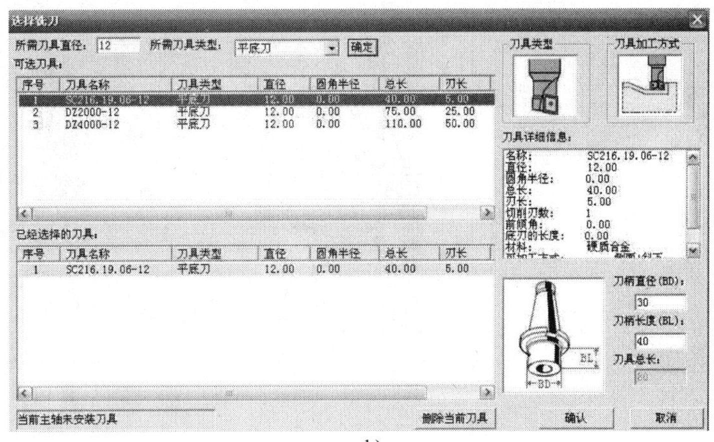 b)
7	输入零件原点参数 G54： 主菜单—MDI（F4）—坐标系（F3），用键盘输入通过对刀得到的工件坐标原点，按 Enter 键，将参数输入到指定区域	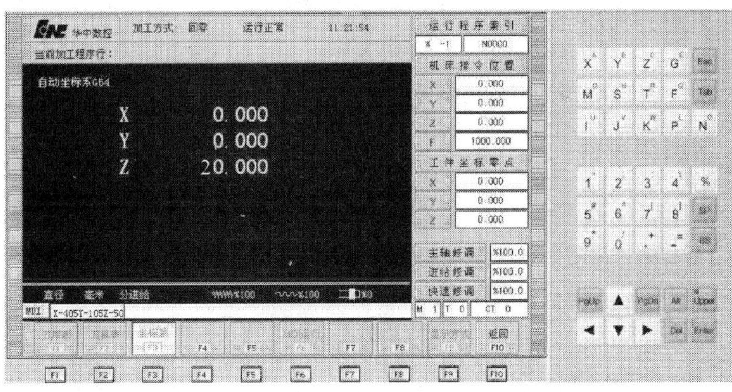
8	输入刀具补偿参数： 主菜单—MDI（F4）—刀具表（F2），在半径中输入补偿值。按 Enter 键后，输入数值，再按 Enter 键完成输入	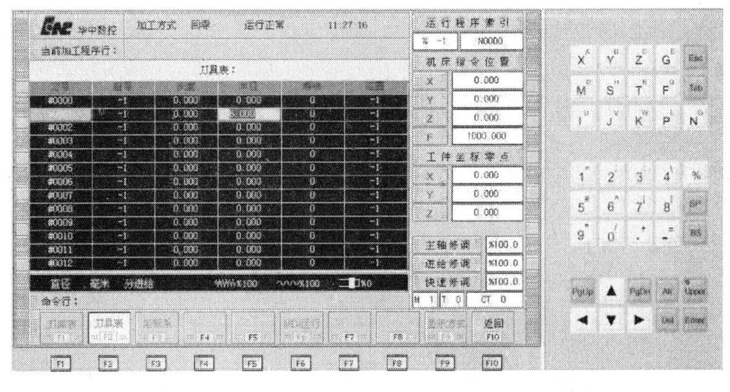

（续）

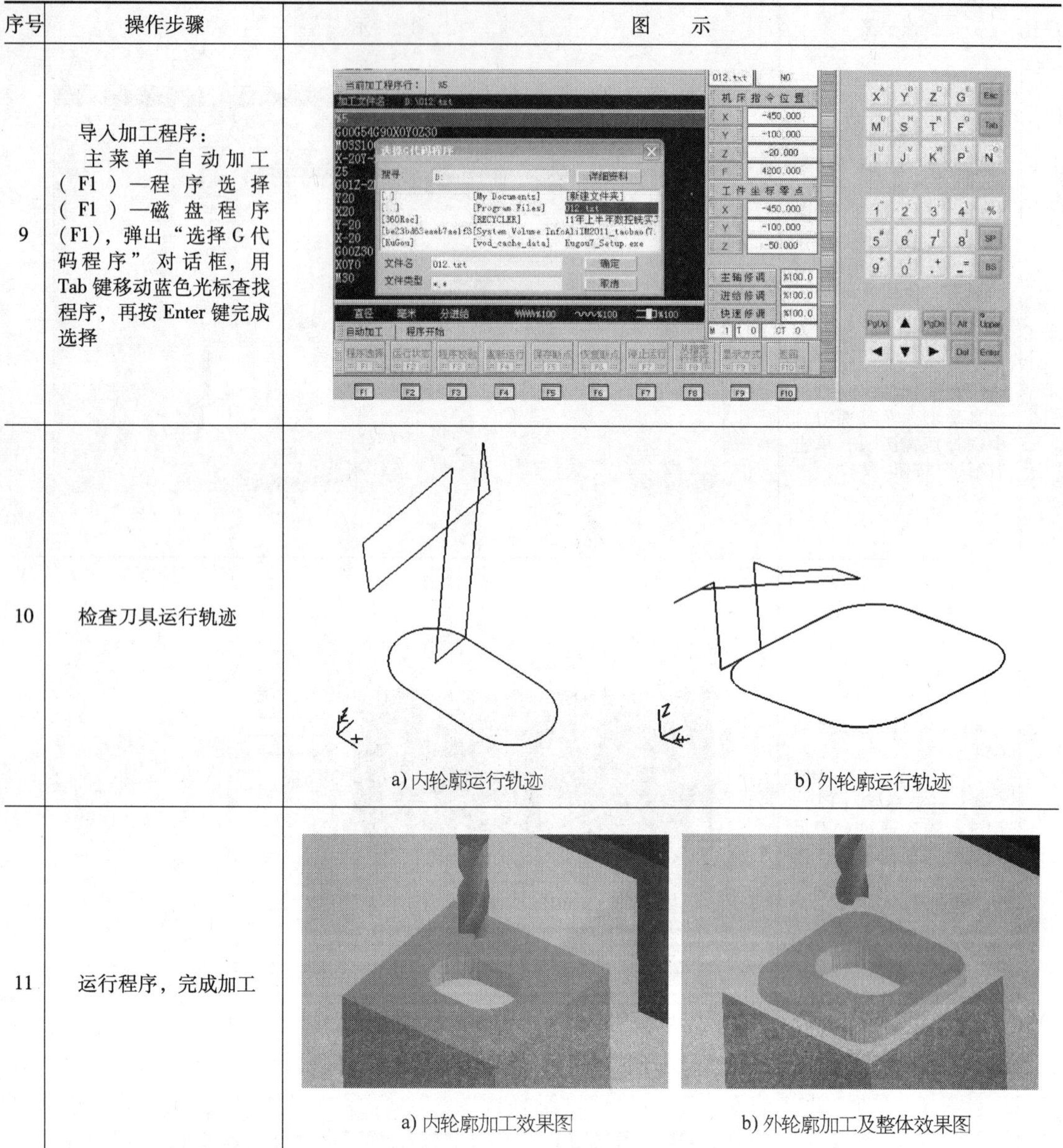

序号	操作步骤	图　示
9	导入加工程序：主菜单—自动加工（F1）—程序选择（F1）—磁盘程序（F1），弹出“选择G代码程序”对话框，用Tab键移动蓝色光标查找程序，再按Enter键完成选择	
10	检查刀具运行轨迹	a) 内轮廓运行轨迹　b) 外轮廓运行轨迹
11	运行程序，完成加工	a) 内轮廓加工效果图　b) 外轮廓加工及整体效果图

六、加工

加工操作步骤见表5-7。

表5-7　加工操作步骤

序号	操作步骤
1	接通电源，旋起急停按钮，系统复位
2	返回参考点
3	使用百分表找正机用平口钳

（续）

序号	操作步骤
4	装夹工件，对刀
5	输入零件原点参数 G54 ~ G59（主菜单—设置（F5）—坐标系设定（F5））
6	输入刀具补偿参数（主菜单—刀具补偿（F4）—刀补表（F4））
7	输入、编辑加工程序
8	程序校验（主菜单—程序（F1）—程序校验（F5））
9	自动加工（粗加工，加工余量单边 0.5mm 左右）
10	自动加工（精加工，通过减少刀补值的方法控制零件的加工精度），测量零件，合格后卸下加工零件
11	清理机床
12	将工作台移至机床中间位置，按下急停按钮，断开机床电源

☞任务评价

零件加工结束后，把检测结果填入评分表，见表 5-8。

表 5-8 密封盒加工评分表

班级		姓名		学号		日期	
任务名称							
基本检测		序号	检测项目		配分	扣分	得分
	编程	1	切削加工工艺制订正确		3		
		2	切削用量选择合理		4		
		3	程序正确、简单、明确、规范		4		
	操作	4	设备操作、维护保养正确		3		
		5	安全、文明生产		10		
		6	刀具选择、安装正确、规范		3		
		7	工件找正、装夹正确、规范		3		
基本检测结果小计					30		
尺寸检测	序号	考核内容		评分标准	配分	扣分	得分
	1	外形（外轮廓）		1. 外形：形状正确，尺寸误差不超过 1mm 即得分 2. 尺寸：每个尺寸超出 0.01mm 扣 5 分，每个尺寸最多扣完自身分值 3. *Ra* 值：降一级扣 3 分，降二级不得分	7		
	2	尺寸 $50_{-0.05}^{0}$ mm（2 处）			16		
	3	圆弧 *R*10mm			6		
	4	外形（内形腔）			7		
	5	尺寸 $20_{0}^{+0.05}$ mm			10		
	6	尺寸 $30_{0}^{+0.05}$ mm			10		
	7	深度尺寸 5mm			5		
	8	深度尺寸 8mm			5		
	9	表面粗糙度			4		
尺寸检测结果小计					70		
合计					100		

任务反馈

1）上道工序的加工不能影响下道工序的定位与夹紧，中间穿插通用机床加工工序的也要综合考虑。

2）一般先进行外轮廓加工，然后进行内轮廓加工。

3）以相同定位、夹紧方式或同一把刀具加工的工序，最好连续进行，以减少重复定位次数与换刀次数。

4）在同一次安装中进行的多道工序，应先安排对工件刚性破坏较小的工序。

总之，顺序的安排应根据零件的结构和毛坯状况，以及定位安装与夹紧的需要综合考虑。

拓展提高

按图样要求试加工矩形凸台，如图5-16所示。毛坯尺寸为60mm×60mm×20mm，材料为硬铝。选择夹具、刀具，确定切削用量，编写加工工艺和程序并加工。

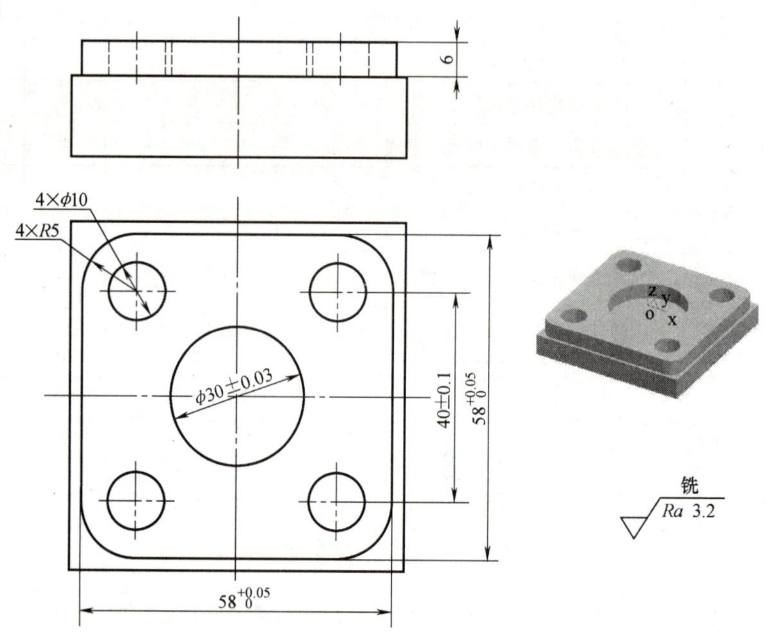

图5-16　矩形凸台

零件加工结束后，把检测结果填入评分表，见表5-9。

表 5-9　矩形凸台评分表

班级		姓名		学号		日期
任务名称						
基本检测		序号	检测项目	配分	扣分	得分
	编程	1	切削加工工艺制订正确	3		
		2	切削用量选择合理	4		
		3	程序正确、简单、明确、规范	4		
	操作	4	设备操作、维护保养正确	3		
		5	安全、文明生产	10		
		6	刀具选择、安装正确、规范	3		
		7	工件找正、装夹正确、规范	3		
基本检测结果小计				30		
尺寸检测	序号	考核内容	评分标准	配分	扣分	得分
	1	外形（外轮廓）	1. 外形：形状正确，尺寸误差不超过2mm即得分 2. 尺寸：每个尺寸超出0.01mm扣5分，每个尺寸最多扣完自身分值 3. *Ra* 值：降一级扣3分，降二级不得分	5		
	2	尺寸 $58^{+0.05}_{0}$mm（2处）		10		
	3	外形（圆形腔）		5		
	4	尺寸 $\phi30 \pm 0.03$mm		10		
	5	外形（$4 \times \phi10$ 孔）		5		
	6	尺寸 $4 \times \phi10$mm		10		
	7	孔距 40 ± 0.1mm（两处）		10		
	8	深度尺寸 6mm（三处）		6		
	9	$4 \times R5$		5		
	10	表面粗糙度		4		
尺寸检测结果小计				70		
合　计				100		

任务总结

学到的知识点	1. 2. 3. 4.
还需要进一步提高的操作练习（知识点）	1. 2. 3. 4.

（续）

存在疑问或不懂的知识点	1. 2. 3. 4.
应注意的问题	1. 2. 3. 4.
其他	1. 2. 3. 4.

项目六　槽 板 加 工

任务一　圆形槽板加工

知识目标

1. 掌握 G00 和 G01 的区别。
2. 了解固定循环的动作循环组成。
3. 掌握常用孔加工循环指令。

技能目标

1. 掌握圆形槽板的编程方法。
2. 掌握刀具的选用技巧。
3. 掌握异形内轮廓分步加工工艺。

任务描述

圆形槽板如图 6-1 所示，毛坯外形尺寸为 60mm × 60mm × 20mm，材料为硬铝。分析加工工艺，编写加工程序。

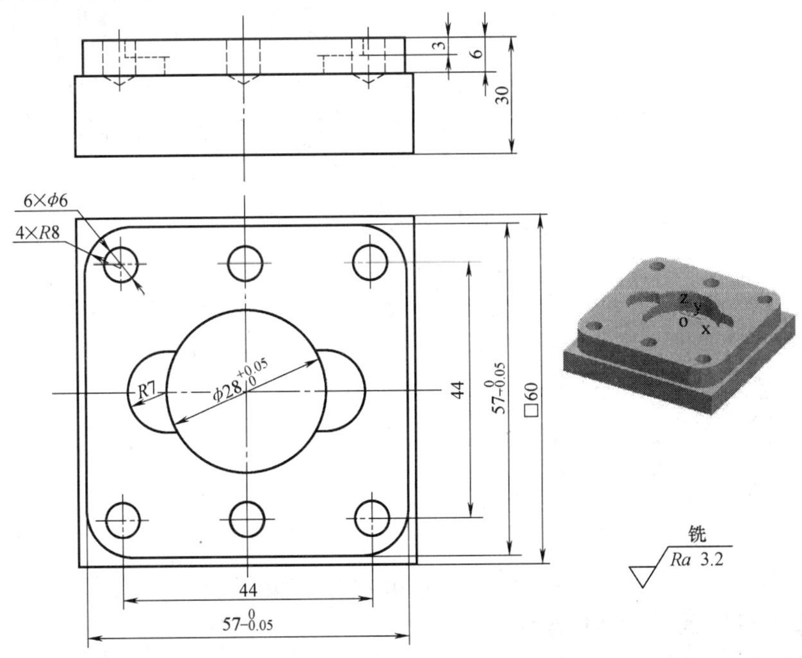

图 6-1　圆形槽板

任务分析

本任务主要是训练学生掌握数控铣削加工圆形槽板类零件的编程技巧和加工方法。4 个 *R*8mm 圆角可使用 R 倒圆角功能。编程时，内轮廓按圆形腔和键槽编程，可避免计算坐标点。

知识准备

一、本任务编程相关指令

G00（快速移动）、G01（直线插补）、R（倒圆角功能）、G02/G03（圆弧插补）、G99（固定循环返回 R 点）、G82（带停顿的钻孔循环）、G83（深孔加工循环）。

二、相关指令格式

1. 直线插补

格式：G1 X__ Y__ R__（倒圆半径）F__

说明：直线倒圆角仅限于两条相交的直线之间，且角度不能过小。

G01 与 G00 的区别：G00 的动作是刀具以快速进给率移动到加工坐标系指定位置，不能用作切削加工。G01 的动作是刀具以切削进给率直线移动到加工坐标系的指定位置，可以用作切削加工，如图 6-2 所示。

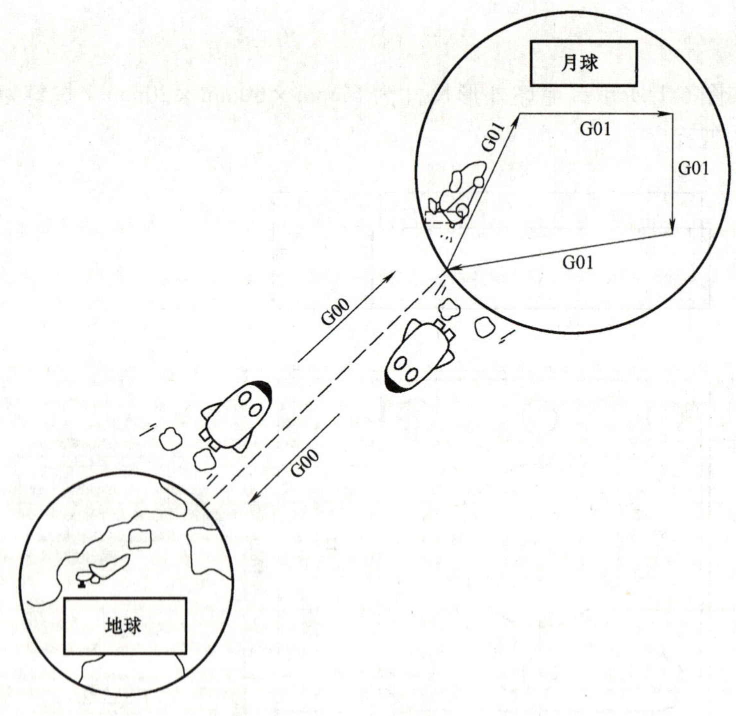

图 6-2　G00 和 G01 移动示意图

2. 固定循环 G81 的动作顺序组成

固定循环 G81 由 6 个动作顺序组成，如图 6-3 所示。

（1）动作 1　X、Y 轴定位（也可能是其他轴）。

（2）动作 2　快速移动到 R 点。

（3）动作 3　钻孔。

（4）动作 4　底孔位置的动作。

（5）动作 5　返回至 R 点。

（6）动作 6　快速移动至起始点。

3. G82 带停顿的钻孔循环

格式：$\begin{Bmatrix} G98 \\ G99 \end{Bmatrix}$G82　X __ Y __ Z __ R __ P __ F __ L __

G99 G82 X __ Y __（孔位坐标）Z __（孔深）R __（安全高度 3 ~ 5mm）P __（暂停时间，2 ~ 4s）。

G82 指令除了要在孔底暂停外，其他动作与 G81 相同，暂停时间由地址 P 给出。

G82 指令主要用于加工不通孔以提高孔深精度。

说明：如果 Z 轴的移动量为零，该指令不执行。

4. G83 深孔加工循环

格式：$\begin{Bmatrix} G98 \\ G99 \end{Bmatrix}$G83　X __ Y __ Z __ R __ Q __ P __ K __ F __ L __

G99 G83 X __ Y __（孔位坐标）Z __（孔深）R __（安全高度 3 ~ 5mm）Q __（每次切削深度）K __（距上次加工面的安全高度 1 ~ 2mm）P __（暂停时间，单位为 s）。

说明：K 表示每次退刀后，再次进给时，由快速进给转换为切削进给时，距上次加工面的距离。G83 指令动作循环如图 6-4 所示。

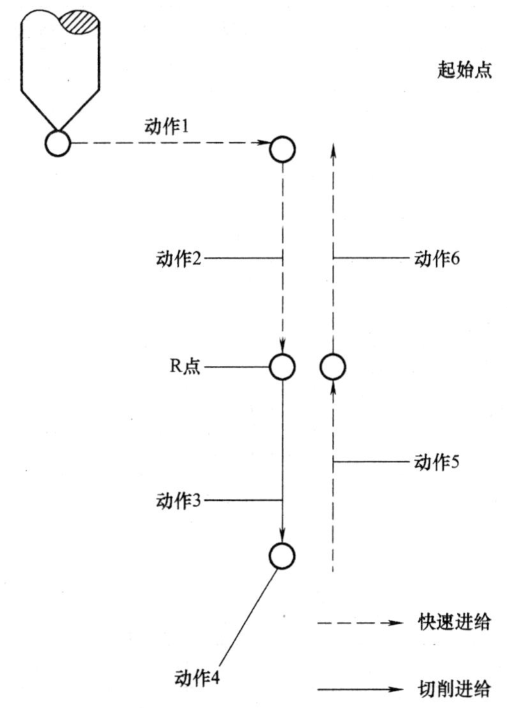

图 6-3　固定循环 G81 的 6 个动作

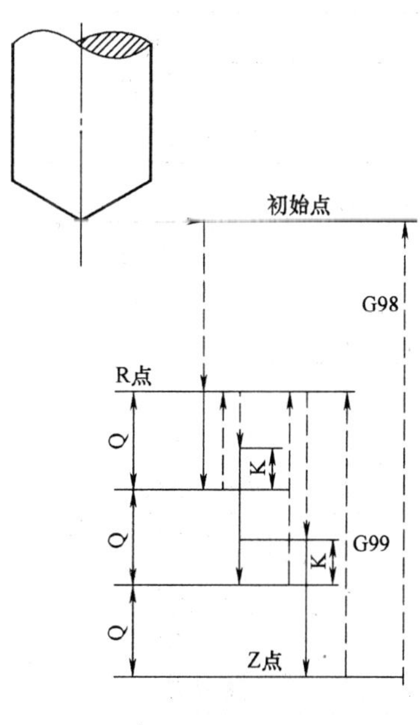

图 6-4　G83 深孔加工循环

注意：Z、K、Q 移动量为零时，该指令不执行。

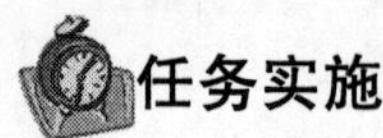

任务实施

一、确定加工工艺

1. 确定工艺路线

1）铣削平面，可选用 ϕ55mm 可转位面铣刀。

2）粗加工外轮廓，选用 ϕ16mm 键槽铣刀。

3）精加工外轮廓，选用 ϕ16mm 键槽铣刀。

4）粗加工圆形腔，选用 ϕ16mm 键槽铣刀。

5）精加工圆形腔，选用 ϕ16mm 键槽铣刀。

6）粗加工键槽，选用 ϕ10mm 键槽铣刀。

7）精加工键槽，选用 ϕ10mm 键槽铣刀。

8）加工 6 × ϕ6mm 孔，选用 ϕ6mm 直柄麻花钻。

2. 夹具选用与工件装夹

由于零件形状比较规则，可选用机用平口钳装夹，装夹时用机用平口钳装夹毛坯的两侧面，在工件下表面与机用平口钳之间放入精度较高的平行垫铁，垫铁的厚度与宽度要适当，应保证工件在本次定位装夹中所有需要完成的待加工面充分暴露在外，以方便加工，最后用塑胶锤子敲击工件，使垫铁不能移动后夹紧工件。

3. 工具、量具、刀具清单（表 6-1）

表 6-1 工具、量具、刀具清单

种类	序号	名称	规格	精度	单位	数量
工具	1	机用平口钳			个	1
	2	机用平口钳扳手			个	1
	3	平行垫铁			块	2
	4	塑胶锤子			个	1
	5	*Z* 轴设定器	50mm	0.01mm	个	1
	6	寻边器	机械式（ϕ10mm）		个	1
	7	刀柄	ER32、ER25		个	各 1
	8	筒夹	ϕ10mm、ϕ16mm、ϕ6mm		个	各 1
量具	1	游标卡尺	0 ~ 150mm	0.02mm	把	1
	2	内径千分尺	0 ~ 25mm	0.01mm	把	1
	3	内径千分尺	25 ~ 50mm	0.01mm	把	1
	4	外径千分尺	50 ~ 75mm	0.01mm	把	1
刀具	1	可转位面铣刀	ϕ55mm		把	1
	2	键槽铣刀	ϕ10mm		把	1
	3	键槽铣刀	ϕ16mm		把	1
	4	直柄麻花钻	ϕ6mm		把	1

4. 切削用量的选择（表 6-2）

表 6-2 切削用量的选择

加工步骤		刀具与切削参数				
序号	加工内容	刀具规格 类型	刀具规格 材料	主轴转速 n /（r/min）	进给速度 v_f /（mm/min）	刀具半径补偿/mm
1	粗加工上表面	ϕ55mm 可转位面铣刀	硬质合金	1200	80 ~ 100	无
2	精加工上表面			1600	100 ~ 120	无
3	粗加工外轮廓	ϕ16mm 键槽铣刀	高速钢	600 ~ 800	60 ~ 80	8.5
4	精加工外轮廓			1000 ~ 1200	80 ~ 100	计算
5	粗加工圆形腔			600 ~ 800	60 ~ 80	8.5
6	精加工圆形腔			1000 ~ 1200	80 ~ 100	计算
7	粗加工键槽	ϕ10mm 键槽铣刀		1000 ~ 1200	80 ~ 100	5.5
8	精加工键槽			1600 ~ 1800	100 ~ 120	计算
9	加工 ϕ6mm 孔	ϕ6mm 直柄麻花钻		1000 ~ 1200	80 ~ 100	无

二、设定工件坐标系

工件坐标系的原点设置在零件上表面的中心位置，将 X、Y、Z 向的零偏值输入到工件坐标系 G54 中。

三、编制数控加工程序（表 6-3）

表 6-3 数控加工程序（华中 HNC-21M 系统）

程序		说明
O0001		文件名（粗精加工外轮廓和圆形腔）
%0001		程序名
N1	G0 G54 G90 X0 Y0 Z20	绝对尺寸编程，建立工件坐标系，快速定位到（0，0，20）处
N2	M3 S1000 F200	主轴正转，转速为 1000r/min，进给速度为 200mm/min
N3	X - 33 Y - 50 M8	X、Y 轴快速定位，切削液开
N4	Z - 6	Z 轴快速进刀
N5	G1 G41 X - 28.5 Y - 30 D01	X、Y 轴切削进给，并引入刀具 1 号半径补偿值
N6	Y28.5 R8	Y 轴切削进给，倒 R8mm 圆角
N7	X28.5 R8	X 轴切削进给，倒 R8mm 圆角
N8	Y - 28.5 R8	Y 轴切削进给，倒 R8mm 圆角
N9	X - 28.5 R8	X 轴切削进给，倒 R8mm 圆角
N10	Y - 20	Y 轴切削进给
N11	G0 Z5	Z 轴快速退刀
N12	G40 X14 Y - 25	X、Y 轴快速退刀，取消刀具半径补偿
N13	G1 G41 Y0 D01	Y 轴切削进给，并引入刀具 1 号半径补偿值

（续）

程序		说明
O0001		文件名（粗精加工外轮廓和圆形腔）
%0001		程序名
N14	Z -6 F100	Z 轴切削进刀，进给速度为 100mm/min
N15	G3 I -14 F200	ϕ28mm 整圆铣削加工，进给速度为 200mm/min
N16	G0 Z20	Z 轴快速退刀
N17	G40 X0 Y0	X、Y 轴快速退刀，取消刀具半径补偿
N18	M30	程序结束回起始位置，机床复位（切削液关，主轴停止）
O0002		文件名（粗精加工键槽）
%0002		程序名
N1	G0 G54 G90 X0 Y0 Z20	绝对尺寸编程，建立工件坐标系，快速定位到（0，0，20）处
N2	M3 S1000 F200	主轴正转，转速为 1000r/min，进给速度为 200mm/min
N3	X20 Y7 M8	X、Y 轴快速定位，切削液开
N4	G1 G41 X -5 D02	X 轴切削进给，并引入刀具 2 号半径补偿值
N5	Z -3 F100	Z 轴切削进刀，进给速度为 100mm/min
N6	G1 X -14 F200	X 轴切削进给，进给速度为 200mm/min
N7	G3 Y -7 R7	R7mm 圆弧铣削加工
N8	G1 X14	X 轴切削进给
N9	G3 Y7 R7	R7mm 圆弧铣削加工
N10	G1 X5	X 轴切削进给
N11	G0 Z20	Z 轴快速退刀
N12	G40 X0 Y0	X、Y 轴快速退刀，取消刀具半径补偿
N13	M30	程序结束回起始位置，机床复位（切削液关，主轴停止）
O0003		文件名（加工 6 个 ϕ6mm 孔）
%0003		程序名
N1	G0 G54 G90 X0 Y0 Z20	绝对尺寸编程，建立工件坐标系，快速定位到（0，0，20）处
N2	M3 S1000 F200	主轴正转，转速为 1000r/min，进给速度为 200mm/min
N3	G99 G82 X -22 Y22 Z -6 R3 P2 M8	孔加工，切削液开
	或	
	G99 G83 X -22 Y22 Z -6 R3 Q -3 K1 P2 M8	深孔加工，切削液开
N4	X0	孔位坐标
N5	X22	孔位坐标
N6	Y -22	孔位坐标
N7	X0	孔位坐标
N8	X -22	孔位坐标
N9	G0 Z20	取消固定循环，Z 轴快速退刀
N10	X0 Y0	X、Y 轴快速退刀
N11	M30	程序结束回起始位置，机床复位（切削液关，主轴停止）

四、实体造型

1）按F5键，选择“XOY平面”作为视图平面和作图平面。在特征树中，单击“平面XY”，再单击“绘制草图”按钮，创建草图。

2）单击“矩形”按钮，选择“中心 长 宽”方式，设定长和宽为60mm，选择坐标原点作为矩形的中心点，如图6-5所示。

3）单击“拉伸增料”按钮，选择“固定深度”方式，设定深度值为14mm，单击“确定”按钮，如图6-6所示。

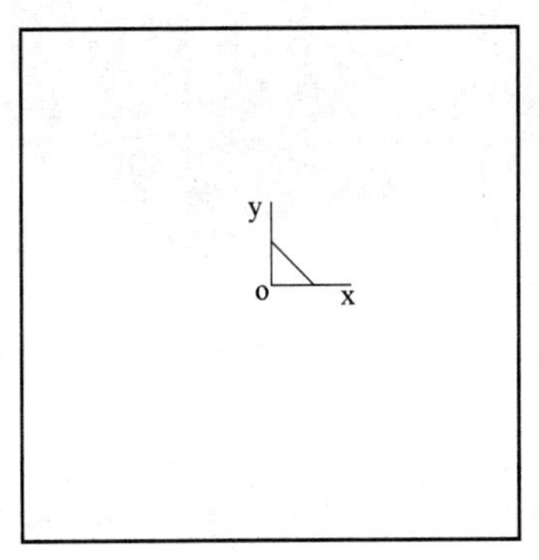

图6-5　绘制矩形草图

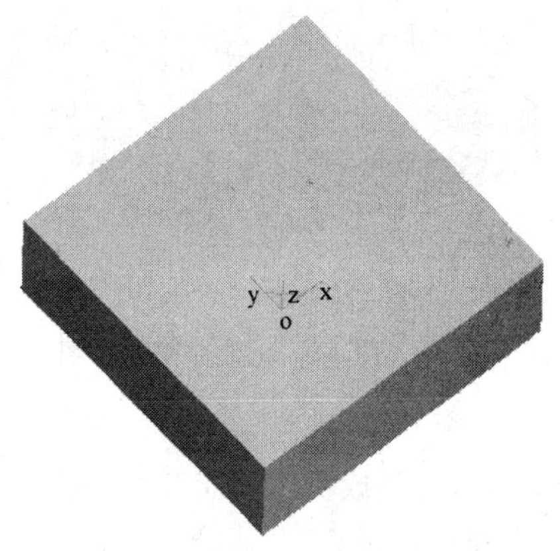

图6-6　拉伸增料绘制槽板底座

4）选择已生成实体的前表面，单击“绘制草图”按钮，激活前表面作为草图平面。单击“矩形”按钮，选择“中心 长 宽”方式，设定长和宽为57mm，选择坐标原点作为矩形的中心点。然后单击“曲线过渡”按钮，设定圆弧过渡半径为8mm，选择直线，进行圆弧过渡，如图6-7所示。

5）单击“拉伸增料”按钮，选择“固定深度”方式，设定深度值为6mm，单击“确定”按钮，如图6-8所示。

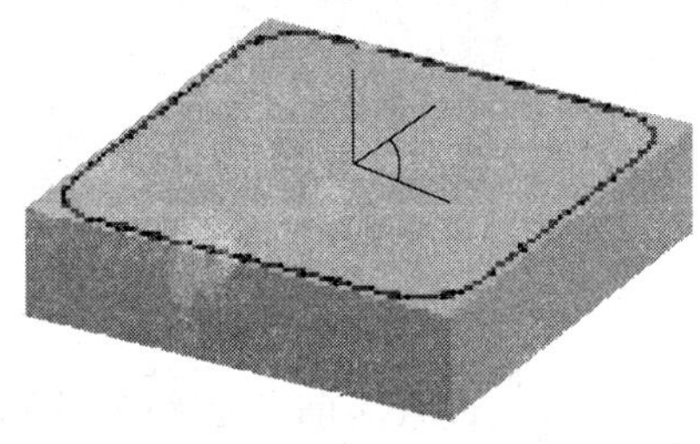

图6-7　确定外轮廓凸台中心

图6-8　拉深增料生成凸台

6）选择已生成实体的前表面，单击“绘制草图”按钮，激活前表面作为草图平面。单击“整圆”按钮，选择“圆心半径”方式，选择坐标原点作为圆心，绘制 ϕ28mm 的圆，如图 6-9 所示。

7）单击“拉伸除料”按钮，选择“固定深度”方式，设定深度值为 6mm，单击“确定”按钮，如图 6-10 所示。

图 6-9　绘制圆形腔草图

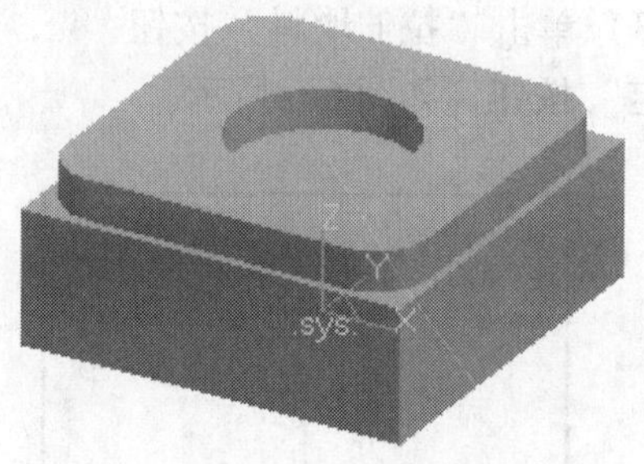

图 6-10　拉伸除料生成圆形腔

8）选择已生成实体的前表面，单击“绘制草图”按钮，激活前表面作为草图平面。单击“整圆”按钮，选择“圆心半径”方式，选择坐标原点作为圆心，绘制圆。分别选择 ϕ28mm 圆与 X 轴的两个交点为圆心，设定半径为 R7mm，绘制两个 ϕ14mm 的圆，如图 6-11 所示。

9）单击“拉伸除料”按钮，选择“固定深度”方式，设定深度为 3mm，单击“确定”按钮，如图 6-12 所示。

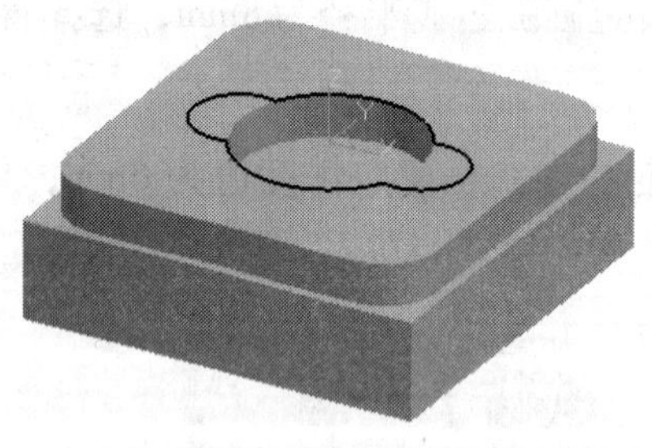

图 6-11　绘制内型腔草图

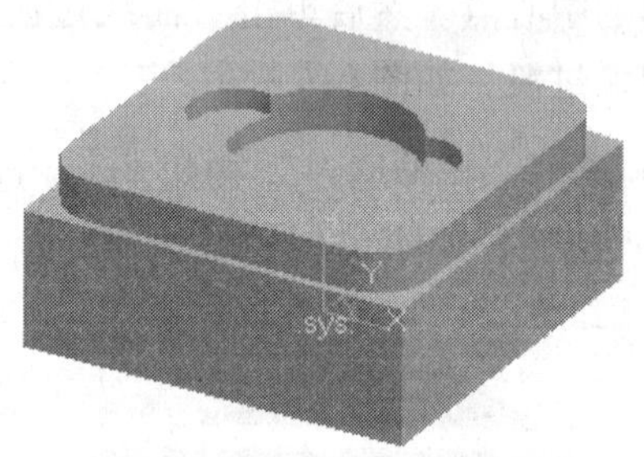

图 6-12　拉伸除料生成内型腔

10）选择已生成实体的前表面，单击“绘制草图”按钮，激活前表面作为草图平面。单击“直线”按钮，绘制水平、铅垂线，直线中点坐标为（0，0）。再单击“等距线”按钮，作与铅垂线距离为 22mm 的平行线，与水平线距离为 22mm 的等距线各两条，以确定 6 个 ϕ6mm 孔的中心位置，如图 6-13 所示。

11）单击“钻孔”按钮，按命令行提示选择钻孔平面，选择孔的类型，选择直线的交点作为孔的定位点，单击“下一步”，设定孔的直径为 ϕ6mm，深度为 6mm，单击“完成”按钮，如图 6-14 所示。

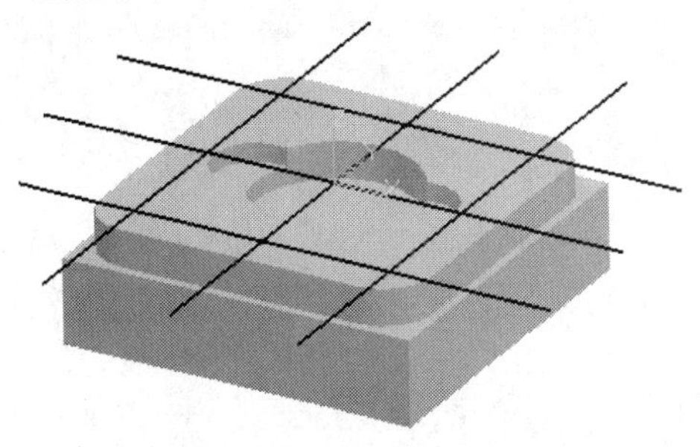

图 6-13　确定 6×ϕ6mm 孔的中心位置

图 6-14　绘制六个孔

五、仿真加工

采用数控仿真软件仿真加工，检查加工程序，具体操作步骤见表 6-4。

表 6-4　仿真加工操作步骤

序号	操作步骤	图　示
1	输入加工程序，以“. txt”格式存入计算机	
2	进入仿真系统： 单击“开始”/“程序”/“数控加工仿真系统”/“加密锁管理程序”，屏幕右下方工具栏中出现加密锁的图标，加密锁启动成功 单击“开始”/“程序”/“数控加工仿真系统”，弹出“用户登录”界面。单击“快速登录”按钮，进入数控加工仿真系统	
3	选择机床： 选择“机床”/“选择机床”菜单，在“选择机床”对话框中，“控制系统”选择“华中数控”，“机床类型”选择“铣床”，单击“确定”按钮，完成操作	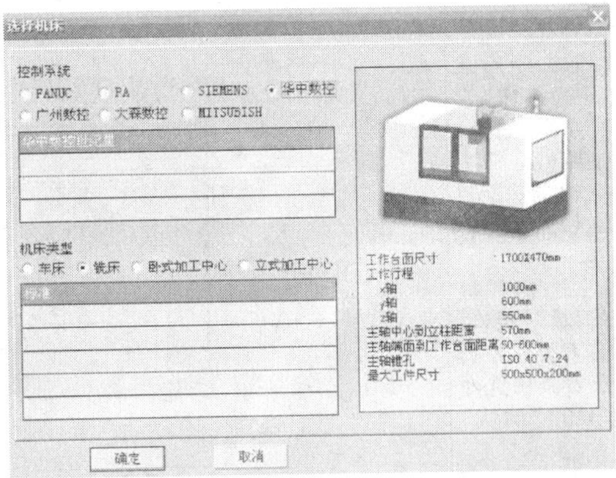

（续）

序号	操作步骤	图示
4	解除急停，机床回零	
5	装夹零件： 1. 定义毛坯：选择“零件”/“定义毛坯”菜单，在弹出的“定义毛坯”对话框中，零件“材料”选择“ZL412 铝”，“形状”选择“长方形”，设置毛坯长宽高尺寸，单击“确定”按钮 2. 安装夹具：选择“零件”/“安装夹具”菜单，在“选择夹具”对话框中，“选择零件”选择“毛坯 1”，“选择夹具”选取“平口钳”，单击“确定”按钮 3. 放置零件：选择“零件”/“放置零件”菜单，在弹出的“选择零件”对话框中，选择名称为“毛坯 1”的零件，并单击“安装零件”按钮	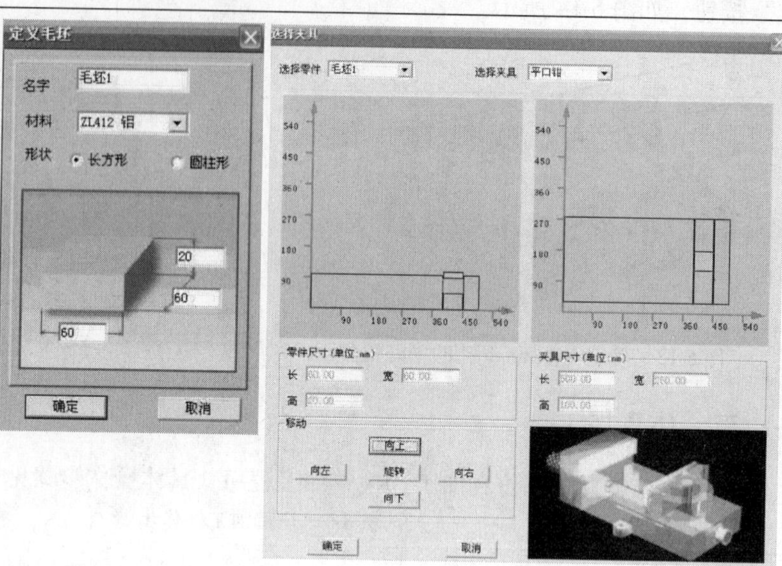 a) b) 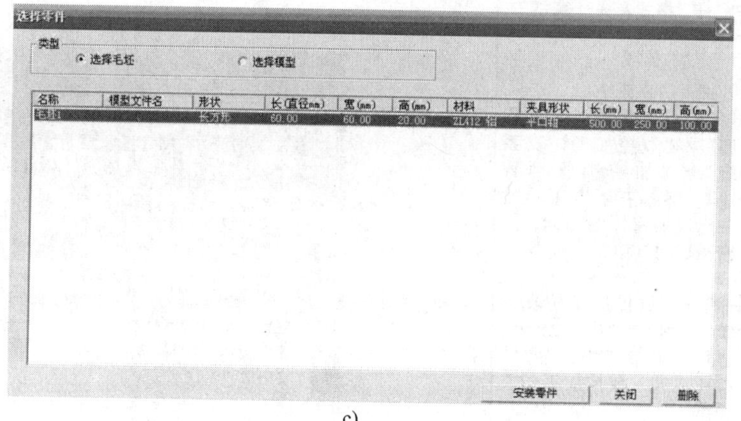 c)
6	对刀、安装刀具： *X*、*Y* 轴对刀，使用基准工具。选择“机床”/“基准工具”菜单，如图 a 所示，左边是刚性靠棒工具，右边是寻边器。*Z* 轴对刀，使用实际加工时所要使用的刀具 安装刀具：选择“机床”/“选择刀具”菜单，选择所需刀具直径、刀具类型，在可选刀具中选择所需刀具，单击“确认”按钮	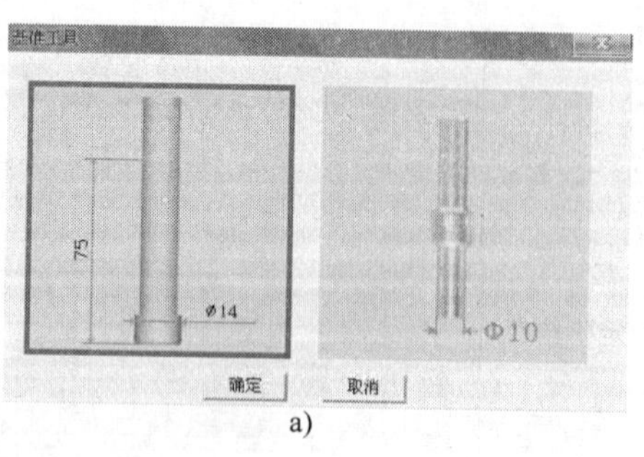 a)

（续）

序号	操作步骤	图　示
6	对刀、安装刀具： *X*、*Y* 轴对刀，使用基准工具。选择“机床”/“基准工具”菜单，如图 a 所示，左边是刚性靠棒工具，右边是寻边器。*Z* 轴对刀，使用实际加工时所要使用的刀具 安装刀具：选择“机床”/“选择刀具”菜单，选择所需刀具直径、刀具类型，在可选刀具中选择所需刀具，单击“确认”按钮	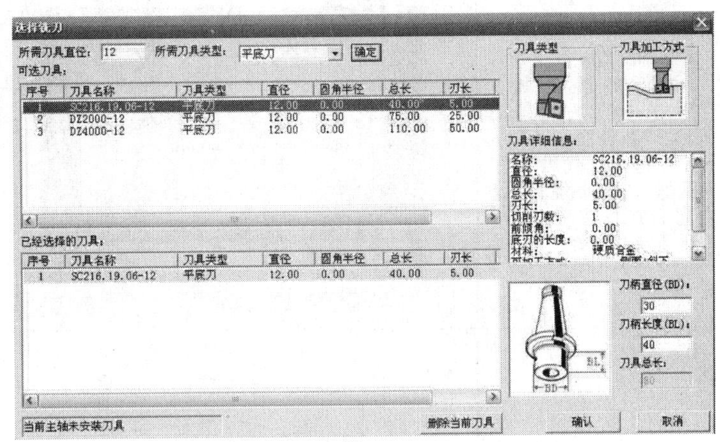 b)
7	输入零件原点参数 G54： 主菜单—MDI（F4）—坐标系（F3），用键盘输入通过对刀得到的工件坐标原点，按 Enter 键，将参数输入到指定区域	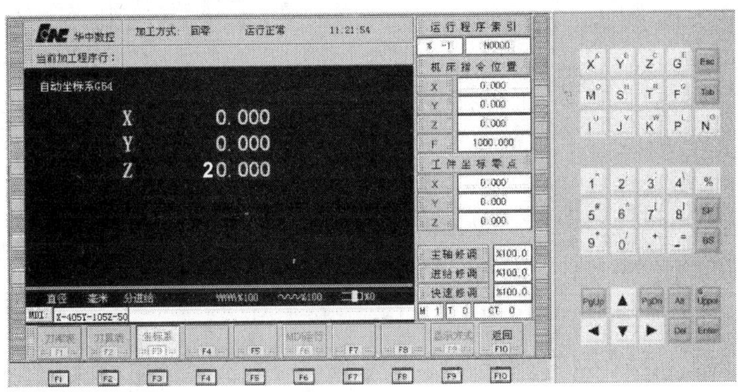
8	输入刀具补偿参数： 主菜单—MDI（F4）—刀具表（F2），在半径中输入补偿值。按 Enter 键后，输入数值，再按 Enter 键完成输入	

（续）

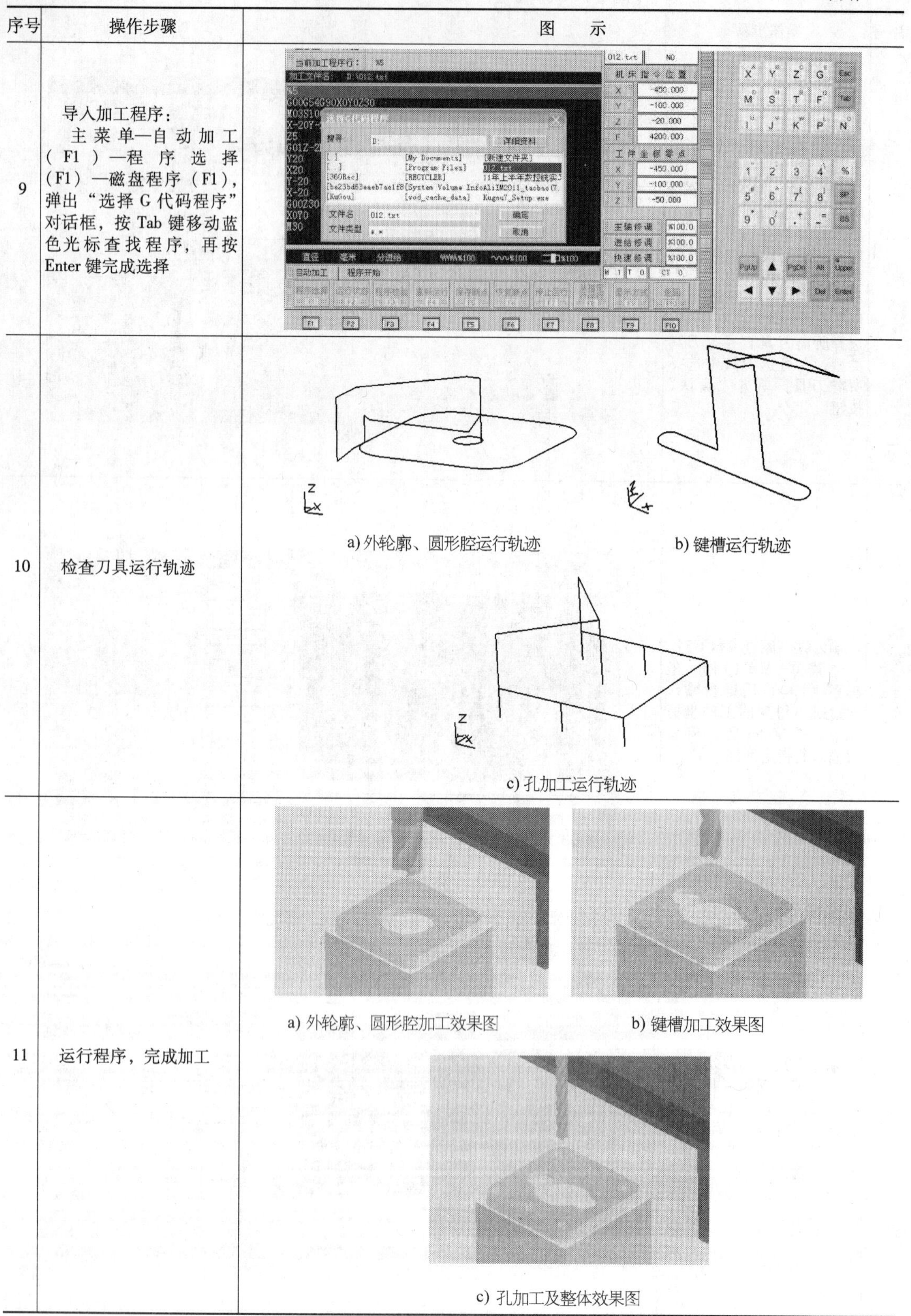

序号	操作步骤	图　示
9	导入加工程序： 主菜单—自动加工（F1）—程序选择（F1）—磁盘程序（F1），弹出“选择G代码程序”对话框，按Tab键移动蓝色光标查找程序，再按Enter键完成选择	
10	检查刀具运行轨迹	a) 外轮廓、圆形腔运行轨迹 b) 键槽运行轨迹 c) 孔加工运行轨迹
11	运行程序，完成加工	a) 外轮廓、圆形腔加工效果图 b) 键槽加工效果图 c) 孔加工及整体效果图

六、加工

加工操作步骤见表6-5。

表6-5　加工操作步骤

序号	操作步骤
1	接通电源，旋起急停按钮，系统复位
2	返回参考点
3	使用百分表找正机用平口钳
4	装夹工件、对刀
5	输入零件原点参数G54～G59（主菜单—设置（F5）—坐标系设定（F5））
6	输入刀具补偿参数（主菜单—刀具补偿（F4）—刀补表（F4））
7	输入、编辑加工程序
8	程序校验（主菜单—程序（F1）—程序校验（F5））
9	自动加工（粗加工，加工余量单边0.5mm左右）
10	自动加工（精加工，通过减少刀补值的方法控制零件的加工精度），测量零件，合格后卸下加工零件
11	清理机床
12	将工作台移至机床中间位置，按下急停按钮，断开机床电源

☞任务评价

零件加工结束后，把检测结果填入评分表，见表6-6。

表6-6　圆形槽板加工评分表

<table>
<tr><td>班级</td><td colspan="2"></td><td>姓名</td><td>学号</td><td></td><td>日期</td><td></td></tr>
<tr><td colspan="3">任务名称</td><td colspan="5"></td></tr>
<tr><td rowspan="8">基本检测</td><td rowspan="4">编程</td><td>序号</td><td colspan="2">检测项目</td><td>配分</td><td>扣分</td><td>得分</td></tr>
<tr><td>1</td><td colspan="2">切削加工工艺制订正确</td><td>3</td><td></td><td></td></tr>
<tr><td>2</td><td colspan="2">切削用量选择合理</td><td>4</td><td></td><td></td></tr>
<tr><td>3</td><td colspan="2">程序正确、简单、明确、规范</td><td>4</td><td></td><td></td></tr>
<tr><td rowspan="4">操作</td><td>4</td><td colspan="2">设备操作、维护保养正确</td><td>3</td><td></td><td></td></tr>
<tr><td>5</td><td colspan="2">安全、文明生产</td><td>10</td><td></td><td></td></tr>
<tr><td>6</td><td colspan="2">刀具选择、安装正确、规范</td><td>3</td><td></td><td></td></tr>
<tr><td>7</td><td colspan="2">工件找正、装夹正确、规范</td><td>3</td><td></td><td></td></tr>
<tr><td colspan="5">基本检测结果小计</td><td>30</td><td></td><td></td></tr>
<tr><td rowspan="5">尺寸检测</td><td>序号</td><td colspan="2">考核内容</td><td>评分标准</td><td>配分</td><td>扣分</td><td>得分</td></tr>
<tr><td>1</td><td colspan="2">外形（外轮廓）</td><td rowspan="4">1. 外形：形状正确，尺寸误差不超过2mm即得分
2. 尺寸：每个尺寸超出0.01mm扣3分，每个尺寸最多扣完自身分值
3. Ra值：降一级扣3分，降二级不得分</td><td>4</td><td></td><td></td></tr>
<tr><td>2</td><td colspan="2">尺寸57$_{-0.05}^{0}$mm（两处）</td><td>10</td><td></td><td></td></tr>
<tr><td>3</td><td colspan="2">4×R8mm</td><td>3</td><td></td><td></td></tr>
<tr><td>4</td><td colspan="2">外形（内轮廓）</td><td>4</td><td></td><td></td></tr>
</table>

（续）

班级		姓名		学号		日期
任务名称						
	序号	考核内容	评分标准	配分	扣分	得分
尺寸检测	5	尺寸 $\phi 28^{+0.05}_{0}$ mm	1. 外形：形状正确，尺寸误差不超过2mm 即得分 2. 尺寸：每个尺寸超出 0.01mm 扣 3 分，每个尺寸最多扣完自身分值 3. *Ra* 值：降一级扣 3 分，降二级不得分	8		
	6	*R*7mm		4		
	7	外形（6 × ϕ6mm 孔）		4		
	8	尺寸 6 × ϕ6mm		9		
	9	孔距 44mm（两处）		8		
	10	深度尺寸 3mm		3		
	11	深度尺寸 6mm（三处）		9		
	12	表面粗糙度		4		
尺寸检测结果小计				70		
合　计				100		

任务反馈

1）注意 G00 和 G01 的使用场合。

2）掌握不同孔循环指令的区别，加工不同的孔采用相应的钻孔循环。

3）造型过程中，学会合理使用拉伸增料和拉伸除料。

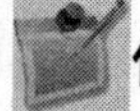

任务总结

学到的知识点	1. 2. 3. 4.
还需要进一步提高的操作练习（知识点）	1. 2. 3. 4.
存在疑问或不懂的知识点	1. 2. 3. 4.
应注意的问题	1. 2. 3. 4.
其他	1. 2. 3. 4.

任务二　矩形槽板（一）加工

知识目标

1. 掌握数控加工的特点。
2. 了解数控加工生产率高的原因。

技能目标

1. 掌握矩形槽板编程的方法。
2. 掌握刀具的选用技巧。
3. 掌握 R 圆倒角指令格式简化程序。

任务描述

矩形槽板如图 6-15 所示，毛坯外形尺寸为 60mm×60mm×18mm，材料为硬铝。

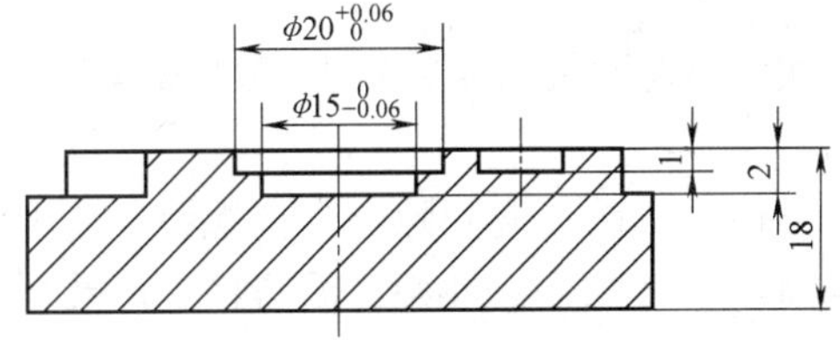

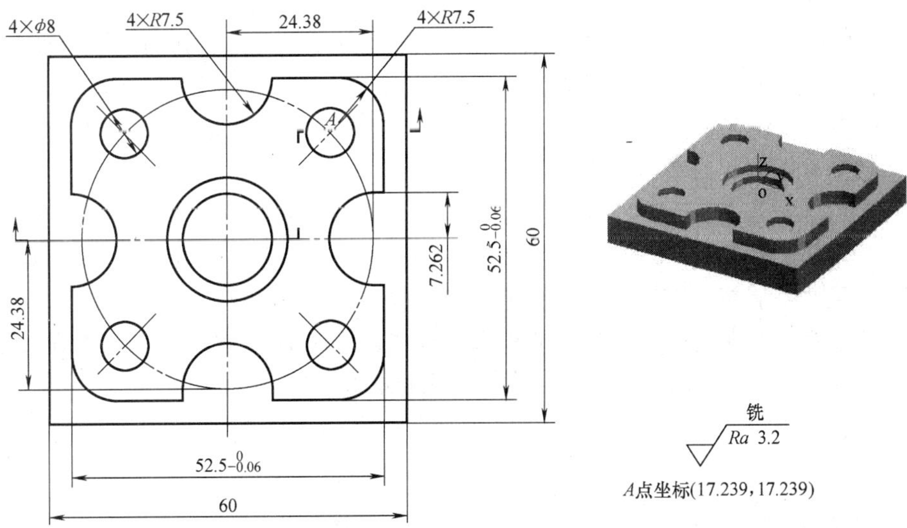

图 6-15　矩形槽板（一）

任务分析

零件的外形较规则，复杂程度一般，尺寸精度要求较高。4 × R7.5mm 圆角可使用 R 倒圆角功能，4 × R7.5mm 圆弧中有两个圆弧的圆心角是大于 180°的，编程时 R 应取负值。

知识准备

一、常用指令

格式:

G00 X __ Y __ Z __

G01 X __ Y __ R __ （倒圆半径） F __

G02/G03 X __ Y __ Z __ （圆弧终点坐标）R __ （圆弧半径）

或 G02/G03 X __ Y __ Z __(圆弧终点坐标)I __ J __ K __(圆心相对于圆弧起点的偏移值)

G99 G82 X __ Y __(孔位坐标) Z __(孔深) R __(安全高度 3 ~5mm) P __(暂停时间)

说明：G00 指令的应用，圆弧指令 G02 或 G03 的选用，圆弧指令中 R 值正负值的选择，I、J 值的确定，钻孔循环指令的应用，R 倒圆角功能的应用是本任务编程要点。

二、数控加工的特点

数控设备在各行各业中得以日益广泛应用和迅速发展的主要原因是数控设备具有如下特点:

1. 加工精度高，质量稳定

数控机床加工精度高，而且机床的进给传动链的反向间隙与丝杠螺距平均误差可由数控装置进行补偿，因此数控机床的定位精度高，零件的一致性好，质量稳定。数控加工设备制造精度高、刚性好、脉冲当量小、工序集中、减小了多次装夹对加工精度的影响等。

2. 生产率高

产品的生产时间主要包括工艺时间和辅助时间，数控设备可有效地减少这两部分时间。就数控机床而言，可采用大功率高速切削，缩短工艺时间，还可配备自动换刀装置、检测装置交换工作台，减少了工件的装卸次数和其他辅助时间，从而明显地提高了生产率。

3. 减轻劳动强度，改善劳动条件

数控机床能自动进行连续加工,直至加工结束,数控设备可在生产过程中不需要人工干预,可在恶劣的环境下自动进行工作,从而降低了工人的劳动强度,并极大地改善了劳动条件。

4. 便于实现计算机集成制造，有利于生产管理

数控机床的加工可预先精确估计加工时间，所使用的刀具、夹具可进行规范化、现代化管理。易于实现加工信息的标准化，是现代集成制造的基础。

任务实施

一、确定加工工艺

1. 分析零件图样

1）铣削平面，可选用 ϕ55mm 可转位面铣刀。

2）粗加工外轮廓，选用 ϕ10mm 三面刃铣刀。

3）精加工外轮廓，选用 ϕ10mm 三面刃铣刀。

4）粗加工 ϕ20mm 圆形腔，选用 ϕ10mm 键槽铣刀。

5）精加工 ϕ20mm 圆形腔，选用 ϕ10mm 键槽铣刀。

6）粗加工 ϕ15mm 圆形腔，选用 ϕ10mm 键槽铣刀。

7）精加工 ϕ15mm 圆形腔，选用 ϕ10mm 键槽铣刀。

8）加工 4×ϕ8mm 沉头孔，选用 ϕ8mm 键槽铣刀。

2. 夹具选用与工件装夹

由于零件形状比较规则，通常选用机用平口钳装夹，装夹工件时用机用平口钳装夹毛坯的两侧面。在工件下表面与机用平口钳之间放入精度较高的平行垫铁，垫铁的厚度与宽度要适当，应保证工件在本次定位装夹中所有需要完成的待加工面充分暴露在外，以方便加工。最后用塑胶锤子敲击工件，使垫铁不能移动后夹紧工件。

3. 工具、量具、刀具清单（表 6-7）

表 6-7　工具、量具、刀具清单

种类	序号	名称	规格	精度	单位	数量
工具	1	机用平口钳			个	1
	2	机用平口钳扳手			个	1
	3	平行垫铁			块	2
	4	塑胶锤子			个	1
	5	*Z* 轴设定器	50mm	0.01mm	个	1
	6	寻边器	机械式（ϕ10mm）		个	1
	7	刀柄	ER32、ER25		个	各 1
	8	筒夹	ϕ10mm、ϕ8mm		个	各 1
量具	1	游标卡尺	0～150mm	0.02mm	把	1
	2	内径千分尺	0～25mm	0.01mm	把	1
	3	光滑塞规	ϕ8mm		个	1
刀具	1	可转位面铣刀	ϕ55mm		把	1
	2	三面刃铣刀	ϕ10mm		把	1
	3	键槽铣刀	ϕ10mm		把	1
	4	键槽铣刀	ϕ8mm		把	1

4. 切削用量的选择（表 6-8）

表 6-8　切削用量的选择

加工步骤		刀具与切削参数				
序号	加工内容	刀具规格		主轴转速 n /（r/min）	进给速度 v_f /（mm/min）	刀具半径补偿/mm
		类型	材料			
1	粗加工上表面	ϕ55mm 可转位面铣刀	硬质合金	1200	80～100	无
2	精加工上表面			1600	100～120	无

（续）

<table>
<tr><th colspan="2">加工步骤</th><th colspan="5">刀具与切削参数</th></tr>
<tr><th rowspan="2">序号</th><th rowspan="2">加工内容</th><th colspan="2">刀具规格</th><th rowspan="2">主轴转速 n /（r/min）</th><th rowspan="2">进给速度 v_f /（mm/min）</th><th rowspan="2">刀具半径补偿/mm</th></tr>
<tr><th>类型</th><th>材料</th></tr>
<tr><td>3</td><td>粗加工内型腔</td><td rowspan="4">φ10mm 键槽铣刀</td><td rowspan="7">高速钢</td><td>1000 ~ 1200</td><td>80 ~ 120</td><td>5.5</td></tr>
<tr><td>4</td><td>精加工内型腔</td><td>1600 ~ 1800</td><td>100 ~ 150</td><td>计算</td></tr>
<tr><td>5</td><td>粗加工 φ20mm 圆形腔</td><td>1000 ~ 1200</td><td>80 ~ 120</td><td>5.5</td></tr>
<tr><td>6</td><td>精加工 φ20mm 圆形腔</td><td>1600 ~ 1800</td><td>100 ~ 150</td><td>计算</td></tr>
<tr><td>7</td><td>粗加工 R10mm、R8mm 两个圆弧</td><td rowspan="2">φ10mm 三面刃铣刀</td><td>1000 ~ 1200</td><td>80 ~ 120</td><td>5.5</td></tr>
<tr><td>8</td><td>精加工 R10mm 沉头、R8mm 沉头两个圆弧</td><td>1400 ~ 1600</td><td>100 ~ 150</td><td>计算</td></tr>
<tr><td>9</td><td>加工 4 × φ8mm 沉头孔</td><td>φ8mm 键槽铣刀</td><td>1400 ~ 1600</td><td>80 ~ 120</td><td>无</td></tr>
</table>

二、设定工件坐标系

工件坐标系的原点设置在工件上表面的中心位置，将 *X*、*Y*、*Z* 轴的零点偏置值输入到工件坐标系 G54 中。

三、编制数控加工程序（表 6-9）

表 6-9 数控加工程序（华中 HNC-21M 系统）

程序		说明
O0001		文件名（粗精加工外轮廓）
%0001		程序名
N1	G0 G54 G90 X0 Y0 Z20	绝对坐标编程，建立工件坐标系，快速定位到（0，0，20）处
N2	M3 S1000 F200	主轴正转，转速为 1000r/min，进给速度为 200mm/min
N3	X -30 Y -50 M8	*X*、*Y* 轴快速定位，切削液开
N4	Z -2	*Z* 轴快速进刀
N5	G1 G41 X -26.25 Y -30 D01	*X*、*Y* 轴切削进给，并引入刀具 1 号半径补偿值
N6	Y -7.5	*Y* 轴切削进给
N7	G3 Y7.5 R7.5	*R*7.5mm 圆弧铣削加工
N8	G1 Y26.25 R7.5	*Y* 轴切削进给，倒 *R*7.5mm 圆角
N9	X -7.5	*X* 轴切削进给
N10	G3 X7.5 R7.5	*R*7.5mm 圆弧铣削加工
N11	G1 X26.25 R7.5	*X* 轴切削进给，倒 *R*7.5mm 圆角
N12	Y7.262	*Y* 轴切削进给
N13	G3 Y -7.262 R -7.5	*R*7.5mm 圆弧铣削加工
N15	G1 Y -26.25 R7.5	*Y* 轴切削进给，倒 *R*7.5mm 圆角
N16	X7.262	*X* 轴切削进给

（续）

程 序		说 明
O0001		文件名（粗精加工外轮廓）
%0001		程序名
N17	G3 X -7.262 R -7.5	R7.5mm 圆弧铣削加工
N18	G1 X -26.25 R7.5	X 轴切削进给，倒 R7.5mm 圆角
N19	Y0	Y 轴切削进给
N20	G0 Z20	Z 轴快速退刀
N21	G40 X0 Y0	X 轴快速退刀，取消刀具半径补偿
N22	M30	程序结束回起始位置，机床复位（切削液关，主轴停止）
O0002		文件名（粗精加工 ϕ20mm、ϕ15mm 圆形腔）
%0002		程序名
N1	G0 G54 G90 X0 Y0 Z20	绝对坐标编程，建立工件坐标系，快速定位到（0，0，20）处
N2	M3 S1000	主轴正转，转速为 1000r/min
N3	X10 Y -20 M8	X、Y 轴快速定位，切削液开
N4	G1 G41 Y0 D02 F300	Y 轴切削进给，并引入刀具 2 号半径补偿值，进给速度 300mm/min
N5	G0 Z3	Z 轴快速定位
N6	G1 Z -1 F100	Z 轴切削进刀，进给速度为 100mm/min
N7	G3 I -10 J0 F200	ϕ20mm 整圆铣削加工，进给速度为 200mm/min
N8	G0 Z5	Z 轴快速退刀
N9	G40 X7.5 Y -20	X、Y 轴快速退刀，取消刀具半径补偿
N10	G1 G41 Y0 D02	Y 轴切削进给，并引入刀具 2 号半径补偿值
N11	Z -2 F100	Z 轴切削进刀，进给速度为 100mm/min
N12	G3 I -7.5 F200	ϕ15mm 整圆铣削加工，进给速度为 200mm/min
N13	G0 Z20	Z 轴快速退刀
N14	G40 X0	X 轴快速退刀，取消刀具半径补偿
N15	M30	程序结束回起始位置，机床复位（切削液关，主轴停止）
O0003		文件名（加工 ϕ8mm 孔）
%0003		程序名
N1	G0 G54 G90 X0 Y0 Z20	绝对坐标编程，建立工件坐标系，快速定位到（0，0，20）处
N2	M3 S1000 F100	主轴正转，转速为 1000r/min，进给速度为 100mm/min
N3	G99 G82 X -17.239 Y17.239 Z -1 R3 P3 M8	孔加工，切削液开
N4	X17.239	孔位坐标
N5	Y -17.239	孔位坐标
N6	X -17.239	孔位坐标
N7	G0 Z20	取消固定循环，Z 轴快速退刀
N8	X0 Y0	X、Y 轴快速退刀
N9	M30	程序结束回起始位置，机床复位（切削液关，主轴停止）

四、实体造型

1）按F5键，选择“XOY平面”作为视图平面和作图平面。在特征树中，单击“平面XY”，再单击“绘制草图”按钮，创建草图。

2）单击“矩形”按钮，选择“中心 长 宽”方式，设定长和宽为60mm，选择坐标原点作为矩形的中心点，如图6-16所示。

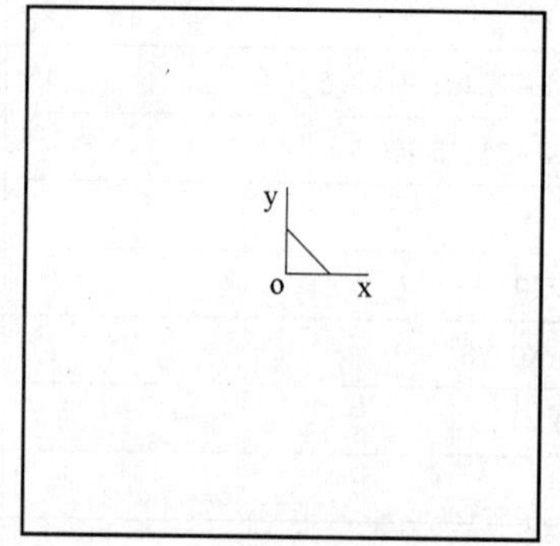

图6-16 绘制矩形草图

3）单击“拉伸增料”按钮，选择“固定深度”方式，设定深度值为18mm，单击“确定”按钮，如图6-17所示。

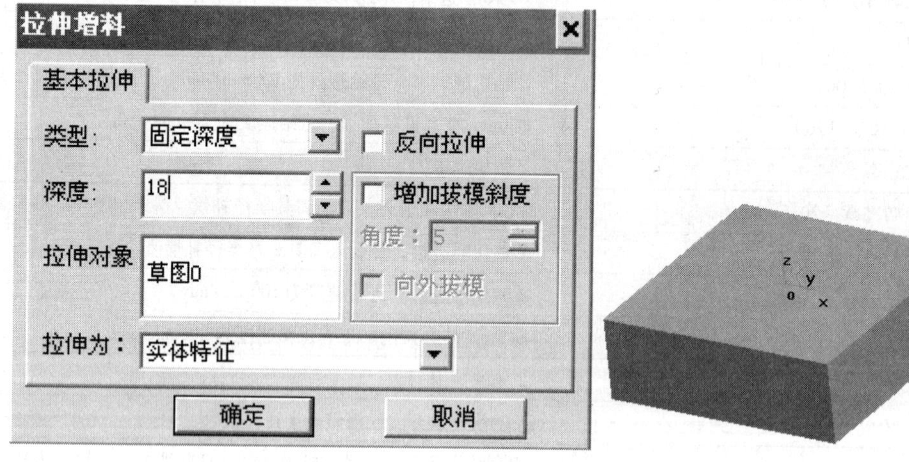

图6-17 拉伸增料绘制槽板底座

4）单击“矩形”按钮，选择“中心 长 宽”方式，设定长和宽为52.5mm，选择坐标原点作为矩形的中心点，如图6-18所示。

5）选择已生成实体的前表面，单击“绘制草图”按钮，激活前表面作为草图平面。单击“圆弧”按钮，选择“两点_半径”方式绘制轮廓线，如图6-19所示。

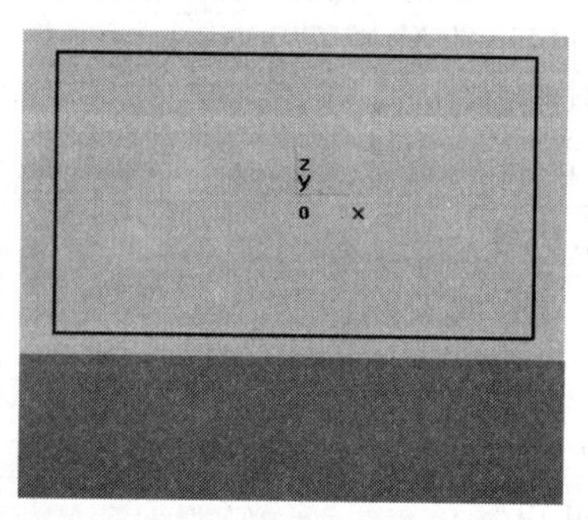

图6-18 草图绘制凸台矩形外轮廓线

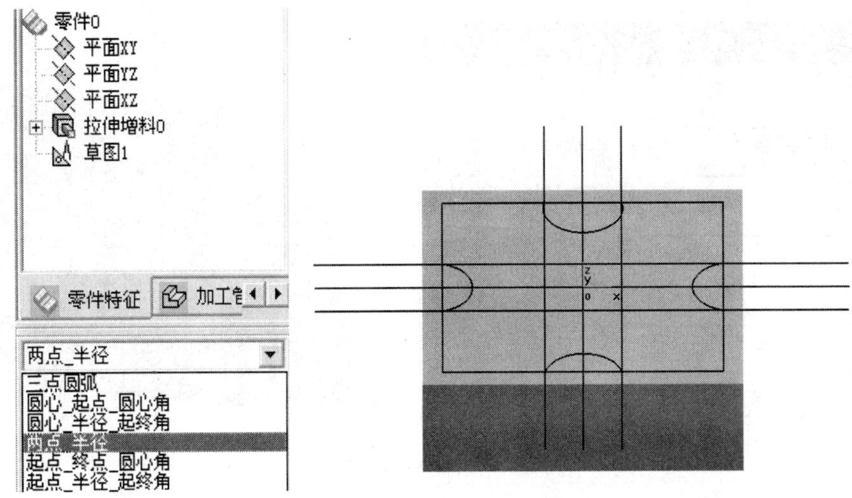

图 6-19 绘制凸台外轮廓线草图

6）单击和按钮，对草图进行编辑，如图 6-20 所示。

7）单击“拉伸除料”按钮，选择“固定深度”方式，设定深度为 2mm，单击“确定”按钮，如图 6-21 所示。

8）选择已生成实体的前表面，单击“绘制草图”按钮，激活前表面作为草图平面。单击“整圆”按钮，选择“圆心半径”方式，绘制 4 ×ϕ8mm 圆孔，如图 6-22 所示。

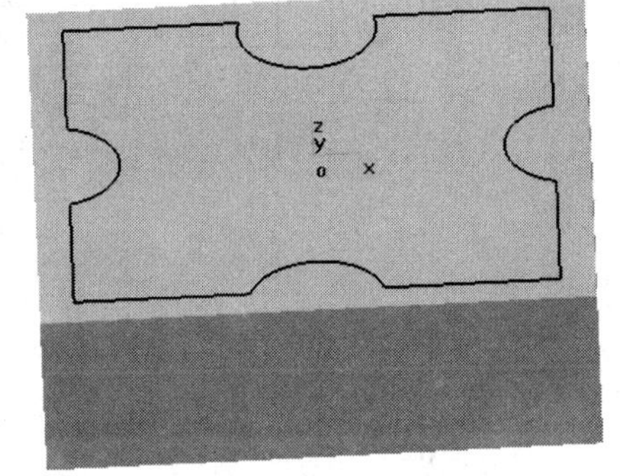

图 6-20 修剪完成凸台外轮廓线

9）单击“拉伸除料”按钮，选择“固定深度”方式，设定深度值为 1mm，单击“确定”按钮，结果如图 6-23 所示。

10）单击“钻孔”按钮和“线性阵列”按钮，作 ϕ20mm 和 ϕ15mm 的阶梯孔，如图 6-24 所示。

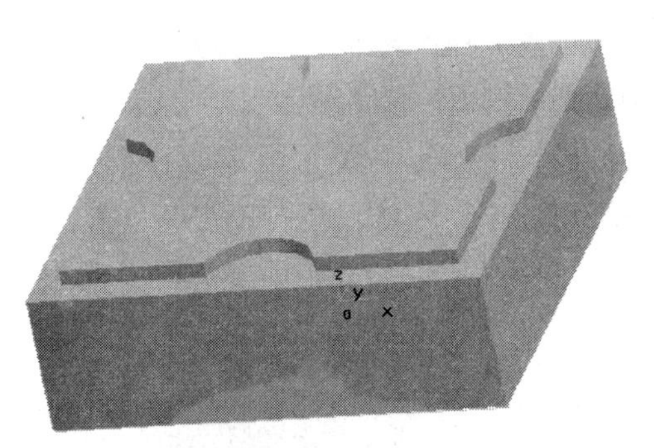

图 6-21 拉伸除料生成凸台

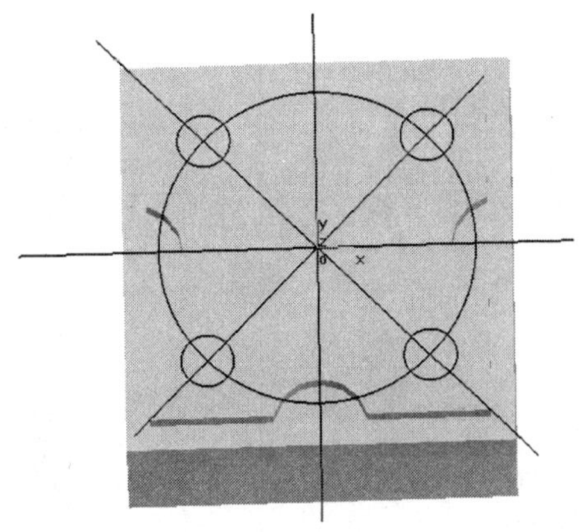

图 6-22 绘制四个 ϕ8mm 孔的草图

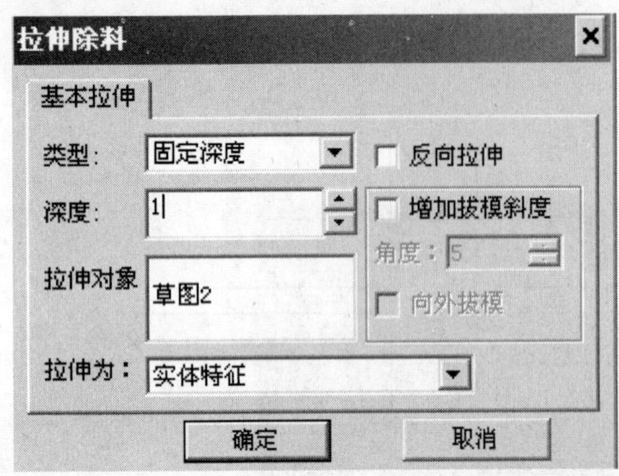

图 6-23　拉伸除料生成四个孔

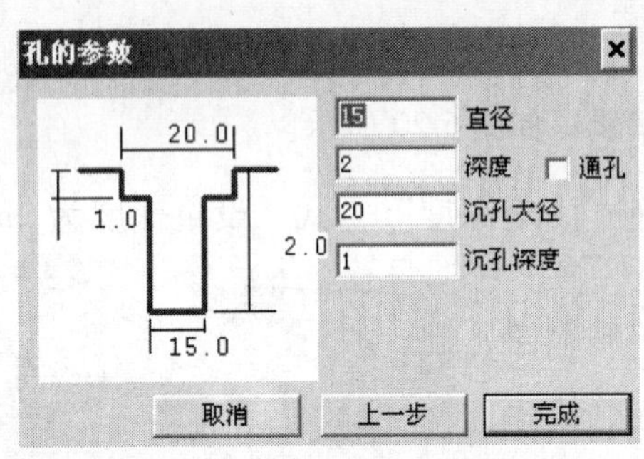

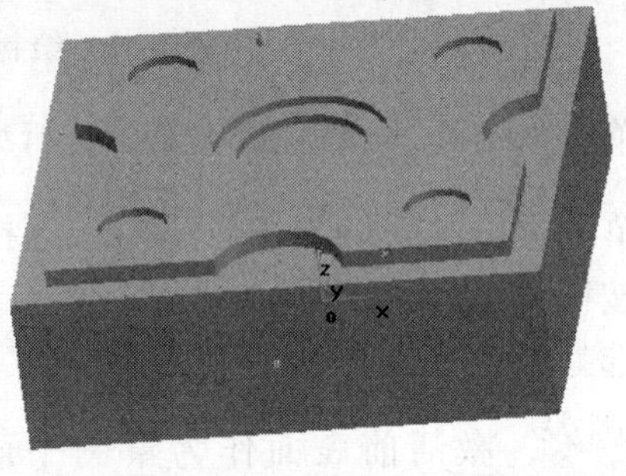

图 6-24　绘制阶梯孔

五、仿真加工

采用数控仿真软件仿真加工，检查加工程序，具体操作步骤见表 6-10。

表 6-10　仿真加工操作步骤

序号	操作步骤	图　示
1	输入加工程序，以“. txt”格式存入计算机	
2	进入仿真系统： 单击“开始”/“程序”/“数控加工仿真系统”/“加密锁管理程序”，屏幕右下方工具栏中出现加密锁的图标，加密锁启动成功 单击“开始”/“程序”/“数控加工仿真系统”，弹出“用户登录”界面。单击“快速登录”按钮，进入数控加工仿真系统	

（续）

序号	操作步骤	图示
3	选择机床： 选择“机床”/“选择机床”菜单，在“选择机床”对话框中，“控制系统”选择“华中数控”，“机床类型”选择“铣床”，单击“确定”按钮，完成操作	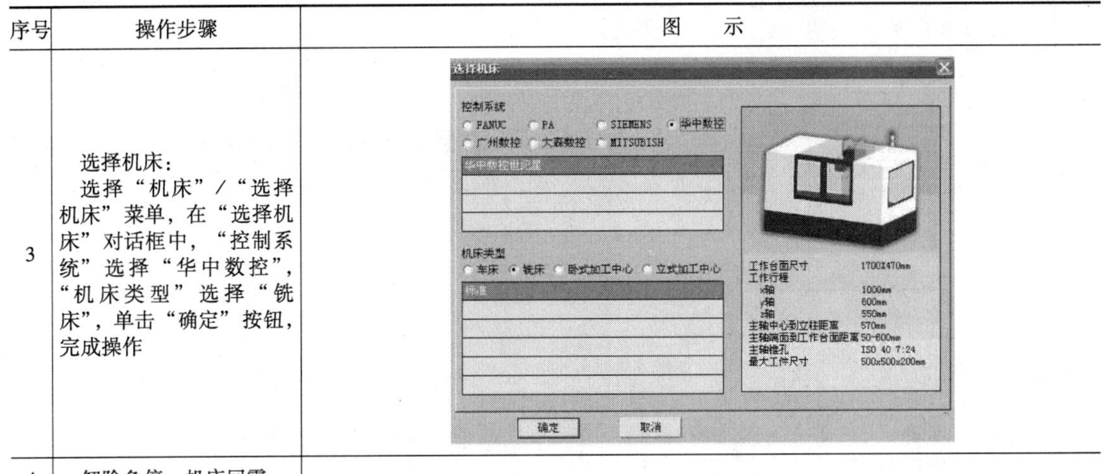
4	解除急停，机床回零	
5	装夹零件： 1. 定义毛坯：选择“零件”/“定义毛坯”菜单，在弹出的“定义毛坯”对话框中，零件“材料”选择“ZL412 铝”，“形状”选择“长方形”，设置毛坯长宽高尺寸，单击“确定”按钮 2. 安装夹具：选择“零件”/“安装夹具”菜单，在“选择夹具”对话框中，“选择零件”选取“毛坯 1”，“选择夹具”选取“平口钳”，单击“确定”按钮 3. 放置零件：选择“零件”/“放置零件”菜单，在弹出的“选择零件”对话框中，选择名称为“毛坯 1”的零件，并单击“安装零件”按钮	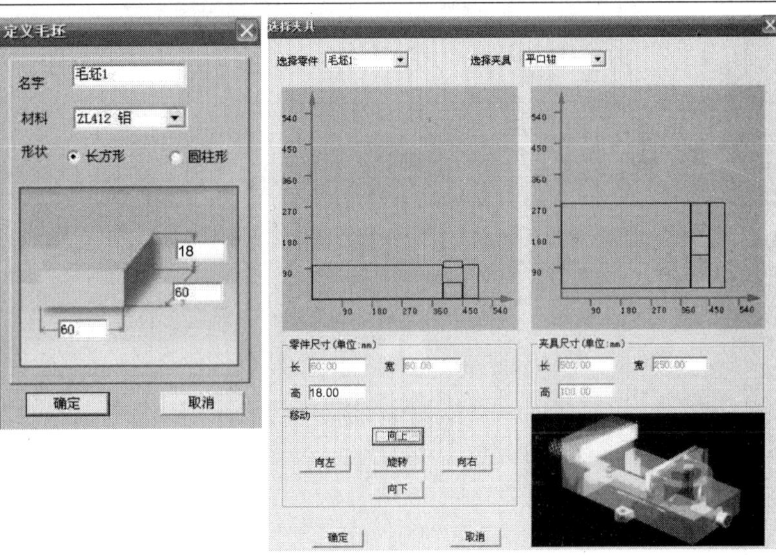 a) b) 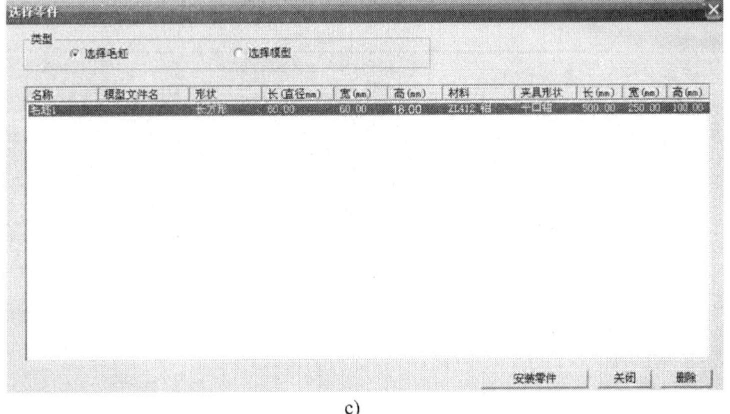 c)

（续）

序号	操作步骤	图　示
6	对刀、安装刀具： *X*、*Y* 轴对刀，使用基准工具。选择“机床”/“基准工具”菜单，左边是刚性靠棒工具，右边是寻边器。*Z* 轴对刀，使用实际加工时所要使用的刀具。 安装刀具：选择“机床”/“选择刀具”菜单，选择所需刀具直径、类型，在可选刀具中选择所需刀具，单击“确认”按钮	a) b)
7	输入零件原点参数 G54： 主菜单—MDI（F4）—坐标系（F3），用键盘输入通过对刀得到的工件坐标原点，按 Enter 键，将参数输入到指定区域	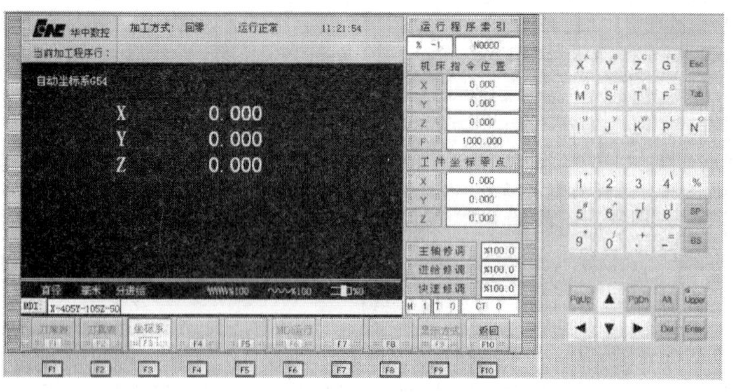

（续）

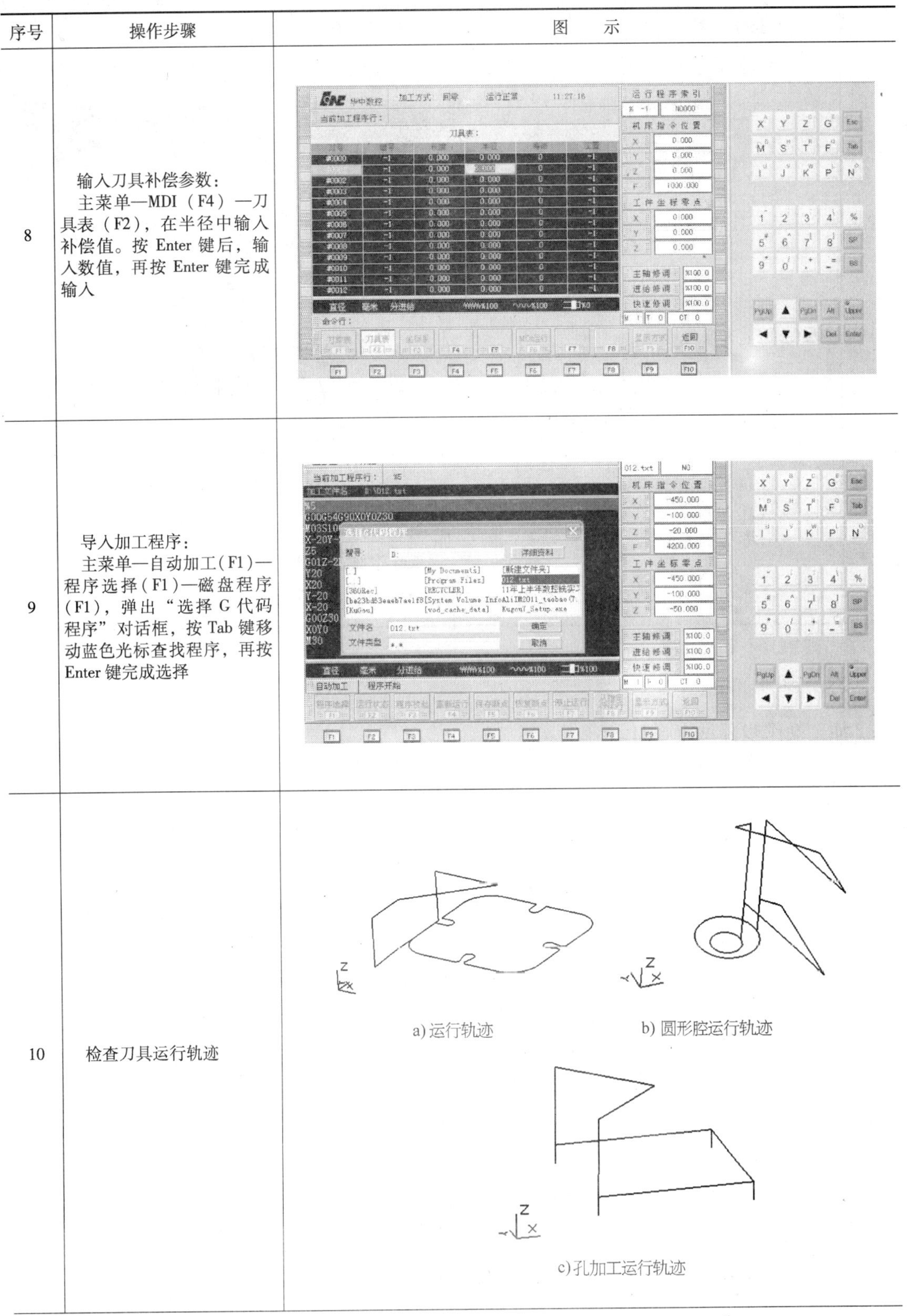

序号	操作步骤	图示
8	输入刀具补偿参数： 主菜单—MDI（F4）—刀具表（F2），在半径中输入补偿值。按 Enter 键后，输入数值，再按 Enter 键完成输入	
9	导入加工程序： 主菜单—自动加工（F1）—程序选择（F1）—磁盘程序（F1），弹出“选择 G 代码程序”对话框，按 Tab 键移动蓝色光标查找程序，再按 Enter 键完成选择	
10	检查刀具运行轨迹	a) 运行轨迹 b) 圆形腔运行轨迹 c) 孔加工运行轨迹

（续）

序号	操作步骤	图示
11	运行程序，完成加工	 a) 外轮廓加工效果图  b) 圆形腔加工效果图  c) 孔加工及整体效果图

六、加工

加工操作步骤见表 6-11。

表 6-11 加工操作步骤

序号	操作步骤
1	接通电源，旋起急停按钮，系统复位
2	返回参考点
3	使用百分表找正机用平口钳
4	装夹工件、对刀
5	输入零件原点参数 G54 ~ G59（主菜单—设置（F5）—坐标系设定（F5））
6	输入刀具补偿参数（主菜单—刀具补偿（F4）—刀补表（F4））
7	输入、编辑加工程序
8	程序校验（主菜单—程序（F1）—程序校验（F5））
9	自动加工（粗加工，加工余量单边 0.5mm 左右）
10	自动加工（精加工，通过减少刀补值的方法控制零件的加工精度），测量零件，合格后卸下加工零件
11	清理机床
12	将工作台移至机床中间位置，按下急停按钮，断开机床电源

任务评价

零件加工结束后，把检测结果填入评分表，见表6-12。

表6-12　矩形槽板加工评分表

<table>
<tr><td>班级</td><td></td><td>姓名</td><td></td><td>学号</td><td></td><td>日期</td><td></td></tr>
<tr><td colspan="2">任务名称</td><td colspan="6"></td></tr>
<tr><td rowspan="8">基本检测</td><td rowspan="4">编程</td><td>序号</td><td colspan="2">检测项目</td><td>配分</td><td>扣分</td><td>得分</td></tr>
<tr><td>1</td><td colspan="2">切削加工工艺制订正确</td><td>3</td><td></td><td></td></tr>
<tr><td>2</td><td colspan="2">切削用量选择合理</td><td>4</td><td></td><td></td></tr>
<tr><td>3</td><td colspan="2">程序正确、简单、明确、规范</td><td>4</td><td></td><td></td></tr>
<tr><td rowspan="4">操作</td><td>4</td><td colspan="2">设备操作、维护保养正确</td><td>3</td><td></td><td></td></tr>
<tr><td>5</td><td colspan="2">安全、文明生产</td><td>10</td><td></td><td></td></tr>
<tr><td>6</td><td colspan="2">刀具选择、安装正确、规范</td><td>3</td><td></td><td></td></tr>
<tr><td>7</td><td colspan="2">工件找正、装夹正确、规范</td><td>3</td><td></td><td></td></tr>
<tr><td colspan="5">基本检测结果小计</td><td>30</td><td></td><td></td></tr>
<tr><td rowspan="13">尺寸检测</td><td>序号</td><td colspan="2">考核内容</td><td>评分标准</td><td>配分</td><td>扣分</td><td>得分</td></tr>
<tr><td>1</td><td colspan="2">外形（外轮廓）</td><td rowspan="12">1. 外形：形状正确，尺寸误差不超过2mm即得分
2. 尺寸：每个尺寸超出0.01mm扣2分，每个尺寸最多扣完自身分值
3. Ra值：降一级扣3分，降二级不得分</td><td>5</td><td></td><td></td></tr>
<tr><td>2</td><td colspan="2">尺寸 $52.5_{-0.06}^{0}$mm（两处）</td><td>8</td><td></td><td></td></tr>
<tr><td>3</td><td colspan="2">外形（ϕ20mm圆形腔）</td><td>5</td><td></td><td></td></tr>
<tr><td>4</td><td colspan="2">尺寸 $\phi20_{0}^{+0.06}$mm</td><td>7</td><td></td><td></td></tr>
<tr><td>5</td><td colspan="2">外形（ϕ15mm圆形腔）</td><td>5</td><td></td><td></td></tr>
<tr><td>6</td><td colspan="2">尺寸 $\phi15_{-0.06}^{0}$mm</td><td>7</td><td></td><td></td></tr>
<tr><td>7</td><td colspan="2">外形（4×ϕ8mm孔）</td><td>5</td><td></td><td></td></tr>
<tr><td>8</td><td colspan="2">尺寸4×ϕ8mm</td><td>8</td><td></td><td></td></tr>
<tr><td>9</td><td colspan="2">孔距（两处）</td><td>6</td><td></td><td></td></tr>
<tr><td>10</td><td colspan="2">深度尺寸1mm（两处）</td><td>5</td><td></td><td></td></tr>
<tr><td>11</td><td colspan="2">深度尺寸2mm（两处）</td><td>5</td><td></td><td></td></tr>
<tr><td>12</td><td colspan="2">表面粗糙度</td><td>4</td><td></td><td></td></tr>
<tr><td colspan="5">尺寸检测结果小计</td><td>70</td><td></td><td></td></tr>
<tr><td colspan="5">合　计</td><td>100</td><td></td><td></td></tr>
</table>

任务反馈

1）工件应尽量安装在钳口的中间部位，以免钳口受力不均。

2）平行垫铁要尽量垫在主要承受切削力的地方。

3）在满足外轮廓加工需要的前提下，工件应再高出钳口3mm以上，避免刀具损坏钳口。

任务总结

学到的知识点	1. 2. 3. 4.
还需要进一步提高的操作练习（知识点）	1. 2. 3. 4.
存在疑问或不懂的知识点	1. 2. 3. 4.
应注意的问题	1. 2. 3. 4.
其他	1. 2. 3. 4.

任务三　矩形槽板（二）加工

知识目标

1. 了解数控加工技术的发展趋势。
2. 了解刀具常用的下刀方式。

技能目标

1. 掌握矩形槽板编程的方法。
2. 掌握方形直线内轮廓下刀方法及加工方法。
3. 掌握孔加工循环、G68 旋转指令、倒角和倒圆角指令的运用。

任务描述

矩形槽板如图 6-25 所示。毛坯外形尺寸为 60mm × 60mm × 20mm，材料为硬铝。分析加工工艺，编写加工程序。

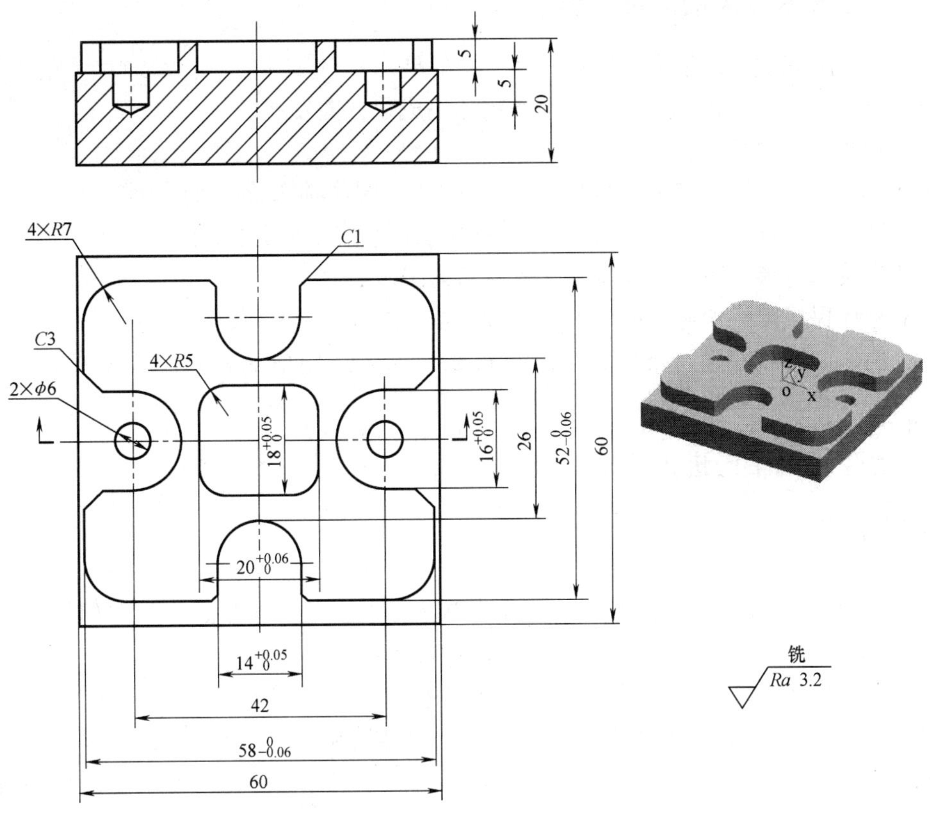

图 6-25　矩形槽板（二）

任务分析

本任务主要是训练学生掌握数控铣削加工中槽板类工件的编程技巧和加工方法。加工 4×*R*5mm 圆角可使用 R 倒圆角功能，*C*1、*C*3 倒角可使用 C 倒斜角功能简化编程。

知识准备

一、本任务编程相关指令

G0 X_ Y_ Z_

G1 X_ Y_ C_(直角边长度)F_

G1 X_ Y_ R_(倒圆半径)F_

G2/G3 X_ Y_ Z_(圆弧终点坐标)R_(圆弧半径)

或 G2/G3 X_ Y_ Z_(圆弧终点坐标)I_ J_ K_(圆心相对于圆弧起点的偏移值)

G99 G82 X_ Y_(孔位坐标)Z_(孔深)R_(安全高度 3～5mm)P_(暂停时间)

G99 G83 X_ Y_(孔位坐标)Z_(孔深)R_(安全高度 3～5mm)Q_(每次吃刀量)K_(距上次加工面的安全高度 1～2mm)P_(暂停时间)。

二、数控技术发展的总体趋势

1）向高速、高效、高精度、高可靠性方向发展。

2）向模块化、智能化、柔性化、网络化和集成化方向发展。

3）向开放性方向发展。

4）出现新一代数控加工工艺与装备，机械加工向虚拟制造的方向发展。

5）信息技术（IT）与机床结合，机电一体化先进机床将得到发展。

6）纳米技术将形成新发展潮流，并将有新的突破。

7）节能环保机床将加速发展，占领广大市场。

8）智能化、开放性、网络化和信息化将成为未来数控系统和数控机床发展的主要趋势。

三、型腔铣削轴向进刀方式

1. 垂直进刀

垂直进刀要在进给方向上换刀，因此，在加工表面会产生接刀痕迹。一般情况下很少使用，使用垂直进刀不容易排屑，容易产生大量的切削热，使刀具和工件的变形量较大。

2. 啄钻进刀

在工件的两个切削层之间钻削切入，层间深度与刀片尺寸有关，一般为 0.5 ~ 1.5mm，如图 6-26 所示。这种方法从实体上加工孔类零件，即从实体上直接切入工件时，由于不能有较高的背吃刀量，其加工效率会比较低，刀具发生损坏的几率也比较大（没有中心切削铣刀的情况下）。

3. 螺旋进刀

刀具从工件上表面开始，采用连续的加工方式，可以比较容易地保证加工精度，而且没有速度突变，可以采用较高的速度加工。同时要求设置合适的刀具进给、背吃刀量等切削参数，这样才能符合高速加工要求。螺旋进刀对铣刀轴向载荷的减少最大，所以在加工对轴向载荷敏感的零件时，还是以螺旋进刀为好。

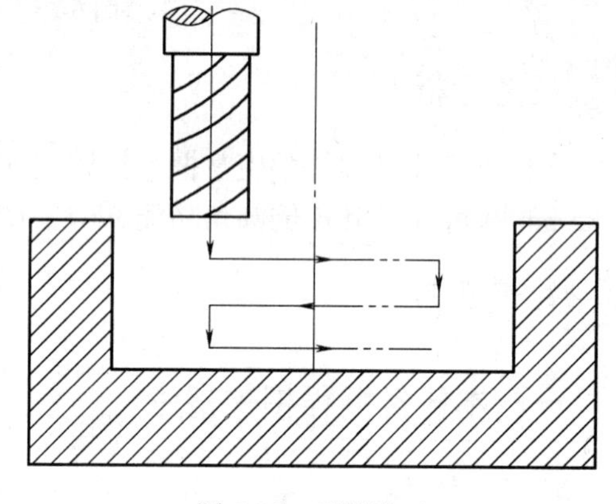

图 6-26 啄钻进刀

4. 斜向进刀

斜向进刀是使刀具与工件保持一定的斜角进刀，直接铣削到一定的深度，然后在平面内进行来回铣削，采用侧刃加工，加工时需要设定刀具切入加工面的角度。

任务实施

一、确定加工工艺

1. 确定工艺路线

1）铣削平面，可选用 ϕ55mm 可转位面铣刀。

2）粗加工外轮廓，选用 ϕ12mm 三面刃铣刀。

3）精加工外轮廓，选用 ϕ12mm 三面刃铣刀。

4）粗加工内型腔，选用 ϕ10mm 键槽铣刀。

5）精加工内型腔，选用 ϕ10mm 键槽铣刀。

6）加工 2 × ϕ6mm 孔，选用 ϕ6mm 直柄麻花钻。

2. 夹具选用与工件装夹

由于零件形状比较规则，通常选用机用平口钳装夹，装夹工件时用机用平口钳装夹毛坯的两侧面，在工件下表面与机用平口钳之间放入精度较高的平行垫铁，垫铁的厚度与宽度要适当，应保证工件在本次定位装夹中所有需要完成的待加工面充分暴露在外，以方便加工。最后用塑胶锤子敲击工件，使垫铁不能移动后夹紧工件。

3. 工具、量具、刀具清单（表 6-13）

表 6-13 工具、量具、刀具清单

种类	序号	名称	规格	精度	单位	数量
工具	1	机用平口钳			个	1
	2	机用平口钳扳手			个	1
	3	平行垫铁			块	2
	4	塑胶锤子			个	1
	5	Z 轴设定器	50mm	0.01mm	个	1
	6	寻边器	机械式（ϕ10mm）		个	1
	7	刀柄	ER32、ER25		个	各 1
	8	筒夹	ϕ12mm、ϕ10mm、ϕ6mm		个	各 1
量具	1	游标卡尺	0 ~ 150mm	0.02mm	把	1
	2	外径千分尺	50 ~ 75mm	0.01mm	把	1
	3	内径千分尺	0 ~ 25mm	0.01mm	把	1
	4	光滑塞规	ϕ6mm		个	1
刀具	1	可转位面铣刀	ϕ55mm		把	1
	2	三面刃铣刀	ϕ12mm		把	1
	3	键槽铣刀	ϕ10mm		把	1
	4	直柄麻花钻	ϕ6mm		把	1

4. 切削用量的选择（表 6-14）

表 6-14 切削用量的选择

加工步骤		刀具与切削参数				
序号	加工内容	刀具规格		主轴转速 n /(r/min)	进给速度 v_f /(mm/min)	刀具半径补偿/mm
		类型	材料			
1	粗加工上表面	ϕ55mm 可转位面铣刀	硬质合金	1200	80 ~ 100	无
2	精加工上表面			1600	100 ~ 120	无

（续）

加工步骤		刀具与切削参数				
序号	加工内容	刀具规格		主轴转速 n /(r/min)	进给速度 v_f /(mm/min)	刀具半径补偿/mm
		类型	材料			
3	粗加工外轮廓	ϕ12mm 三面刃铣刀	高速钢	800 ~ 1000	60 ~ 80	8.5
4	精加工外轮廓	ϕ12mm 三面刃铣刀		1000 ~ 1400	100 ~ 150	计算
5	粗加工圆形腔	ϕ10mm 键槽铣刀		1000 ~ 1200	80 ~ 120	5.5
6	精加工圆形腔	ϕ10mm 键槽铣刀		1600 ~ 1800	100 ~ 150	计算
7	粗加工 U 形腔	ϕ10mm 键槽铣刀		1000 ~ 1200	80 ~ 120	5.5
8	精加工 U 形腔	ϕ10mm 键槽铣刀		1600 ~ 1800	100 ~ 150	计算
9	加工 2 × ϕ6mm 孔	ϕ6mm 直柄麻花钻		1200 ~ 1400	80 ~ 100	无

二、设定工件坐标系

工件坐标系的原点设置在工件上表面的中心位置，将 X、Y、Z 轴的零点偏置值输入到工件坐标系 G54 中。

三、编制数控加工程序（表 6-15）

表 6-15 数控加工程序（华中 HNC-21M 系统）

程序		说明
O0001		文件名（粗精加工外轮廓）
%0001		程序名
N1	G90 G0 G54 X0 Y0 Z20	绝对坐标编程，建立工件坐标系，快速定位到（0，0，20）处
N2	M3 S1000 F200	主轴正转，转速为 1000r/min，进给速度为 200mm/min
N3	X－50 Y－50 M8	X、Y 轴快速定位，切削液开
N4	Z－5	Z 轴快速进刀
N5	G1 G41 X－29 Y－26 D01	X、Y 轴切削进给，并引入刀具 1 号半径补偿值
N6	Y－8 C3	Y 轴切削进给，倒斜角
N7	X－21	X 轴切削进给
N8	G3 Y8 R8	R8mm 圆弧铣削加工
N9	G1 X－29 C3	X 轴切削进给，倒斜角
N10	Y26 R7	Y 轴切削进给，倒圆角
N11	X－7 C1	X 轴切削进给，倒斜角
N12	Y20	Y 轴切削进给
N13	G3 X7 R7	R7mm 圆弧铣削加工
N14	G1 Y26 C1	Y 轴切削进给，倒斜角
N15	G1 X29 R7	X 轴切削进给，倒圆角
N16	Y8 C3	Y 轴切削进给，倒斜角
N17	X21	X 轴切削进给

（续）

程序		说明
N18	G3 Y－8 R8	*R*8mm 圆弧铣削加工
N19	G1 X29 C3	*X* 轴切削进给，倒斜角
N20	Y－26 R7	*Y* 轴切削进给，倒圆角
N21	X7 C1	*X* 轴切削进给，倒斜角
N22	Y－20	*Y* 轴切削进给
N23	G3 X－7 R7	R7mm 圆弧铣削加工
N24	G1 Y－26 C1	*Y* 轴切削进给，倒斜角
N25	X－29 R7	*X* 轴切削进给，倒圆角
N26	Y0	*Y* 轴切削进给
N27	G0 Z20	*Z* 轴快速退刀
N28	G40 X0 Y0	*X*、*Y* 轴快速退刀，取消刀具半径补偿
N29	M30	程序结束回起始位置，机床复位（切削液关，主轴停止）
O0002		文件名（粗精加工内型腔）
%0002		程序名
N1	G90 G0 G54 X0 Y0 Z20	绝对坐标编程，建立工件坐标系，快速定位到（0，0，20）处
N2	M3 S1000	主轴正转，转速为 1000r/min
N3	G0 X20 Y9 M8	*X*、*Y* 轴快速定位，切削液开
N4	G41 X0 D01	*X* 轴快速定位，并引入刀具 1 号半径补偿值
N5	Z2	*Z* 轴快速定位
N6	G1 Z－5 F100	*Z* 轴切削进刀，进给速度为 100mm/min
N7	X－10 F200	*X* 轴切削进给，进给速度为 200mm/min
N8	Y－9	*Y* 轴切削进给
N9	X10	*X* 轴切削进给
N10	Y9	*Y* 轴切削进给
N11	X0	*X* 轴切削进给
N12	G0 Z20	*Z* 轴快速退刀
N13	G40 X0 Y0	*X*、*Y* 轴快速退刀，取消刀具半径补偿
N14	M30	程序结束回起始位置，机床复位（切削液关，主轴停止）
O0003		文件名（加工 2×ϕ6mm 孔）
%0003		程序名
N1	G90 G54 G0 X0 Y0 Z20	绝对坐标编程，建立工件坐标系，快速定位到（0，0，20）处
N2	M3 S1000 F200	主轴正转，转速为 1000r/min，进给速度为 200mm/min
N3	G99 G82 X21 Y0 Z－10 R2 P3 M8	孔加工，切削液开
	或	
	G99 G83 X22 Y0 Z－6 R2 Q－3 K1 M8	深孔加工，切削液开
N4	X－21	孔位坐标

（续）

程 序		说 明
N5	G0 Z20	取消固定循环，*Z* 轴快速退刀
N6	X0 Y0	*X*、*Y* 轴快速退刀
N7	M30	程序结束回起始位置，机床复位（切削液关，主轴停止）

四、实体造型

1）按 F5 键，选择“XOY 平面”作为视图平面和作图平面。在特征树中，单击“平面 XY”，再单击“绘制草图”按钮，创建草图。

2）单击“矩形”按钮，选择“中心 长 宽”方式，设定长和宽为60mm，选择坐标原点作为矩形的中心点。

3）单击“拉伸增料”按钮，选择“固定深度”方式，设定深度为 15mm，单击“确定”按钮，如图 6-27 所示。

4）在零件上表面单击“绘制草图”按钮，创建草图。单击“矩形”按钮，选择“中心 长 宽”方式，输入长和宽的值为 58mm，选择坐标原点作为矩形的中心点，如图 6-28 所示。

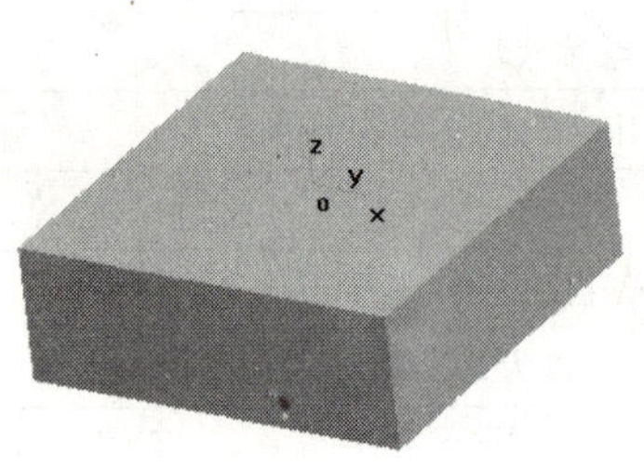

图 6-27 拉伸增料绘制槽板底座

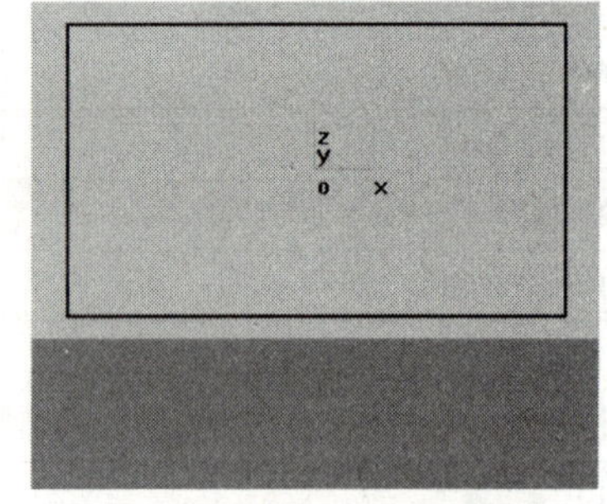

图 6-28 草图确定外轮廓凸台中心

5）单击“矩形”、“整圆”、和等按钮，绘制草图，如图 6-29 所示。

6）单击“拉伸增料”按钮，选择“固定深度”方式，设定深度值为 5mm，单击“确定”按钮，如图 6-30 所示。

7）选择已生成实体的上表面，单击“绘制草图”按钮，激活后表面作为草图平面。单击“矩形”按钮，选择“中心 长 宽”方式，设定长和宽为 18mm，选择坐标原点作为矩形的中心点，如图 6-31 所示。

8）单击“曲线过渡”按钮，选择“圆弧过渡”方式，设定过渡半径为 *R*5mm，对 4 个 *R*5mm 的圆角进行过渡。删除多余的线，如图 6-32 所示。

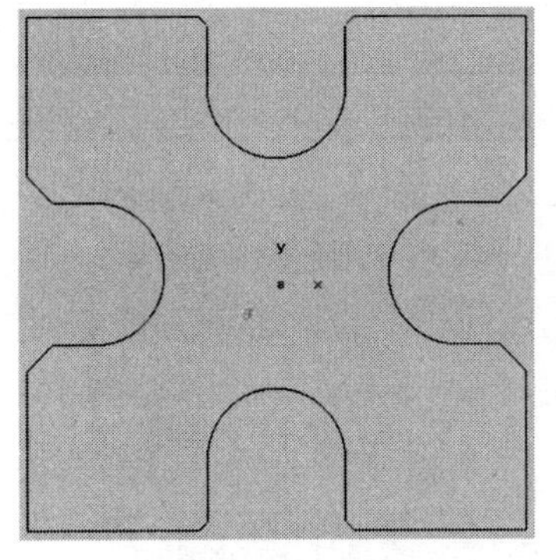

图 6-29　完成外轮廓凸台轮廓线

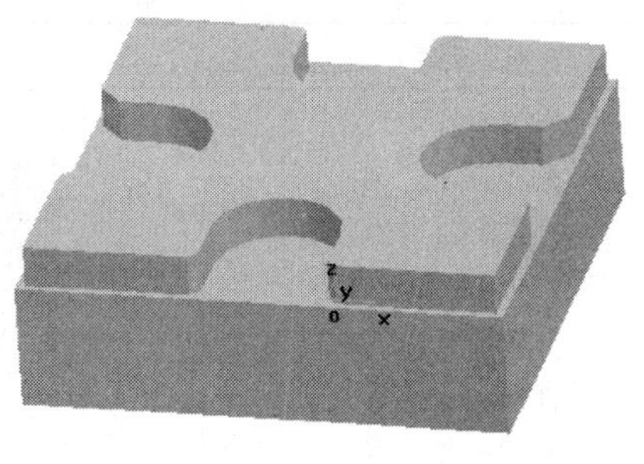

图 6-30　拉伸增料生成凸台

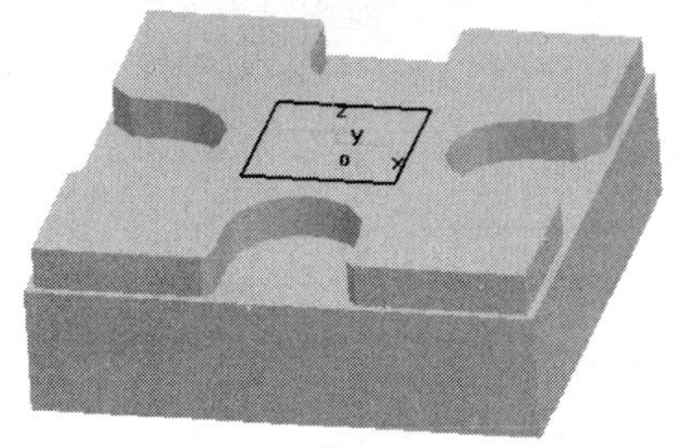

图 6-31　绘制矩形腔草图

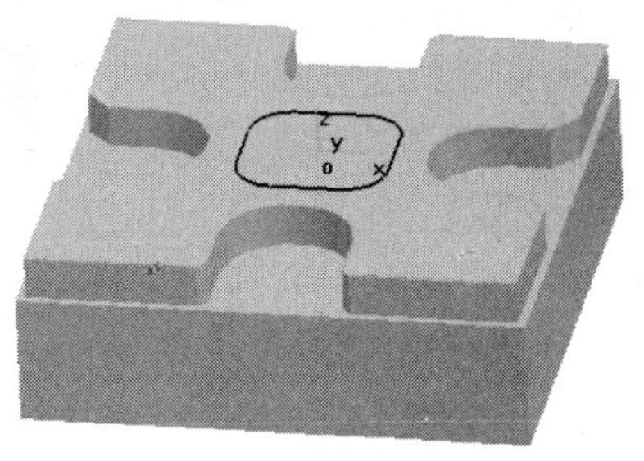

图 6-32　矩形腔四边进行圆弧过渡

9）单击“拉伸除料”按钮，选择“固定深度”方式，设定深度为 5mm，单击“确定”按钮，如图 6-33 所示。

10）单击“打孔”按钮和“线性阵列”按钮，作 2 × ϕ6mm 孔，如图 6-34 所示。

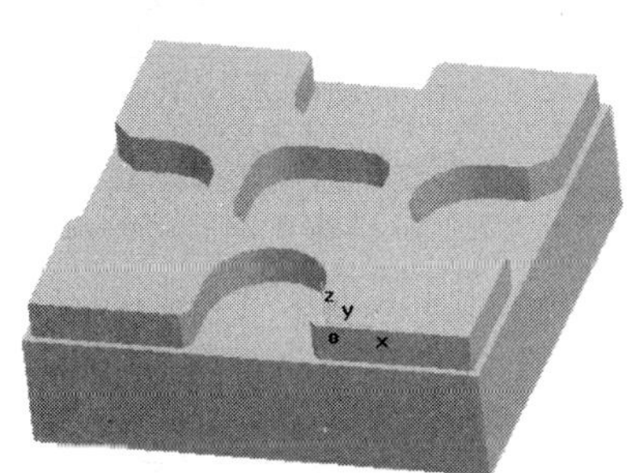

图 6-33　拉伸除料生成内型腔

图 6-34　绘制两个固定孔

五、仿真加工

采用数控仿真软件仿真加工，检查加工程序，具体操作步骤见表 6-16。

表 6-16　仿真加工操作步骤

序号	操作步骤	图　示
1	输入加工程序，以“. txt”格式存入计算机	

（续）

<table>
<tr><th>序号</th><th>操作步骤</th><th>图 示</th></tr>
<tr><td>2</td><td>进入仿真系统：
单击“开始”/“程序”/“数控加工仿真系统”/“加密锁管理程序”，屏幕右下方工具栏中出现加密锁的图标，加密锁启动成功
单击“开始”/“程序”/“数控加工仿真系统”，弹出“用户登录”界面。单击“快速登录”按钮，进入数控加工仿真系统</td><td>
</td></tr>
<tr><td>3</td><td>选择机床：
选择“机床”/“选择机床”菜单项，在“选择机床”对话框中，“控制系统”选择“华中数控”，“机床类型”选择“铣床”，单击“确定”按钮，完成操作</td><td>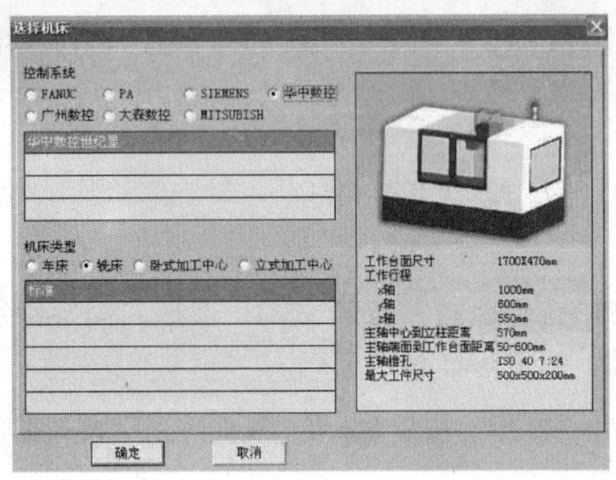
</td></tr>
<tr><td>4</td><td>解除急停，机床回零</td><td></td></tr>
<tr><td>5</td><td>装夹零件：
1. 定义毛坯：选择“零件”/“定义毛坯”菜单，在弹出的“定义毛坯”对话框中，零件“材料”选择“ZL412 铝”，“形状”选择“长方形”，设置毛坯长宽高尺寸，单击“确定”按钮
2. 安装夹具：选择“零件”/“安装夹具”菜单，在“选择夹具”对话框中，“选择零件”选取“毛坯 1”，“选择夹具”选取“平口钳”，单击“确定”按钮</td><td>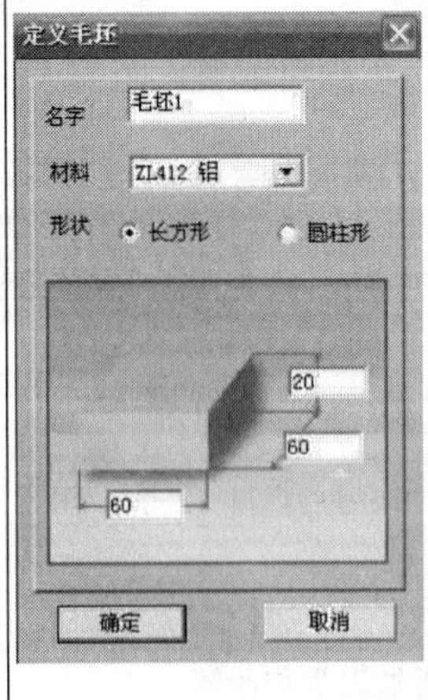

a)
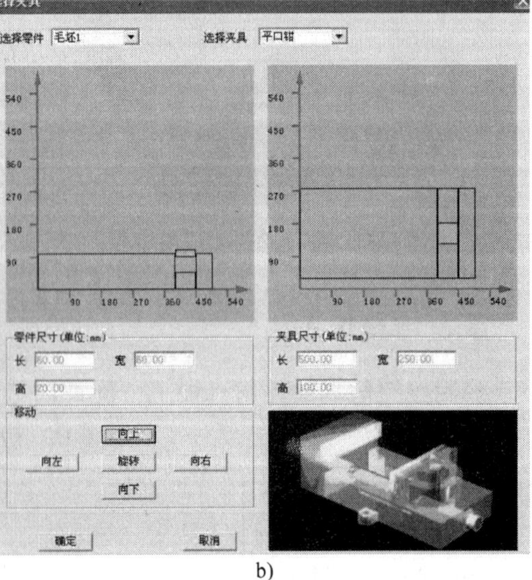

b)</td></tr>
</table>

（续）

序号	操作步骤	图　　示
5	3. 放置零件：选择“零件”/“放置零件”菜单项，在弹出的“选择零件”对话框中，选择名称为“毛坯1”的零件，并单击“安装零件”按钮	c)
6	对刀、安装刀具： *XY* 轴对刀，使用基准工具。选择“机床”/“基准工具”菜单，如图 a 所示，左边是刚性靠棒工具，右边是寻边器。*Z* 轴对刀，使用实际加工时所要使用的刀具。安装刀具：选择“机床”/“选择刀具”菜单项，选择所需刀具直径、刀具类型，在可选刀具中选择所需刀具，单击“确认”按钮	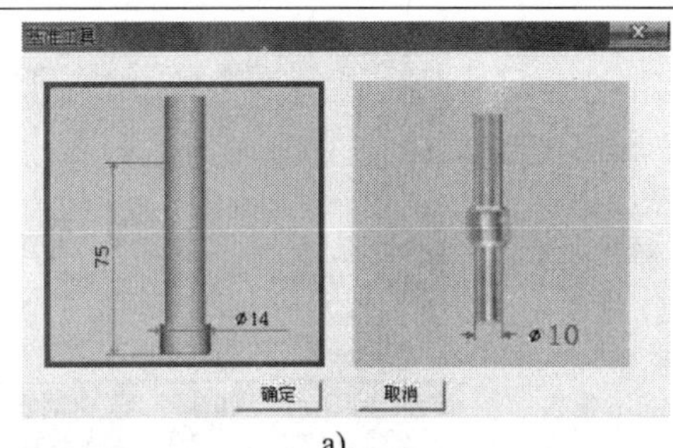 a) 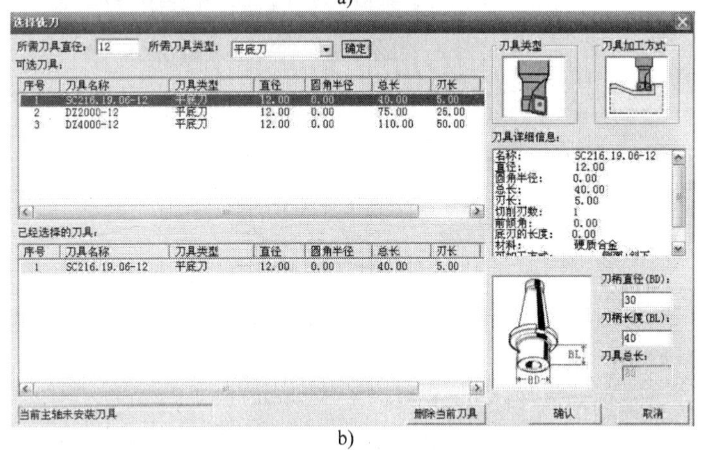 b)
7	输入零件原点参数 G54： 主菜单—MDI（F4）—坐标系（F3），用键盘输入通过对刀得到的工件坐标原点，按 Enter 键，将参数输入到指定区域	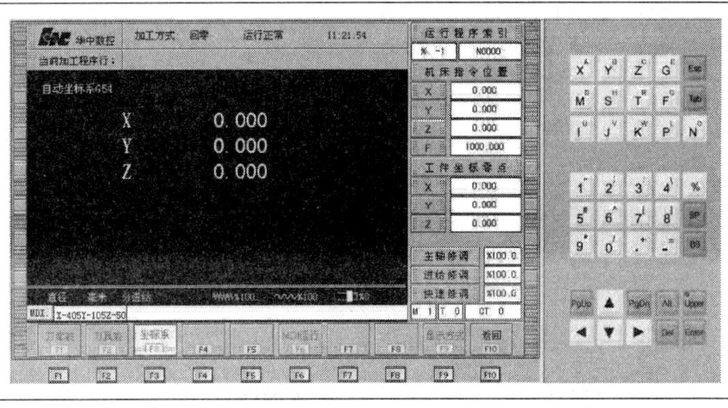

（续）

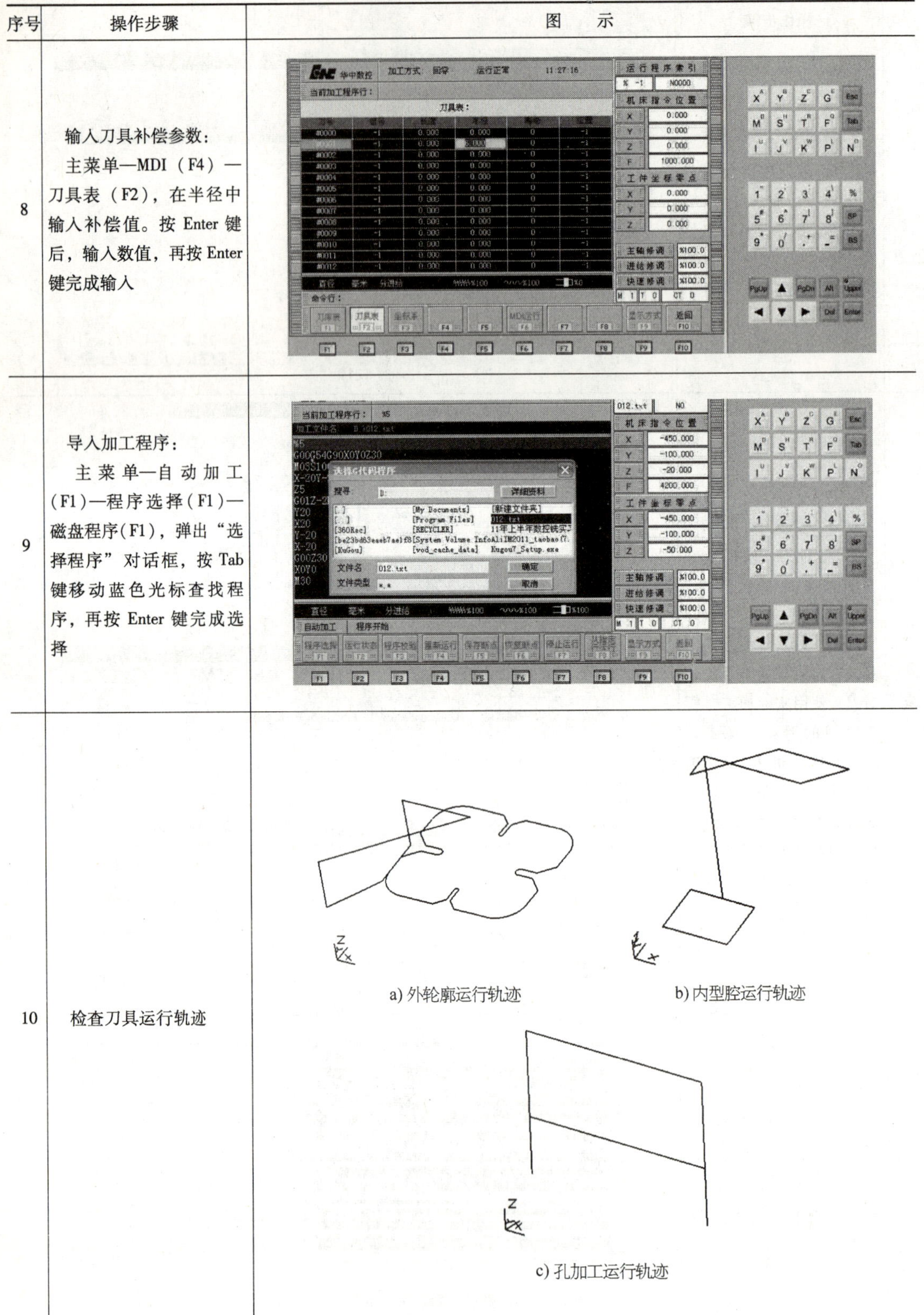

序号	操作步骤	图示
8	输入刀具补偿参数： 主菜单—MDI（F4）—刀具表（F2），在半径中输入补偿值。按 Enter 键后，输入数值，再按 Enter 键完成输入	
9	导入加工程序： 主菜单—自动加工（F1）—程序选择（F1）—磁盘程序（F1），弹出“选择程序”对话框，按 Tab 键移动蓝色光标查找程序，再按 Enter 键完成选择	
10	检查刀具运行轨迹	a) 外轮廓运行轨迹 b) 内型腔运行轨迹 c) 孔加工运行轨迹

（续）

序号	操作步骤	图示
11	运行程序，完成加工	 a) 外轮廓加工效果图 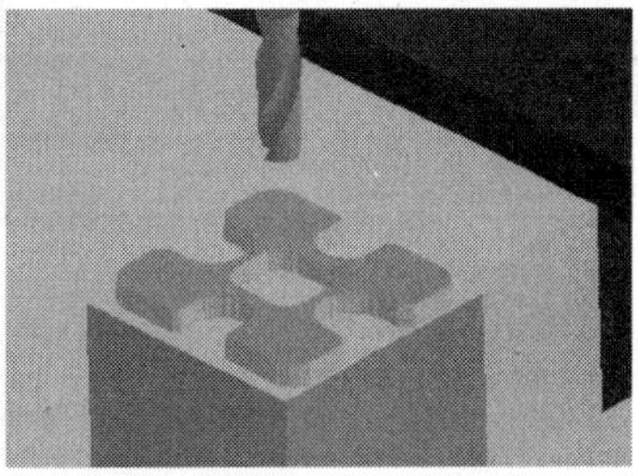 b) 内型腔加工效果图 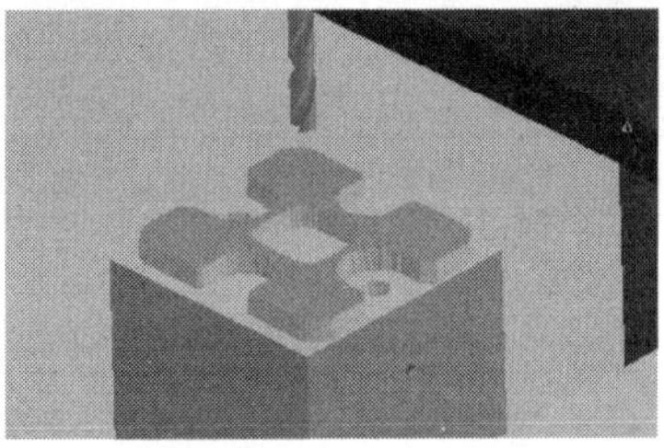 c) 孔加工及整体效果图

六、加工

加工操作步骤见表6-17。

表6-17 加工操作步骤

序号	操作步骤
1	接通电源，旋起急停按钮，系统复位
2	返回参考点
3	使用百分表找正机用平口钳
4	装夹工件、对刀
5	输入零件原点参数G54～G59（主菜单—设置（F5）—坐标系设定（F5））
6	输入刀具补偿参数（主菜单—刀具补偿（F4）—刀补表（F4））
7	输入、编辑加工程序
8	程序校验（主菜单—程序（F1）—程序校验（F5））
9	自动加工（粗加工，加工余量单边0.5mm左右）
10	自动加工（精加工，通过减少刀补值的方法控制零件的加工精度），测量零件，合格后卸下加工零件
11	清理机床
12	将工作台移至机床中间位置，按下急停按钮，断开机床电源

任务评价

零件加工结束后，把检测结果填入评分表，见表6-18。

表6-18 矩形槽板加工评分表

<table>
<tr><td>班级</td><td colspan="2"></td><td>姓名</td><td>学号</td><td>日期</td><td colspan="2"></td></tr>
<tr><td colspan="3">任务名称</td><td colspan="5"></td></tr>
<tr><td rowspan="8">基本检测</td><td rowspan="4">编程</td><td>序号</td><td colspan="2">检　测　项　目</td><td>配分</td><td>扣分</td><td>得分</td></tr>
<tr><td>1</td><td colspan="2">切削加工工艺制订正确</td><td>3</td><td></td><td></td></tr>
<tr><td>2</td><td colspan="2">切削用量选择合理</td><td>4</td><td></td><td></td></tr>
<tr><td>3</td><td colspan="2">程序正确、简单、明确、规范</td><td>4</td><td></td><td></td></tr>
<tr><td rowspan="4">操作</td><td>4</td><td colspan="2">设备操作、维护保养正确</td><td>3</td><td></td><td></td></tr>
<tr><td>5</td><td colspan="2">安全、文明生产</td><td>10</td><td></td><td></td></tr>
<tr><td>6</td><td colspan="2">刀具选择、安装正确、规范</td><td>3</td><td></td><td></td></tr>
<tr><td>7</td><td colspan="2">工件找正、装夹正确、规范</td><td>3</td><td></td><td></td></tr>
<tr><td colspan="5">基本检测结果小计</td><td>30</td><td></td><td></td></tr>
<tr><td rowspan="16">尺寸检测</td><td>序号</td><td colspan="2">考核内容</td><td>评分标准</td><td>配分</td><td>扣分</td><td>得分</td></tr>
<tr><td>1</td><td colspan="2">外形（外轮廓）</td><td rowspan="15">1. 外形：形状正确，尺寸误差不超过2mm即得分
2. 尺寸：每个尺寸超出0.01mm扣3分，每个尺寸最多扣完自身分值
3. Ra值：降一级扣3分，降二级不得分</td><td>3</td><td></td><td></td></tr>
<tr><td>2</td><td colspan="2">尺寸$58_{-0.06}^{0}$mm</td><td>6</td><td></td><td></td></tr>
<tr><td>3</td><td colspan="2">尺寸$52_{-0.06}^{0}$mm</td><td>6</td><td></td><td></td></tr>
<tr><td>4</td><td colspan="2">尺寸$14_{0}^{+0.05}$mm</td><td>7</td><td></td><td></td></tr>
<tr><td>5</td><td colspan="2">尺寸$16_{0}^{+0.05}$mm</td><td>7</td><td></td><td></td></tr>
<tr><td>6</td><td colspan="2">自由公差1处26mm</td><td>2</td><td></td><td></td></tr>
<tr><td>7</td><td colspan="2">外形（内轮廓）</td><td>3</td><td></td><td></td></tr>
<tr><td>8</td><td colspan="2">尺寸$20_{0}^{+0.06}$mm</td><td>7</td><td></td><td></td></tr>
<tr><td>9</td><td colspan="2">尺寸$18_{0}^{+0.05}$mm</td><td>7</td><td></td><td></td></tr>
<tr><td>10</td><td colspan="2">外形（孔）</td><td>3</td><td></td><td></td></tr>
<tr><td>11</td><td colspan="2">2×ϕ6mm孔</td><td>6</td><td></td><td></td></tr>
<tr><td>12</td><td colspan="2">孔距42mm</td><td>3</td><td></td><td></td></tr>
<tr><td>13</td><td colspan="2">深度尺寸10mm</td><td>4</td><td></td><td></td></tr>
<tr><td>14</td><td colspan="2">深度尺寸5mm（两处）</td><td>2</td><td></td><td></td></tr>
<tr><td>15</td><td colspan="2">表面粗糙度</td><td>4</td><td></td><td></td></tr>
<tr><td colspan="5">尺寸检测结果小计</td><td>70</td><td></td><td></td></tr>
<tr><td colspan="5">合计</td><td>100</td><td></td><td></td></tr>
</table>

任务反馈

1）注意刀具几种下刀方式的使用场合。

2）加工中，注意切削用量三要素的调整，以提高加工质量和效率。

任务总结

学到的知识点	1. 2. 3. 4.
还需要进一步提高的操作练习（知识点）	1. 2. 3. 4.
存在疑问或不懂的知识点	1. 2. 3. 4.
应注意的问题	1. 2. 3. 4.
其他	1. 2. 3. 4.

项目七 端 盖 加 工

任务一 花形端盖加工

知识目标

1. 掌握数控铣削端盖零件的编程方法。
2. 了解加工中影响切削用量的因素。

技能目标

1. 端盖类零件的加工方法。
2. 掌握外轮廓、型腔及孔的加工工艺。
3. 短时间内完成零件的加工，并能达到图样的各项技术要求。

任务描述

花形端盖如图 7-1 所示，毛坯外形尺寸为 60mm×60mm×30mm，材料为硬铝。分析加工工艺，编写加工程序。

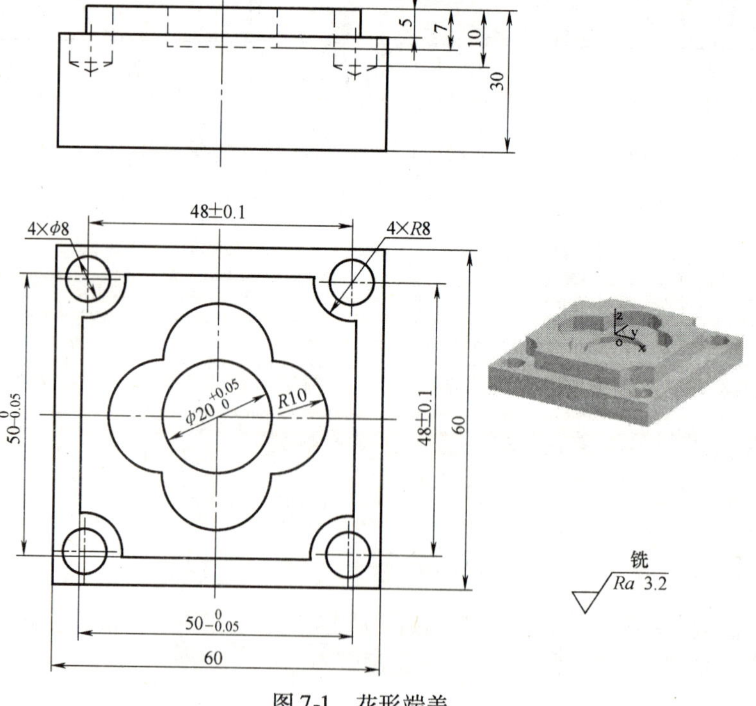

图 7-1 花形端盖

任务分析

本任务主要是训练学生掌握数控铣削加工端盖类零件的编程技巧和加工方法。

知识准备

一、机床夹具的选用

在机械加工中，在不同的生产条件下使用的机床夹具都有不同的侧重点。在设计夹具时，应该综合考虑加工的技术要求、生产成本和工人操作等方面的要求，以达到预期的效果。因此，选用机床夹具时要注意以下几个方面：

1）保证加工精度。用夹具装夹工件时，能稳定地保证加工精度，并减少对其他生产条件的依赖性，故在精密加工中会广泛地使用夹具，并且使用夹具还是全面质量管理的一个重要环节。

2）提高劳动生产率。使用夹具后，能使工件迅速地定位和夹紧，并能够显著地缩短辅助时间，提高劳动生产率。

3）改善工人劳动条件。用夹具装夹工件方便、省力、安全，当采用气动、液压等夹紧装置时，可减轻工人的劳动强度，保证安全生产。

4）降低成本。

二、影响切削用量的因素

确定切削用量时应根据加工性质、加工要求，工件材料，刀具的尺寸和材料性能等方面的具体要求，通过查阅切削手册，并结合经验加以确定。确定切削用量时除了遵循一般的原则和方法外，还应考虑以下因素的影响：

1. 刀具差异的影响

不同的刀具厂家生产的刀具质量差异很大，所以切削用量需根据实际刀具和现场经验加以修正。

2. 机床特性的影响

切削性能受数控机床的功率和机床的刚性限制，必须在机床说明书规定的范围内选择，避免因机床功率不够发生闷车现象，或因刚性不足产生大的机床振动，影响零件的加工质量、精度和表面质量。

3. 数控机床生产率的影响

数控机床的工时费用较高，相对而言，刀具的损耗成本所占的比重较低，应尽量采用大的切削用量，通过适当降低刀具寿命来提高数控机床的生产率。

任务实施

一、确定加工工艺

1. 确定工艺路线

1）铣削平面，可选用 ϕ55mm 可转位面铣刀。

2）粗加工外轮廓，选用 ϕ14m 三面刃铣刀。

3）精加工外轮廓，选用 ϕ14m 三面刃铣刀。

4）粗加工内型腔，选用 ϕ10mm 键槽铣刀。

5）精加工内型腔，选用 ϕ10mm 键槽铣刀。

6）粗加工圆形腔，选用 ϕ10mm 键槽铣刀。

7）精加工圆形腔，选用 ϕ10mm 键槽铣刀。

8）加工 4×ϕ8mm 孔，选用 ϕ8mm 直柄麻花钻。

2. 夹具选用与工件装夹

由于零件形状比较规则，通常选用机用平口钳装夹。装夹工件时用机用平口钳装夹毛坯的两侧面，在工件下表面与机用平口钳之间放入精度较高的平行垫铁，垫铁的厚度与宽度要适当，应保证工件在本次定位装夹中所有需要完成的待加工面充分暴露在外，以方便加工。最后用塑胶锤子敲击工件，使垫铁不能移动后夹紧工件。

3. 工具、量具、刀具清单（表 7-1）

表 7-1 工具、量具、刀具清单

种类	序号	名称	规格	精度	单位	数量
工具	1	机用平口钳			个	1
	2	机用平口钳扳手			个	1
	3	平行垫铁			块	2
	4	塑胶锤子			个	1
	5	*Z* 轴设定器	50mm	0.01mm	个	1
	6	寻边器	机械式（ϕ10mm）		个	1
	7	刀柄	ER32、ER25		个	各 1
	8	筒夹	ϕ14mm、ϕ10mm、ϕ8mm		个	各 1
量具	1	游标卡尺	0～150mm	0.02mm	把	1
	2	外径千分尺	50～75mm	0.01mm	把	1
	3	内径千分尺	0～25mm	0.01mm	把	1
	4	光滑塞规	ϕ8mm		个	1
刀具	1	可转位面铣刀	ϕ55mm		把	1
	2	三面刃铣刀	ϕ14mm		把	1
	3	键槽铣刀	ϕ10mm		把	1
	4	直柄麻花钻	ϕ8mm		把	1

4. 切削用量的选择（表 7-2）

表 7-2 切削用量的选择

加工步骤		刀具与切削参数				
序号	加工内容	刀具规格		主轴转速 n /(r/min)	进给速度 v_f /(mm/min)	刀具半径补偿/mm
		类型	材料			
1	粗加工上表面	ϕ55mm 可转位面铣刀	硬质合金	1200	80～100	无
2	精加工上表面			1600	100～120	无

（续）

加工步骤		刀具与切削参数				
序号	加工内容	刀具规格		主轴转速 n /(r/min)	进给速度 v_f /(mm/min)	刀具半径补偿/mm
		类型	材料			
3	粗加工外轮廓	ϕ14mm 三面刃铣刀	高速钢	800 ~ 1000	60 ~ 80	8.5
4	精加工外轮廓	ϕ14mm 三面刃铣刀		1000 ~ 1400	100 ~ 150	计算
5	粗加工内形腔	ϕ10mm 键槽铣刀		1000 ~ 1200	80 ~ 120	5.5
6	精加工内形腔	ϕ10mm 键槽铣刀		1600 ~ 1800	100 ~ 150	计算
7	粗加工圆形腔	ϕ10mm 键槽铣刀		1000 ~ 1200	80 ~ 120	5.5
8	精加工圆形腔	ϕ10mm 键槽铣刀		1600 ~ 1800	100 ~ 150	计算
9	加工 4 × ϕ8mm 孔	ϕ8mm 直柄麻花钻		1200 ~ 1400	80 ~ 100	无

二、设定工件坐标系

工件坐标系的原点设置在工件上表面的中心位置，将 X、Y、Z 轴的零点偏置值输入到工件坐标系 G54 中。

三、编制数控加工程序（表 7-3）

表 7-3 数控加工程序（华中 HNC-21M 系统）

程序		说明
O0001		文件名（粗、精加工外轮廓）
%0001		程序名
N1	G0 G54 G90 X0 Y0 Z20	绝对坐标编程，建立工件坐标系，快速定位到（0，0，20）处
N2	M3 S800 F200	主轴正转，转速为 800r/min，进给速度为 200mm/min
N3	X－25 Y－50 M8	X、Y 轴快速定位，切削液开
N4	Z－5	Z 轴快速进刀
N5	G1 G41 X－25 Y－30 D01	X、Y 轴切削进给，并引入刀具 1 号半径补偿值
N6	Y17	Y 轴切削进给
N7	G3 X－17 Y25 R8	R8mm 圆弧铣削加工
N8	G1 X17	X 轴切削进给
N9	G3 X25 Y17 R8	R8mm 圆弧铣削加工
N10	G1 Y－17	Y 轴切削进给
N11	G3 X17 Y－25 R8	R8mm 圆弧铣削加工
N12	G1 X－17	X 轴切削进给
N13	G3 X－25 Y－17 R8	R8mm 圆弧铣削加工
N14	G0 Z20	Z 轴快速退刀
N15	G40 X0 Y0	X、Y 轴快速退刀，取消刀具半径补偿
N16	M30	程序结束回起始位置，机床复位（切削液关，主轴停止）

（续）

程序		说明
O0002		文件名（粗、精加工内型腔）
%0002		程序名
N1	G0 G54 G90 X0 Y0 Z20	绝对坐标编程，建立工件坐标系，快速定位到（0，0，20）处
N2	M3 S1000 F300	主轴正转，转速为1000r/min，进给速度为300mm/min
N3	G0 X5 Y－10 M8	*X*、*Y*轴快速定位到补偿起始点，切削液开
N4	G1 G41 X10 Y10 D02	*X*、*Y*轴切削进给，并引入刀具2号半径补偿值
N5	Z－5 F100	*Z*轴切削进给，进给速度为100mm/min
N6	G3 X－10 R10 F200	*R*10mm圆弧铣削加工，进给速度为200mm/min
N7	G3 Y－10 R10	*R*10mm圆弧铣削加工
N8	G3 X10 R10	*R*10mm圆弧铣削加工
N9	G3 Y10 R10	*R*10mm圆弧铣削加工
N10	G0 Z5	*Z*轴快速退刀
N11	G40 X10 Y－20	*X*、*Y*轴快速退刀，取消刀具半径补偿
N12	G1 G41 Y0 D02	*Y*轴切削进给，并引入刀具2号半径补偿值
N13	Z－7 F100	*Z*轴切削进给，进给速度为100mm/min
N14	G3 I－10 F200	ϕ20mm整圆铣削加工，进给速度为200mm/min
N15	G0 Z20	*Z*轴快速退刀
N16	G40 X0 Y0	*X*、*Y*轴快速退刀，取消刀具半径补偿
N17	M30	程序结束回起始位置，机床复位（切削液关，主轴停止）
O0003		文件名（加工4×ϕ8mm孔）
%0003		程序名
N1	G0 G54 G90 X0 Y0 Z20	绝对坐标编程，建立工件坐标系，快速定位到（0，0，20）处
N2	M3 S1200 F100	主轴正转，转速为1200r/min，进给速度为100mm/min
N3	G99 G82 X－24 Y24 Z－10 R3 P2 M8	孔加工，切削液开
	或	
	G99 G83 X－24 Y24 Z－10 R3 Q－5 K1 M8	深孔加工，切削液开
N4	X24	孔位坐标
N5	Y－24	孔位坐标
N6	X－24	孔位坐标
N7	G0 Z20	取消固定循环，*Z*轴快速退刀
N8	X0 Y0	*X*、*Y*轴快速退刀
N9	M30	程序结束回起始位置，机床复位（切削液关，主轴停止）

四、实体造型

1）按F5键，选择“XOY平面”作为视图平面和作图平面。在特征树中，单击“平面XY”，再单击“绘制草图”按钮，创建草图。

2）单击“矩形”按钮，选择“中心 长 宽”方式，设定长和宽为60mm，选择坐标原点作为矩形的中心点。

3）单击“拉伸增料”按钮，选择“固定深度”方式，设定深度为25mm，单击“确定”按钮，如图7-2所示。

4）在零件上表面单击“绘制草图”按钮，创建草图。单击“矩形”按钮，选择“中心 长 宽”方式，设定长和宽为50mm，选择坐标原点为矩形的中心点，如图7-3所示。

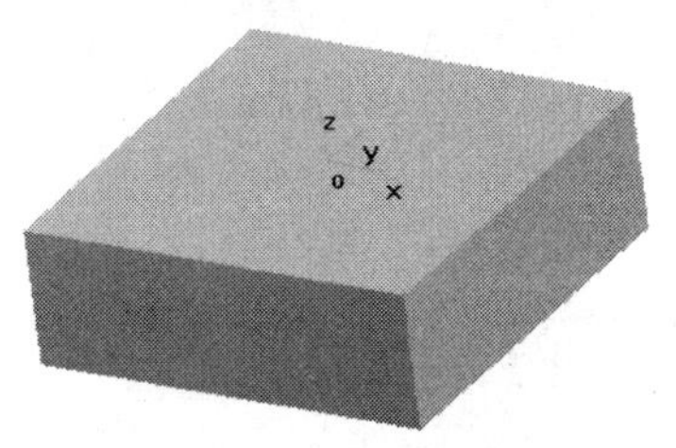

图7-2　拉伸增料绘制毛坯图

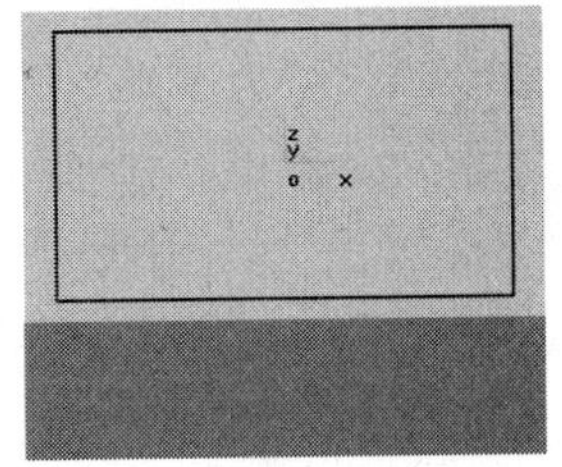

图7-3　草图确定外轮廓凸台中心

5）单击“整圆”按钮，以矩形的4个角点作为圆心绘制半径为R8mm的圆，如图7-4所示。

6）单击按钮，对草图进行修剪，如图7-5所示。

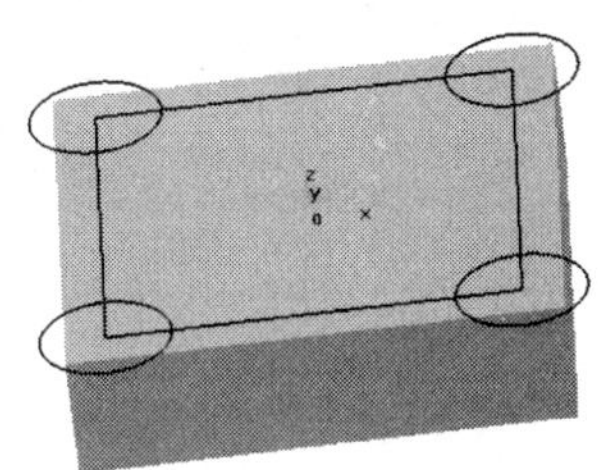

图7-4　绘制外轮廓凸台轮廓线

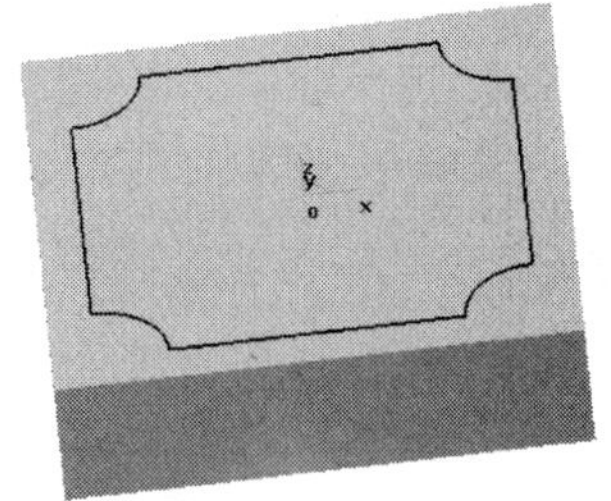

图7-5　修剪外轮廓凸台轮廓线（四个1/4圆）

7）单击“拉伸增料”按钮，选择“固定深度”方式，设定深度值为5mm，单击“确定”按钮，如图7-6所示。

8）选择已生成实体的后表面，单击“绘制草图”按钮，激活后表面作为草图平面。单击“圆形”按钮，选择“圆心-半径”方式，分别以中心、中心圆和水平铅垂线为圆心，绘制半径为R10mm的圆，如图7-7所示。

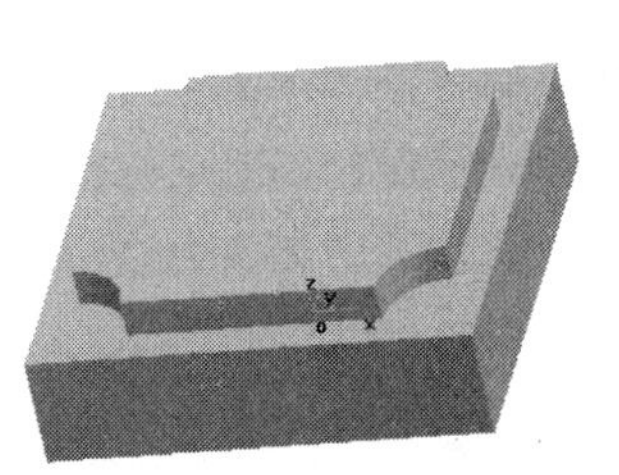

图7-6　拉伸增料生成凸台

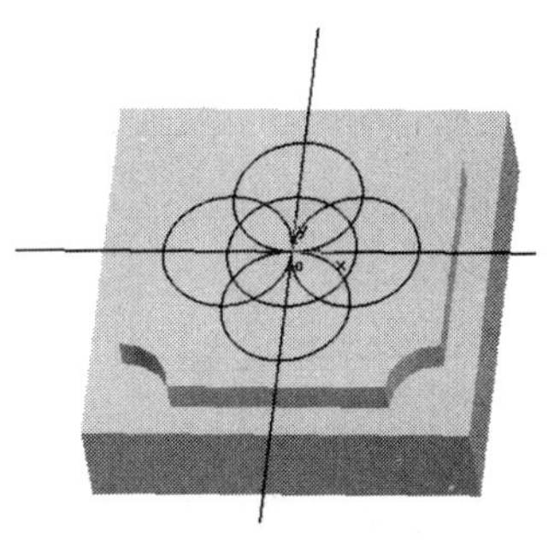

图7-7　绘制内腔花瓣草图

9）单击 和 按钮，对草图进行修剪，如图 7-8 所示。

10）单击“拉伸除料”按钮，选择“固定深度”方式，设定深度为 5mm，单击“确定”按钮，如图 7-9 所示。

图 7-8 修剪内腔花瓣草图

图 7-9 拉伸除料生成花瓣内腔

11）选择已生成花瓣型腔下表面，单击“绘制草图”按钮，激活后表面作为草图平面。单击“整圆”按钮，以圆点为圆心绘制半径为 R10mm 的圆，如图 7-10 所示。

图 7-10 绘制圆形腔草图

12）单击“拉伸除料”按钮，选择“固定深度”方式，设定深度值为 2mm，单击“确定”按钮，如图 7-11 所示。

13）单击“钻孔”按钮和“线性阵列”按钮，绘制 4 个 ϕ8mm 孔，如图 7-12 所示。

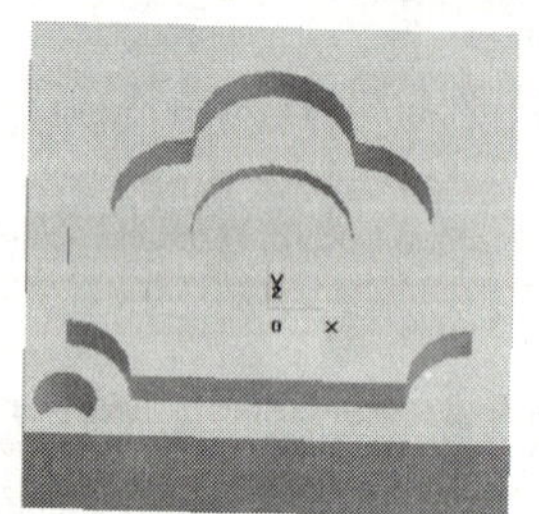

图 7-11 拉伸除料生成圆形腔

图 7-12 绘制 4 个 ϕ8mm 固定孔

五、仿真加工

采用数控仿真软件仿真加工，检查加工程序，具体操作步骤见表 7-4。

表 7-4 仿真加工操作步骤

序号	操作步骤	图示
1	输入加工程序，以“. txt”格式存入计算机	

（续）

<table>
<tr><th>序号</th><th>操作步骤</th><th>图　　示</th></tr>
<tr><td>2</td><td>进入仿真系统：
单击“开始”/“程序”/“数控加工仿真系统”/“加密锁管理程序”，屏幕右下方工具栏中出现加密锁的图标，加密锁启动成功
单击“开始”/“程序”/“数控加工仿真系统”，弹出“用户登录”界面。单击“快速登录”按钮，进入数控加工仿真系统</td><td>
</td></tr>
<tr><td>3</td><td>选择机床：
选择“机床”/“选择机床”菜单，在“选择机床”对话框中，“控制系统”选择“华中数控”，“机床类型”选择“铣床”，单击“确定”按钮，完成操作</td><td>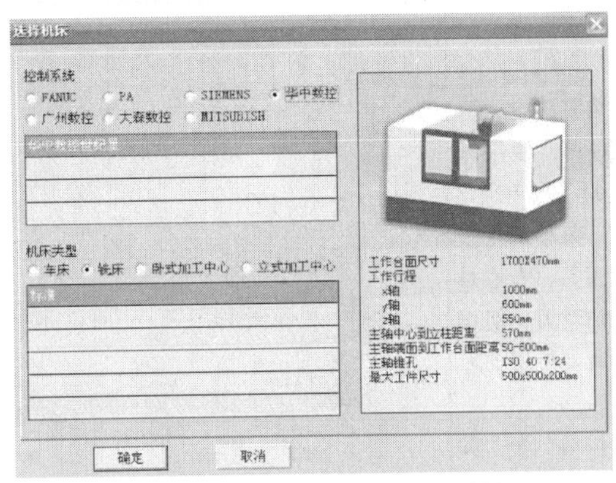
</td></tr>
<tr><td>4</td><td>解除急停，机床回零</td><td></td></tr>
<tr><td>5</td><td>装夹零件：
1. 定义毛坯：选择“零件”/“定义毛坯”菜单，在弹出的“定义毛坯”对话框中，零件“材料”选择“ZL412 铝”，“形状”选择“长方形”，设置毛坯长、宽、高尺寸，单击“确定”按钮
2. 安装夹具：选择“零件”/“安装夹具”菜单，在“选择夹具”对话框中，“选择零件”选取“毛坯 1”，“选择夹具”选取“平口钳”，单击“确定”按钮</td><td>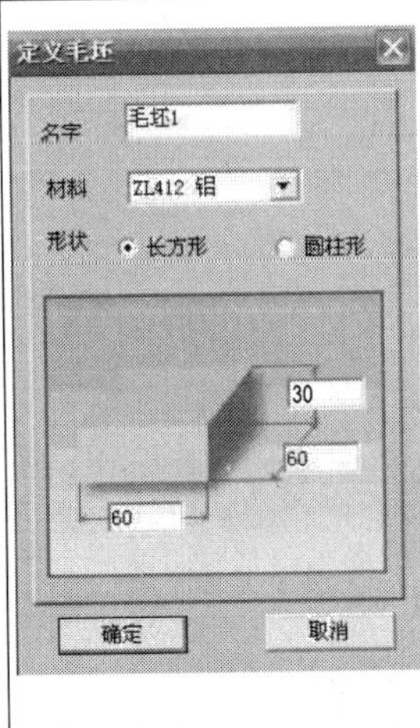

a)
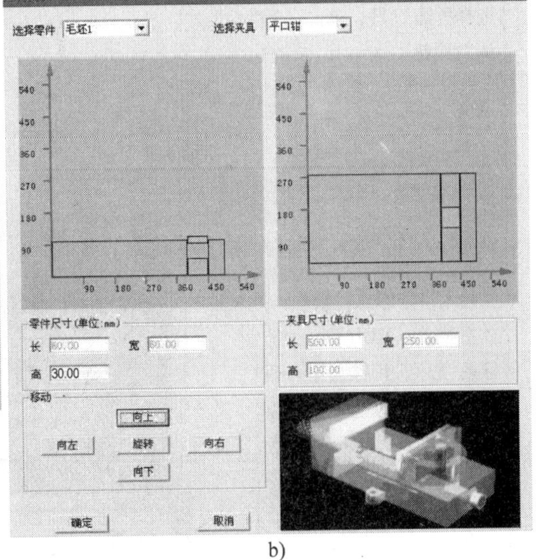

b)</td></tr>
</table>

（续）

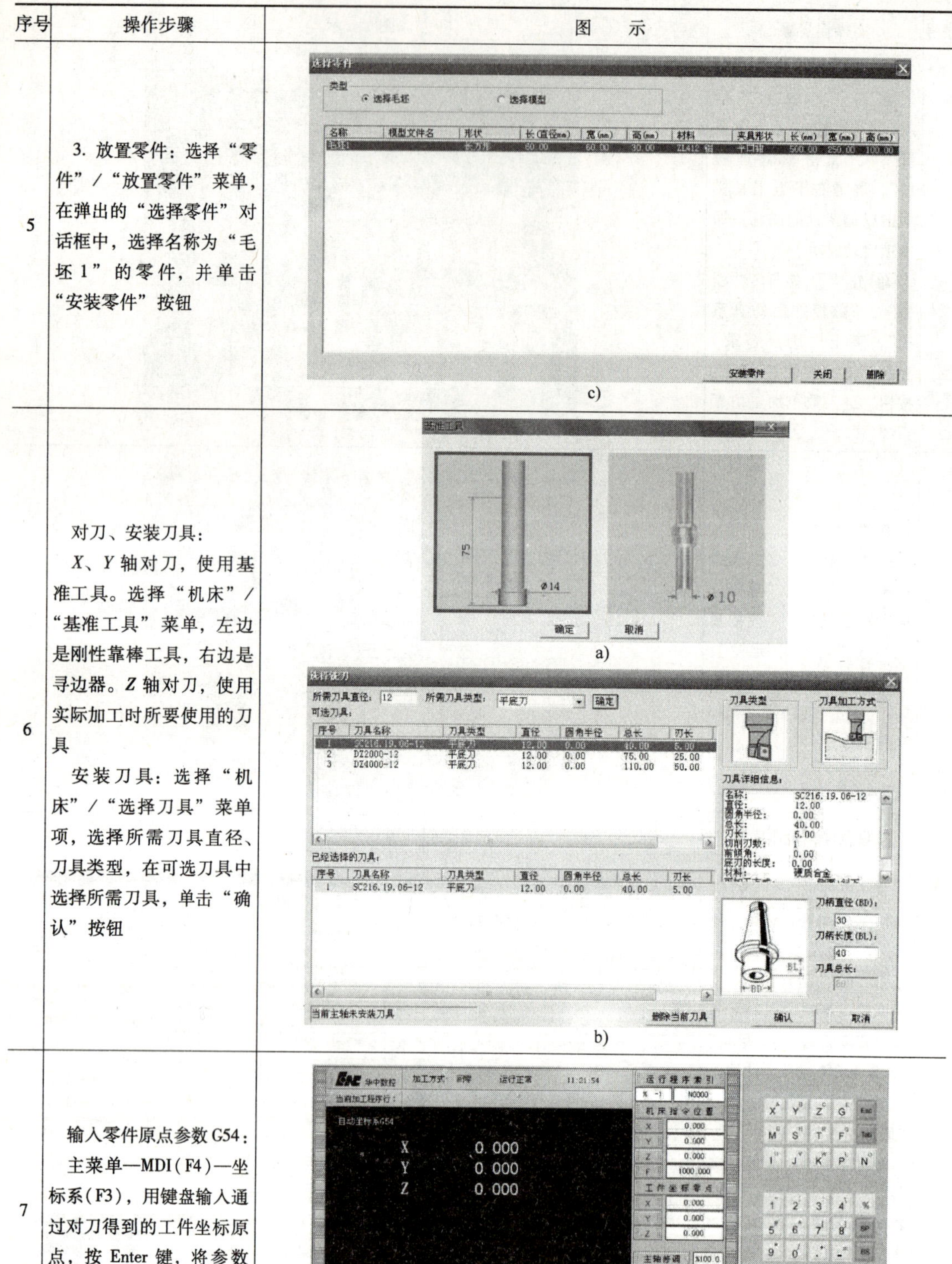

序号	操作步骤	图　示
5	3. 放置零件：选择“零件”／“放置零件”菜单，在弹出的“选择零件”对话框中，选择名称为“毛坯1”的零件，并单击“安装零件”按钮	c)
6	对刀、安装刀具： *X*、*Y*轴对刀，使用基准工具。选择“机床”／“基准工具”菜单，左边是刚性靠棒工具，右边是寻边器。*Z*轴对刀，使用实际加工时所要使用的刀具 安装刀具：选择“机床”／“选择刀具”菜单项，选择所需刀具直径、刀具类型，在可选刀具中选择所需刀具，单击“确认”按钮	a) b)
7	输入零件原点参数G54： 主菜单—MDI（F4）—坐标系（F3），用键盘输入通过对刀得到的工件坐标原点，按Enter键，将参数输入到指定区域	

（续）

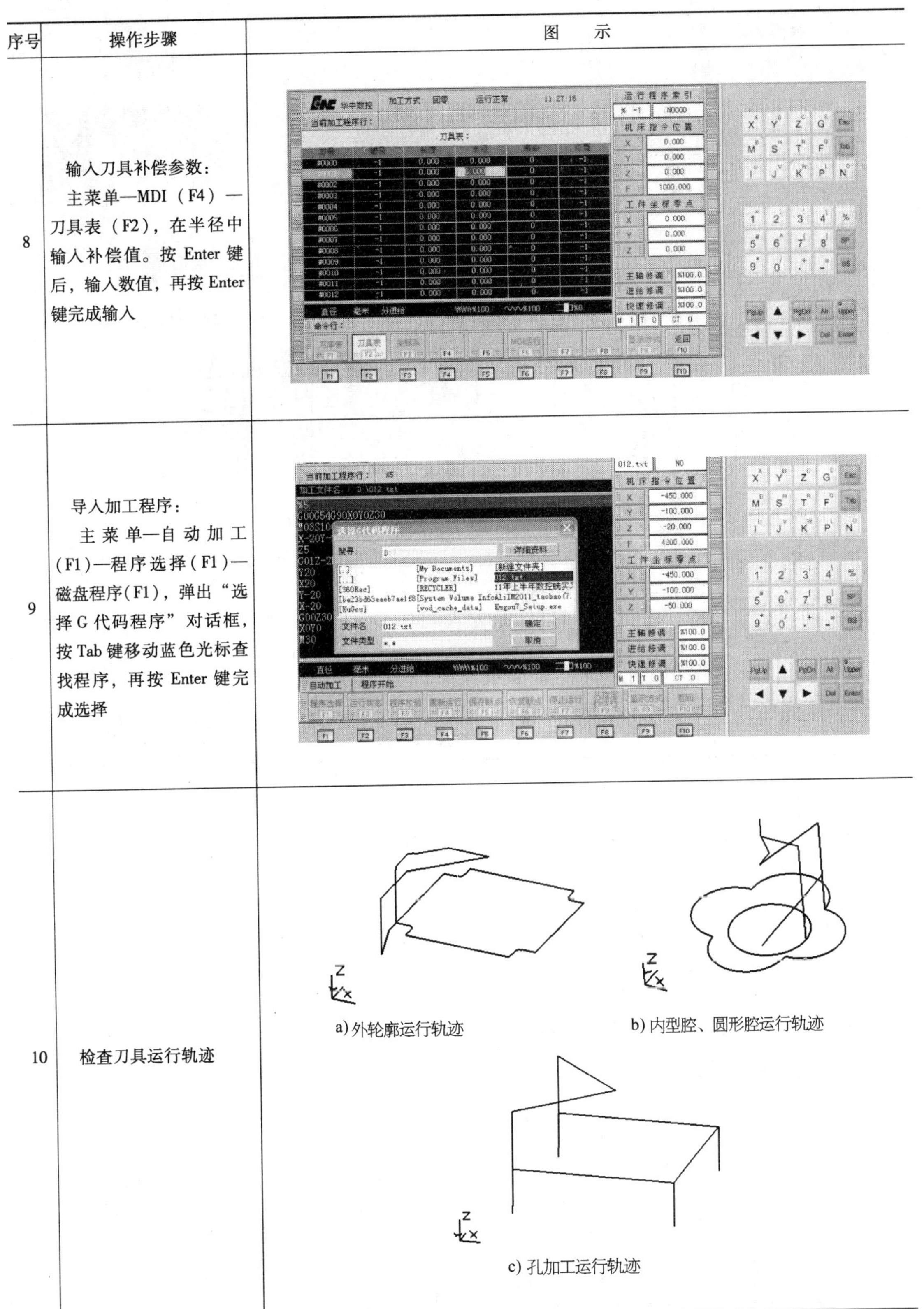

序号	操作步骤	图　示
8	输入刀具补偿参数： 主菜单—MDI（F4）—刀具表（F2），在半径中输入补偿值。按 Enter 键后，输入数值，再按 Enter 键完成输入	
9	导入加工程序： 主菜单—自动加工（F1）—程序选择（F1）—磁盘程序(F1)，弹出“选择 G 代码程序”对话框，按 Tab 键移动蓝色光标查找程序，再按 Enter 键完成选择	
10	检查刀具运行轨迹	a) 外轮廓运行轨迹 b) 内型腔、圆形腔运行轨迹 c) 孔加工运行轨迹

（续）

序号	操作步骤	图示
11	运行程序，完成加工	 a) 外轮廓加工效果图 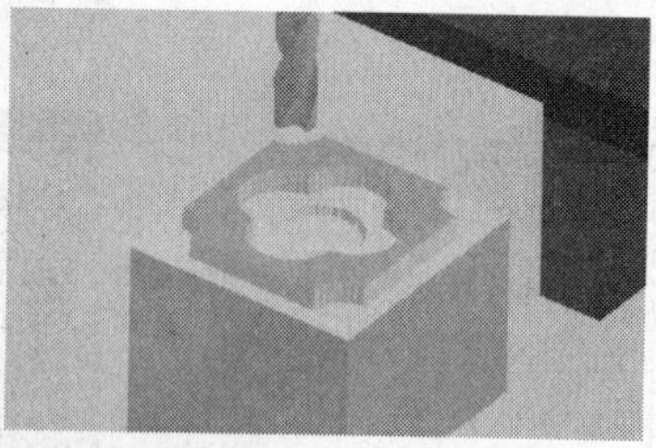 b) 内型腔、圆形腔加工效果图 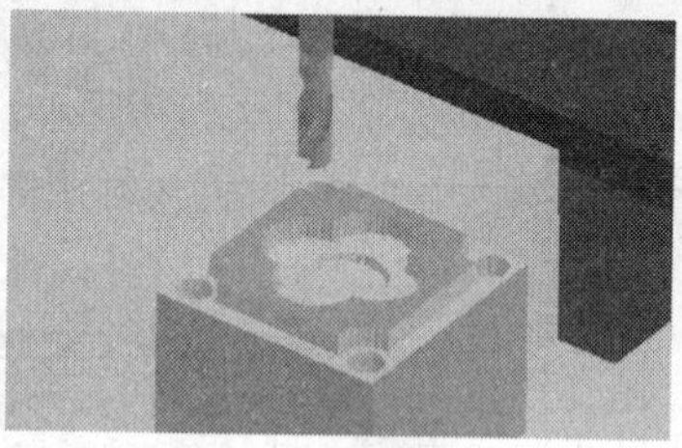 c) 孔加工及整体效果图

六、加工

加工操作步骤见表7-5。

表7-5 加工操作步骤

序号	操 作 步 骤
1	接通电源，旋起急停按钮，系统复位
2	返回参考点
3	使用百分表找正机用平口钳
4	装夹工件、对刀
5	输入零件原点参数G54~G59（主菜单—设置（F5）—坐标系设定（F5））
6	输入刀具补偿参数（主菜单—刀具补偿（F4）—刀补表（F4））
7	输入、编辑加工程序
8	程序校验（主菜单—程序（F1）—程序校验（F5））
9	自动加工（粗加工，加工余量单边0.5mm左右）
10	自动加工（精加工，通过减少刀补值的方法控制零件的加工精度），测量零件，合格后卸下加工零件
11	清理机床
12	将工作台移至机床中间位置，按下急停按钮，断开机床电源

☞任务评价

零件加工结束后，把检测结果填入评分表，见表7-6。

表7-6　花形端盖加工评分表

班级		姓名		学号		日期	
任务名称							

		序号	检测项目	配分	扣分	得分
基本检测	编程	1	切削加工工艺制订正确	3		
		2	切削用量选择合理	4		
		3	程序正确、简单、明确、规范	4		
	操作	4	设备操作、维护保养正确	3		
		5	安全、文明生产	10		
		6	刀具选择、安装正确、规范	3		
		7	工件找正、装夹正确、规范	3		
基本检测结果小计				30		

	序号	考核内容	评分标准	配分	扣分	得分
尺寸检测	1	外形（外轮廓）	1. 外形：形状正确，尺寸误差不超过2mm即得分 2. 尺寸：每个尺寸超出0.01mm扣3分，每个尺寸最多扣完自身分值 3. Ra值：降一级扣3分，降二级不得分	4		
	2	尺寸$50_{-0.05}^{0}$mm（两处）		10		
	3	$4\times R8$mm		3		
	4	外形（花形内轮廓）		4		
	5	外形（$\phi20$mm内轮廓）		4		
	6	尺寸$\phi20_{0}^{+0.05}$mm		8		
	7	外形（$4\times\phi8$mm孔）		4		
	8	尺寸$4\times\phi8$mm		9		
	9	孔距48mm±0.1mm（两处）		8		
	10	深度尺寸5mm		6		
	11	深度尺寸7mm		3		
	12	深度尺寸10mm		3		
	13	表面粗糙度		4		
尺寸检测结果小计				70		
合计				100		

任务反馈

1）加工花形内型腔时，也可考虑在工件中心下刀，以圆弧方式，切进工件，切出时也用圆弧方式，切到工件中心后退刀。

2）加工内型腔时，尽可能使用顺铣，加工后的表面质量要比逆铣加工的表面质量高。

任务总结

学到的知识点	1. 2. 3. 4.
还需要进一步提高的操作练习（知识点）	1. 2. 3. 4.
存在疑问或不懂的知识点	1. 2. 3. 4.
应注意的问题	1. 2. 3. 4.
其他	1. 2. 3. 4.

任务二　腰孔端盖加工

知识目标

1. 掌握铣削端盖零件的编程方法。
2. 掌握数控铣削刀具的选用技巧及注意事项。
3. 学会铰削用量的选择。

技能目标

1. 掌握数控铣削端盖零件的加工方法。
2. 掌握异形内轮廓分步加工工艺。
3. 学会常用刀具的选用。
4. 学会铰孔加工。

任务描述

腰孔端盖如图 7-13 所示，毛坯外形尺寸为 60mm × 60mm × 20mm，材料为硬铝。分析加工工艺，编写加工程序。

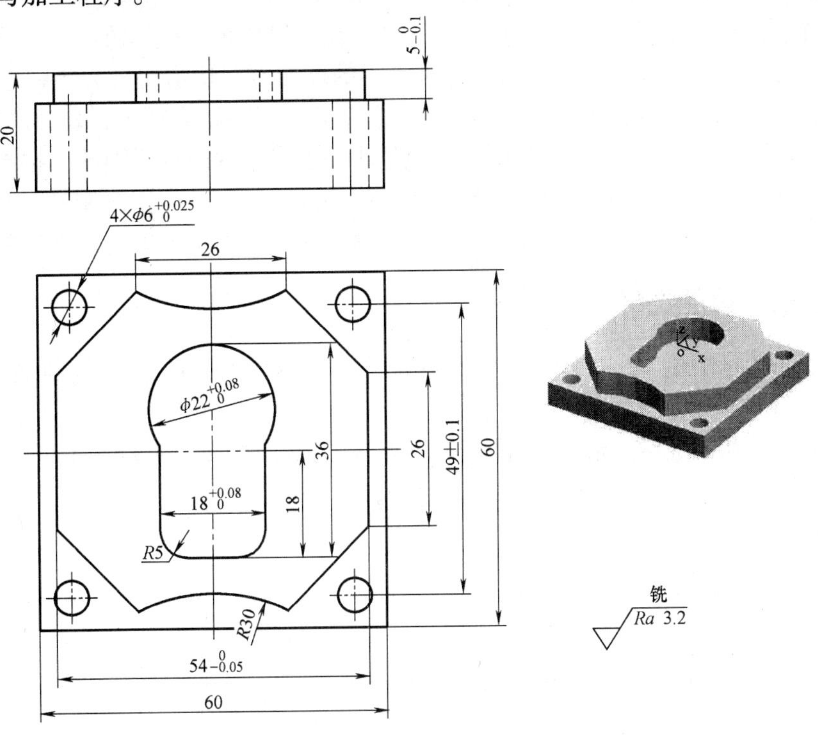

图 7-13　腰孔端盖

任务分析

本任务主要是训练学生掌握数控铣削加工中端盖类零件的编程技巧和基本加工方法。

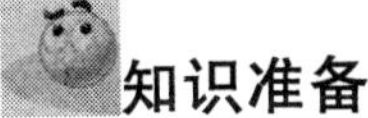

知识准备

一、数控铣刀的选择及注意事项

1）铣削平面时，应采用可转位式硬质合金刀片铣刀。一般采用两次进给，即一次粗铣、一次精铣。当连续切削时，粗铣刀的直径要小些，以减少切削扭矩，精铣刀的直径要大一些，最好能包容待加工表面的整个宽度。加工余量大且加工表面又不均匀时，刀具直径要选得小一些，否则当粗加工时会因接刀刀痕过深而影响加工质量。

2）高速钢立铣刀多用于加工凸台和凹槽，最好不要用于加工毛坯面，因为毛坯面有硬化层和夹砂现象，会加速刀具的磨损。

3）硬质合金立铣刀可用于加工凹槽、凸台面和毛坯表面。

4）硬质合金的玉米铣刀在机床、刀具和工件系统允许的情况下，可以进行强力铣削，铣削毛坯表面和孔的粗加工。

5）铣削加工凹槽轮廓时，刀具半径 r 应小于零件内轮廓面的最小曲率半径 R，一般取 $r=(0.8\sim0.9)R$，加工高度 $H\leqslant(1/4\sim1/6)r$，以保证刀具有足够的刚度。加工封闭的键槽应选择键槽铣刀。

6）钻孔时，钻削深度为 5 倍直径左右的深孔容易折断钻头，可采用固定循环程序，多次自动进退，以利于冷却和排屑。钻孔前最好先用中心钻钻出中心孔或采用刚性好的短钻头锪孔引正。锪孔除了可以在毛坯表面钻孔引正外，还可以代替孔口倒角。

7）曲面加工常采用球头铣刀，由于球头铣刀的球面端部切削速度为零，进给时每两行刀位之间加工表面不可能重叠，存在“残留高度”，两行刀位距离越大，表面的误差就越大，表面的质量也就越差。而进给步长和切削行距越小，加工效率越低。因此，在不发生干涉和工件不被过切的前提下，无论是曲面的粗加工还是精加工，都应优先选择平底刀或平底圆角的立铣刀。当曲面形状复杂、精度要求较高时，球头铣刀的加工效果明显高于其他刀具。

二、铰削用量的选择

1）机铰时的进给量（f）。铰削钢件及铸铁件时，$f=0.5\sim1$mm/r。铰削铜件或铝件时，$f=1\sim1.2$mm/r。

2）机铰时的切削速度（v_d）。用高速钢铰刀铰削钢件时，$v_c=4\sim8$m/min；铰削铸铁件、铜件或铝件时，$v_c=8\sim12$m/min。

3）铰孔余量见表7-7。

表7-7 铰孔余量

孔直径/mm	<5	5~20	21~32	33~50	51~70
铰削余量/mm	0.1~0.2	0.15~0.25	0.20~0.3	0.25~0.35	0.25~0.35

4）机铰钢件时冷却润滑采用质量分数为10%~20%的乳化液，铜、铝和铸件可用煤油冷却润滑。

任务实施

一、确定加工工艺

1. 确定工艺路线

1）铣削平面，可选用ϕ55mm可转位面铣刀。

2）粗加工外轮廓，选用ϕ16mm三面刃铣刀。

3）精加工外轮廓，选用ϕ16mm三面刃铣刀。

4）粗加工圆形腔，选用ϕ10mm键槽铣刀。

5）精加工圆形腔，选用ϕ10mm键槽铣刀。

6）粗加工U形腔，选用ϕ10mm键槽铣刀。

7）精加工U形腔，选用ϕ10mm键槽铣刀。

8）加工$4\times\phi$6mm孔，选用ϕ5.8mm直柄麻花钻。

9）加工$4\times\phi$6mm孔，选用ϕ6mm机用铰刀。

2. 夹具选用与工件装夹

由于零件形状比较规则，通常选用机用平口钳装夹，装夹工件时用机用平口钳装夹毛坯的两侧面，在工件下表面与机用平口钳之间放入精度较高的平行垫铁，垫铁的厚度与宽度要适当，应保证工件在本次定位装夹中所有需要完成的待加工面充分暴露在外，以方便加工。最后用塑胶锤子敲击工件，使垫铁不能移动后夹紧工件。

3. 工具、量具、刀具清单（表 7-8）

表 7-8 工具、量具、刀具清单

种类	序号	名称	规格	精度	单位	数量	备注
工具	1	机用平口钳			个	1	
	2	机用平口钳扳手			个	1	
	3	平行垫铁			块	2	
	4	塑胶锤子			个	1	
	5	Z 轴设定器	50mm	0.01mm	个	1	
	6	寻边器	机械式（ϕ10mm）		个	1	
	7	刀柄	ER32、ER25		个	各 1	
	8	筒夹	ϕ16mm、ϕ10mm、ϕ6mm		个	各 1	
量具	1	游标卡尺	0～150mm	0.02mm	把	1	
	2	外径千分尺	50～75mm	0.01mm	把	1	
	3	内径千分尺	0～25mm	0.01mm	把	1	
	4	光滑塞规	ϕ6mm		个	1	
刀具	1	可转位面铣刀	ϕ55mm		把	1	
	2	三面刃铣刀	ϕ16mm		把	1	
	3	键槽铣刀	ϕ10mm		把	1	
	4	直柄麻花钻	ϕ5.8mm		把	1	
	5	机用铰刀	ϕ6mm		把	1	

4. 切削用量的选择（表 7-9）

表 7-9 切削用量的选择

加工步骤		刀 具 与 切 削 参 数				
序号	加工内容	刀具规格		主轴转速 n /(r/min)	进给速度 v_f /(mm/min)	刀具半径补偿/mm
		类 型	材料			
1	粗加工上表面	ϕ55mm 可转位面铣刀	硬质合金	1200	80～100	无
2	精加工上表面			1600	100～120	无
3	粗加工外轮廓	ϕ16mm 三面刃铣刀	高速钢	800～1000	60～80	8.5
4	精加工外轮廓	ϕ16mm 三面刃铣刀		1000～1400	100～150	计算
5	粗加工圆形腔	ϕ10mm 键槽铣刀		1000～1200	80～120	5.5
6	精加工圆形腔	ϕ10mm 键槽铣刀		1600～1800	100～150	计算
7	粗加工 U 形腔	ϕ10mm 键槽铣刀		1000～1200	80～120	5.5
8	精加工 U 形腔	ϕ10mm 键槽铣刀		1600～1800	100～150	计算
9	加工 4×ϕ6mm 孔	ϕ5.8mm 直柄麻花钻		1200～1400	80～100	无
10	加工 4×ϕ6mm 孔	ϕ6mm 机用铰刀		80～100	10～30	无

二、设定工件坐标系

工件坐标系的原点设置在工件上表面的中心位置，将 X、Y、Z 轴的零点偏置值输入到工件坐标系 G54 中。

三、编制数控加工程序（表 7-10）

表 7-10 数控加工程序（华中 HNC-21M 系统）

程序		说明
O0001		文件名(粗、精加工外轮廓)
%0001		程序名
N1	G0 G54 G90 X0 Y0 Z20	绝对坐标编程，建立工件坐标系，快速定位到(0，0，20)处
N2	M3 S800 F200	主轴正转，转速为 800r/min，进给速度为 200mm/min
N3	G0 X－30 Y－50 M8	X、Y 轴快速定位到刀补起始点，切削液开
N4	Z－5	Z 轴快速进刀
N5	G1 G41 X－27 Y－30 D01	X、Y 轴切削进给，并引入刀具 1 号半径补偿值
N6	Y13	Y 轴切削进给
N7	X－13 Y27	X、Y 轴切削进给
N8	G3 X13 R30	R30mm 圆弧铣削加工
N9	G1 X27 Y13	X、Y 轴切削进给
N10	Y－13	Y 轴切削进给
N11	X13 Y－27	X、Y 轴切削进给
N12	G3 X－13 R30	R30mm 圆弧铣削加工
N13	G1 X－27 Y－13	X、Y 轴切削进给
N14	G0 Z20	Z 轴快速退刀
N15	G40 X0 Y0	X、Y 轴快速退刀，取消刀具半径补偿
N16	M30	程序结束回起始位置，机床复位(切削液关，主轴停止)
O0002		文件名(粗、精加工圆形腔和 U 形腔)
%0002		程序名
N1	G0 G54 G90 X0 Y0 Z20	绝对坐标编程，建立工件坐标系，快速定位到(0，0，20)处
N2	M3 S1000 F300	主轴正转，转速为 1000r/min，进给速度为 300mm/min
N3	G0 X－30 Y－4 M8	X、Y 轴快速定位到刀补起始点，切削液开
N4	G1 G41 X0 D02	X 轴切削进给，并引入刀具 2 号半径补偿值
N5	G1 Z－5 F100	Z 轴切削进刀，进给速度为 100mm/min
N6	G3 J11 F200	ϕ22mm 整圆铣削加工，进给速度为 200mm/min
N7	G1 G40 X0 Y7	取消刀补，回到圆心(去除余量)
N8	G0 Z5	Z 轴快速退刀
N9	X－9 Y30	X、Y 轴快速定位
N10	G1 G41 Y5 D02	Y 轴切削进给，并引入刀具 2 号半径补偿值
N11	Z－5 F100	Z 轴切削进刀，进给速度为 100mm/min

（续）

程序		说明
N12	Y－18 F200	Y 轴切削进给，进给速度为 200mm/min
N13	X9	X 轴切削进给
N14	Y5	Y 轴切削进给
N15	G0 Z20	Z 轴快速退刀
N16	G40 X0 Y0	X、Y 轴快速退刀，取消刀具半径补偿
N17	M30	程序结束回起始位置，机床复位（切削液关，主轴停止）
O0003		文件名（加工 4×ϕ6mm 孔钻孔）
%0003		程序名
N1	G0 G54 G90 X0 Y0 Z20	绝对坐标编程，建立工件坐标系，快速定位到（0，0，20）处
N2	M3 S750 F100	主轴正转，转速为 750r/min，进给速度为 100mm/min
N3	G99 G81 X－24.5 Y24.5 Z－23 R3 M8	孔加工，切削液开
	或	
	G99 G83 X－24.5 Y24.5 Z－23 R3 Q－5 K1 M8	深孔加工，切削液开
N4	X24.5	孔位坐标
N5	X－24.5 Y－24.5	孔位坐标
N6	X24.5	孔位坐标
N7	G0 Z20	取消固定循环，Z 轴快速退刀
N8	X0 Y0	X、Y 轴快速退刀
N9	M30	程序结束回起始位置，机床复位（切削液关，主轴停止）
O0004		文件名（铰 4×ϕ6mm 孔）
%0004		程序名
N1	G0 G54 G90 X0 Y0 Z20	绝对坐标编程，建立工件坐标系，快速定位到（0，0，20）处
N2	M3 S80 F10	主轴正转，转速为 80r/min，进给速度为 10mm/min
N3	G99 G81 X－24.5 Y24.5 Z－23 R3 M8	孔加工，切削液开
N4	X24.5	孔位坐标
N5	X－24.5 Y－24.5	孔位坐标
N6	X24.5	孔位坐标
N7	G0 Z20	取消固定循环，Z 轴快速退刀
N8	X0 Y0	X、Y 轴快速退刀
N9	M30	程序结束回起始位置，机床复位（切削液关，主轴停止）

四、实体造型

1）按 F5 键，选择“XOY 平面”作为视图平面和作图平面。在特征树中，单击“平面 XY”，再单击“绘制草图”按钮，创建草图。

2）单击“矩形”按钮，选择“中心 长 宽”方式，设定长和宽为54mm，选择坐标原点为矩形的中心点，再单击“曲线过渡”按钮，选择“倒角”，设置角度为45°，距离为14mm，对矩形进行倒角。再单击“圆弧”按钮，选择“两点 半径”方式，画出上下面的两个*R*30mm的圆弧，单击“删除”按钮，删除多余的线，如图7-14所示。

3）单击“直线”按钮，选择“水平/铅垂线”方式，选择坐标原点作为中心点，单击“等距线”按钮，分别作向上、向下和向左、向右的等距线，距离分别为7mm、18mm和左右各9mm。再单击“整圆”按钮，选择等距线7mm与*Y*轴零线的交点作为圆心，绘制直径为ϕ22mm的圆。单击“曲线过渡”按钮，选择“圆弧过渡”方式，设定过渡半径为*R*5mm，对两个*R*5mm的圆角进行过渡。删除多余的线，如图7-15所示。

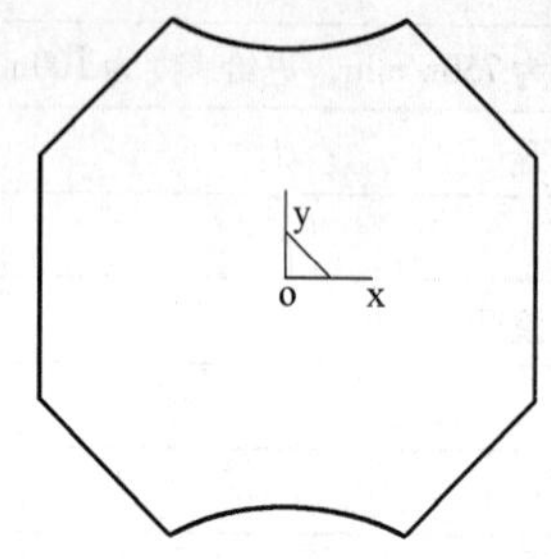

图7-14　零件外轮廓图（一）

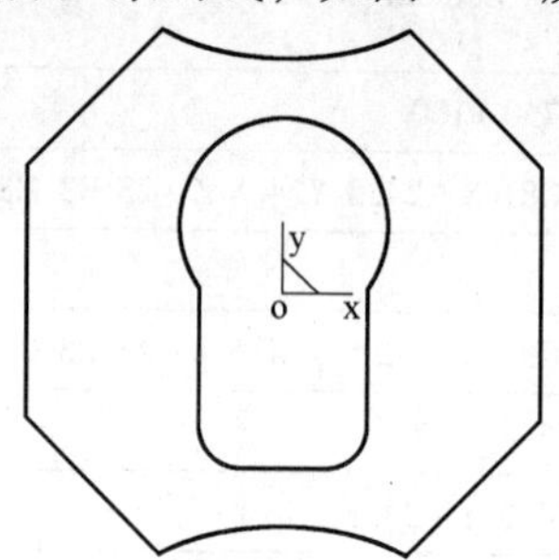

图7-15　零件内轮廓图（二）

4）单击“拉伸增料”按钮，选择“固定深度”方式，设定深度为5mm，单击“确定”按钮，如图7-16所示。

5）选择已生成实体的后表面，单击“绘制草图”按钮，激活后表面作为草图平面。单击“矩形”按钮，选择“中心 长 宽”方式，设定长和宽为60mm，选择坐标原点作为矩形的中心点。单击“等距线”按钮，分别作矩形的底边和侧边的等距线，等距距离为5.5mm，再单击“整圆”按钮，选择两条等距线的交点作为圆心，绘制直径为ϕ6mm的圆，如图7-17所示。

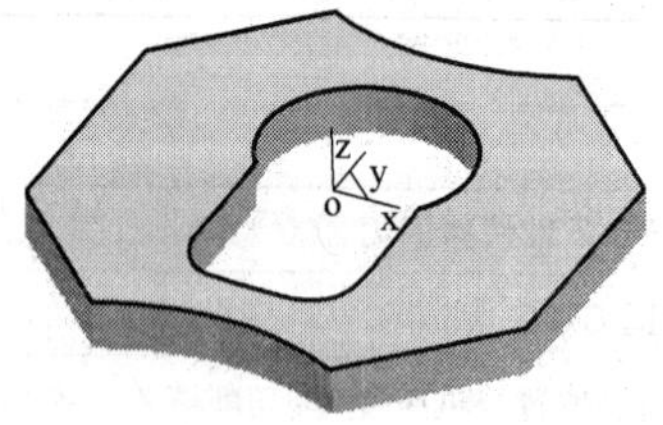

图7-16　零件拉伸增料图

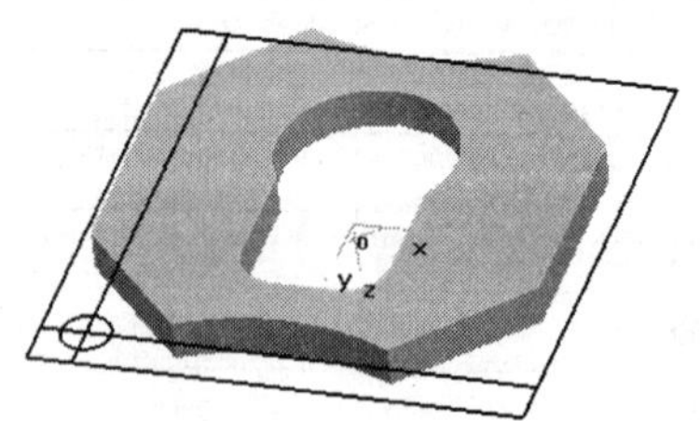

图7-17　草图绘制端盖固定孔（1个）

6）单击“阵列”按钮，选择“矩形”方式，输入行数为2，行距为49mm，列数为2，列距为49mm，角度为0°，对已绘制的圆进行阵列，如图7-18所示。

7）单击“拉伸增料”按钮，选择“固定深度”方式，设定深度为15mm，单击“确定”按钮，如图7-19所示。

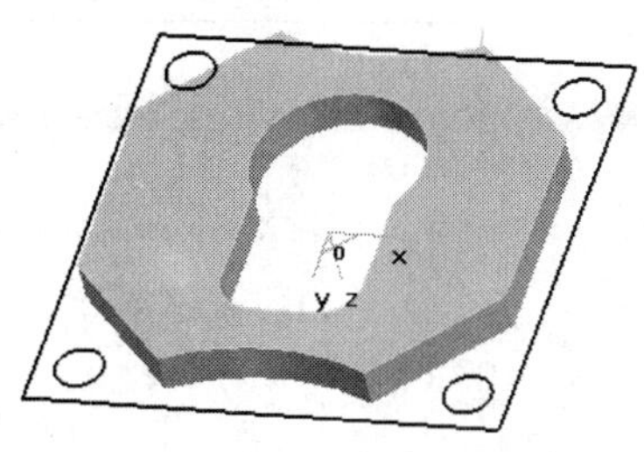

图7-18　阵列端盖固定孔（4个）

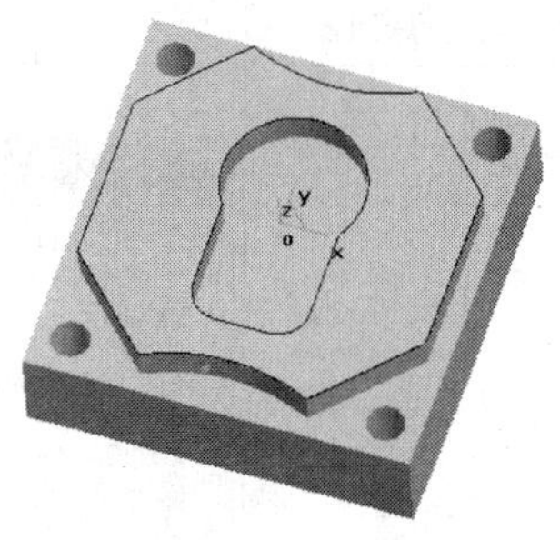

图7-19　拉伸增料生成端盖座

五、仿真加工

采用数控仿真软件仿真加工，检查加工程序，具体操作步骤见表7-11。

表7-11　仿真加工操作步骤

序号	操作步骤	图　示
1	输入加工程序，以“.txt”格式存入计算机	
2	进入仿真系统： 单击“开始”/“程序”/“数控加工仿真系统”/“加密锁管理程序”，屏幕右下方工具栏中出现加密锁的图标，加密锁启动成功 单击“开始”/“程序”/“数控加工仿真系统”，弹出“用户登录”界面。单击“快速登录”按钮，进入数控加工仿真系统	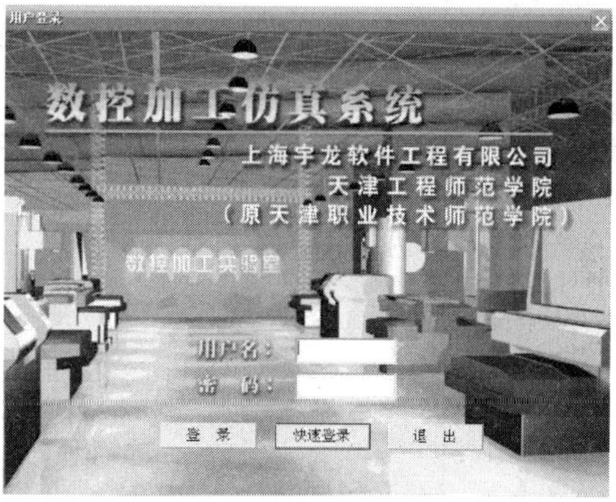
3	选择机床： 选择“机床”/“选择机床”菜单，在如图所示的“选择机床”对话框中，“控制系统”选择“华中数控”，“机床类型”选择“铣床”，单击“确定”按钮，完成操作	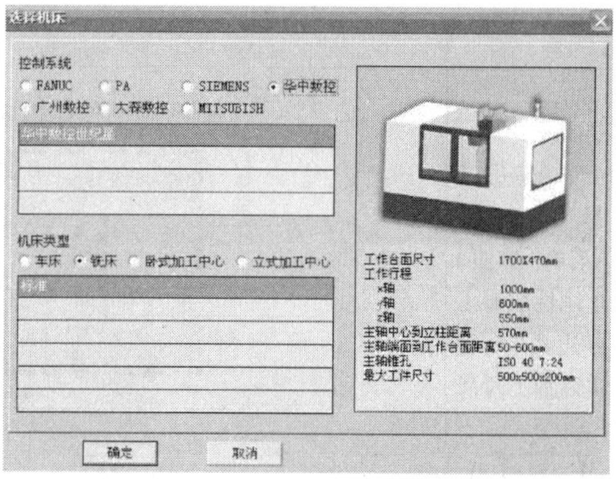

（续）

序号	操作步骤	图　示
4	解除急停；机床回零	
5	装夹零件： 1. 定义毛坯：选择“零件”/“定义毛坯”菜单，在弹出的“定义毛坯”对话框中，零件“材料”选择“ZL412 铝”，“形状”选择“长方形”，设置毛坯长宽高尺寸，单击“确定”按钮 2. 安装夹具：选择“零件”/“安装夹具”菜单，在“选择夹具”对话框中，“选择零件”选择“毛坯 1”，“选择夹具”选择“平口钳”，单击“确定”按钮 3. 放置零件：选择“零件”/“放置零件”菜单，在弹出的“选择零件”对话框中，选择名称为“毛坯 1”的零件，并单击“安装零件”按钮	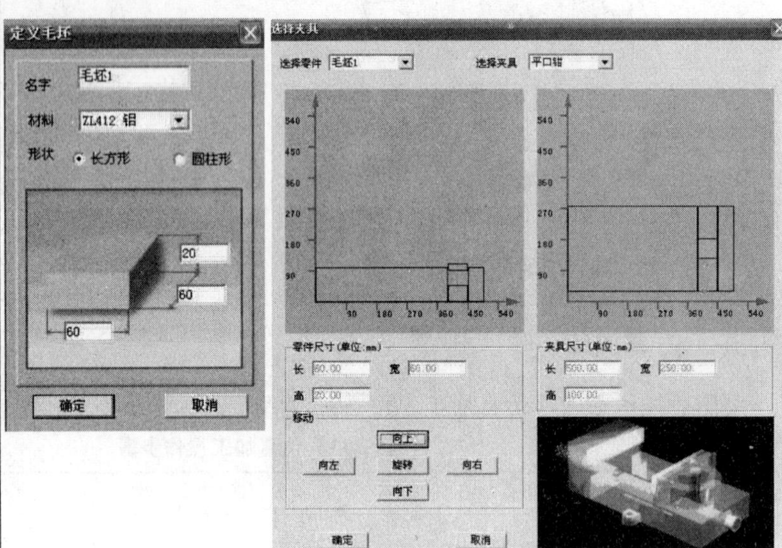 a)　　b) c)
6	对刀、装刀具： *X*、*Y* 轴对刀，使用基准工具。选择“机床”/“基准工具”菜单，如图 a 所示，左边是刚性靠棒工具，右边是寻边器。*Z* 轴对刀，使用实际加工时所要使用的刀具	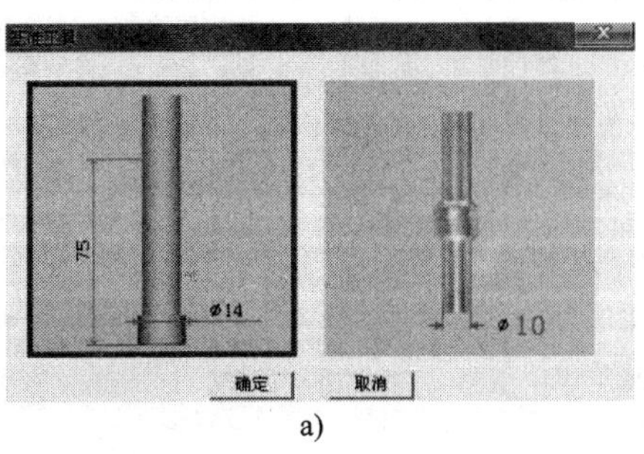 a)

（续）

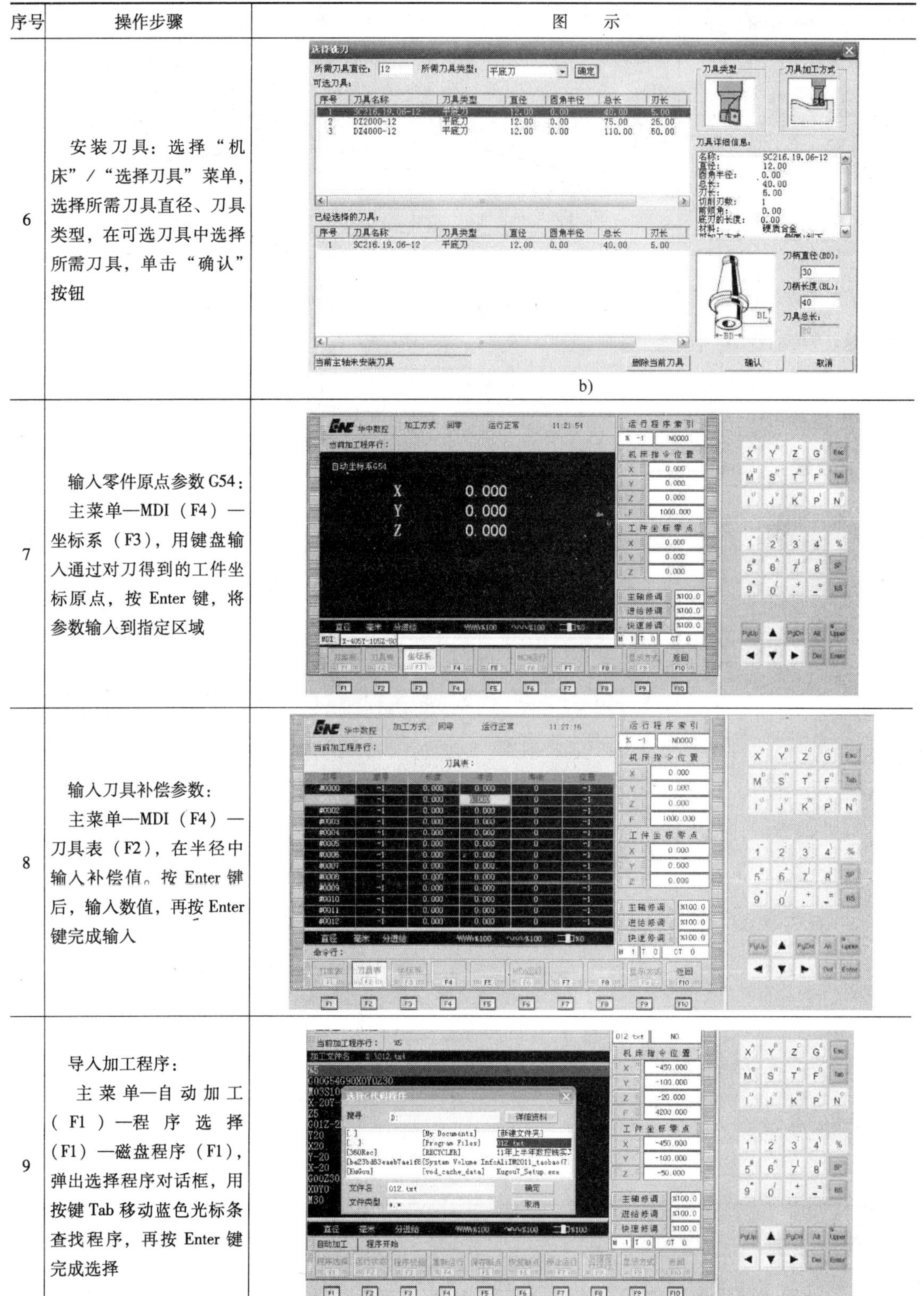

序号	操作步骤	图　　示
6	安装刀具：选择“机床”/“选择刀具”菜单，选择所需刀具直径、刀具类型，在可选刀具中选择所需刀具，单击“确认”按钮	b)
7	输入零件原点参数G54：主菜单—MDI（F4）—坐标系（F3），用键盘输入通过对刀得到的工件坐标原点，按Enter键，将参数输入到指定区域	
8	输入刀具补偿参数：主菜单—MDI（F4）—刀具表（F2），在半径中输入补偿值。按Enter键后，输入数值，再按Enter键完成输入	
9	导入加工程序：主菜单—自动加工（F1）—程序选择（F1）—磁盘程序（F1），弹出选择程序对话框，用按键Tab移动蓝色光标条查找程序，再按Enter键完成选择	

（续）

序号	操作步骤	图　示
10	检查刀具运行轨迹	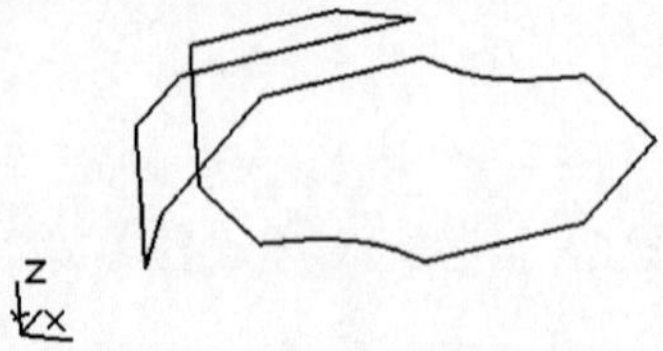 a) 外轮廓运行轨迹 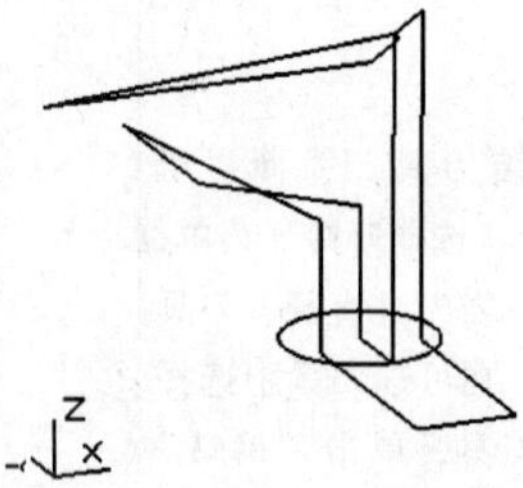 b) 圆形腔、U 形腔运行轨迹 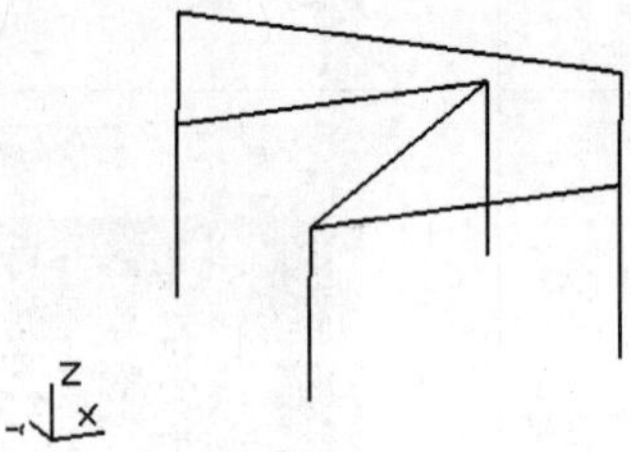 c) 孔加工运行轨迹
11	运行程序，完成加工	 a) 外轮廓加工效果图 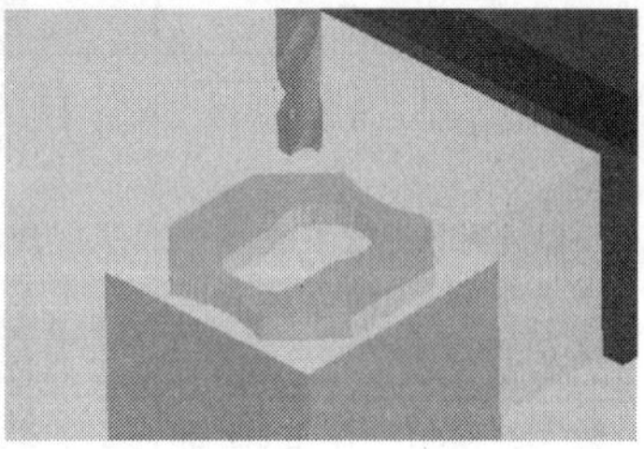 b) 圆形腔、U 形腔加工效果图 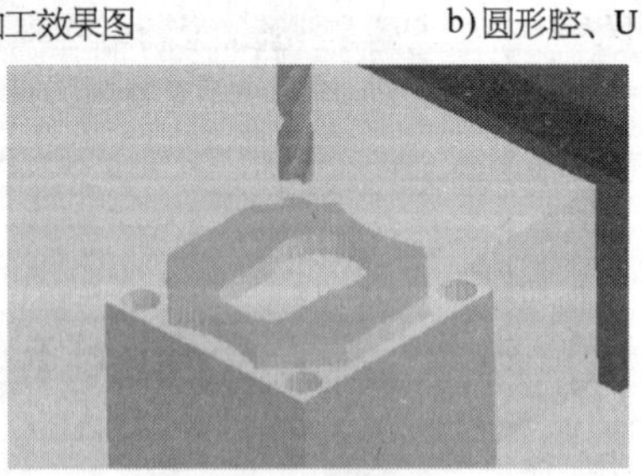 c) 孔加工及整体效果图

六、加工

加工操作步骤见表 7-12。

表 7-12　加工操作步骤

序号	操作步骤
1	接通电源，旋起急停按钮，系统复位
2	返回参考点
3	使用百分表找正机用平口钳
4	装夹工件、对刀
5	输入零件原点参数 G54 ~ G59（主菜单—设置（F5）—坐标系设定（F5））
6	输入刀具补偿参数（主菜单—刀具补偿（F4）—刀补表（F4））
7	输入、编辑加工程序
8	程序校验（主菜单—程序（F1）—程序校验（F5））
9	自动加工（粗加工，加工余量单边 0.5mm 左右）
10	自动加工（精加工，通过减少刀补值的方法控制零件的加工精度），测量零件，合格后卸下加工零件
11	清理机床
12	将工作台移至机床中间位置，按下急停按钮，断开机床电源

☞任务评价

零件加工结束后，把检测结果填入评分表，见表 7-13。

表 7-13　腰孔端盖加工评分表

<table>
<tr><td>班级</td><td colspan="2"></td><td>姓名</td><td></td><td>学号</td><td></td><td>日期</td><td colspan="2"></td></tr>
<tr><td colspan="3">任务名称</td><td colspan="7"></td></tr>
<tr><td rowspan="8">基本检测</td><td rowspan="4">编程</td><td>序号</td><td colspan="4">检测项目</td><td>配分</td><td>扣分</td><td>得分</td></tr>
<tr><td>1</td><td colspan="4">切削加工工艺制订正确</td><td>3</td><td></td><td></td></tr>
<tr><td>2</td><td colspan="4">切削用量选择合理</td><td>4</td><td></td><td></td></tr>
<tr><td>3</td><td colspan="4">程序正确、简单、明确、规范</td><td>4</td><td></td><td></td></tr>
<tr><td rowspan="4">操作</td><td>4</td><td colspan="4">设备操作、维护保养正确</td><td>3</td><td></td><td></td></tr>
<tr><td>5</td><td colspan="4">安全、文明生产</td><td>10</td><td></td><td></td></tr>
<tr><td>6</td><td colspan="4">刀具选择、安装正确、规范</td><td>3</td><td></td><td></td></tr>
<tr><td>7</td><td colspan="4">工件找正、装夹正确、规范</td><td>3</td><td></td><td></td></tr>
<tr><td colspan="7">基本检测结果小计</td><td>30</td><td></td><td></td></tr>
<tr><td rowspan="13">尺寸检测</td><td>序号</td><td colspan="2">考核内容</td><td colspan="3">评分标准</td><td>配分</td><td>扣分</td><td>得分</td></tr>
<tr><td>1</td><td colspan="2">外形（外轮廓）</td><td colspan="3" rowspan="12">1. 外形：形状正确，尺寸误差不超过 2mm 即得分
2. 尺寸：每个尺寸超出 0.01mm 扣 3 分，每个尺寸最多扣完自身分值
3. Ra 值：降一级扣 3 分，降二级不得分</td><td>5</td><td></td><td></td></tr>
<tr><td>2</td><td colspan="2">尺寸 $54_{-0.05}^{0}$ mm</td><td>10</td><td></td><td></td></tr>
<tr><td>3</td><td colspan="2">外形（内轮廓）</td><td>5</td><td></td><td></td></tr>
<tr><td>4</td><td colspan="2">尺寸 $22_{0}^{+0.08}$ mm</td><td>7</td><td></td><td></td></tr>
<tr><td>5</td><td colspan="2">尺寸 $18_{0}^{+0.08}$ mm</td><td>7</td><td></td><td></td></tr>
<tr><td>6</td><td colspan="2">外形（$4 \times \phi 6_{0}^{+0.025}$ mm 孔）</td><td>5</td><td></td><td></td></tr>
<tr><td>7</td><td colspan="2">尺寸 $4 \times \phi 6_{0}^{+0.025}$ mm</td><td>10</td><td></td><td></td></tr>
<tr><td>8</td><td colspan="2">孔距 49 ± 0.1mm（两处）</td><td>5</td><td></td><td></td></tr>
<tr><td>9</td><td colspan="2">深度尺寸 $5_{-0.1}^{0}$ mm（两处）</td><td>6</td><td></td><td></td></tr>
<tr><td>10</td><td colspan="2">深度尺寸 15mm</td><td>3</td><td></td><td></td></tr>
<tr><td>11</td><td colspan="2">自由公差 1 处</td><td>3</td><td></td><td></td></tr>
<tr><td>12</td><td colspan="2">表面粗糙度 Ra3.2μm</td><td>4</td><td></td><td></td></tr>
<tr><td colspan="7">尺寸检测结果小计</td><td>70</td><td></td><td></td></tr>
<tr><td colspan="7">合计</td><td>100</td><td></td><td></td></tr>
</table>

任务反馈

1）编程时，可把内轮廓分为圆形腔和 U 形腔两个部分，可避免计算坐标点。

2）去除余量尽量采用改刀补的方法。

3）粗、精加工时，修改的刀补值要准确，否则容易在精加工后留下台阶。

任务总结

学到的知识点	1. 2. 3. 4.
还需要进一步提高的操作练习（知识点）	1. 2. 3. 4.
存在疑问或不懂的知识点	1. 2. 3. 4.
应注意的问题	1. 2. 3. 4.
其他	1. 2. 3. 4.

项目八　综合件加工

知识目标

1. 掌握子程序调用方法并与旋转指令综合应用。
2. 了解毛坯材料的相关知识。

技能目标

1. 掌握型腔类零件编程的方法。
2. 掌握型腔类零件的加工工艺过程。
3. 熟练加工工件，利用刀具半径补偿值去除余量保证加工精度。

任务描述

型腔综合件如图 8-1 所示，毛坯外形尺寸为 60mm × 60mm × 20mm，材料为硬铝。分析加工工艺，编写加工程序。

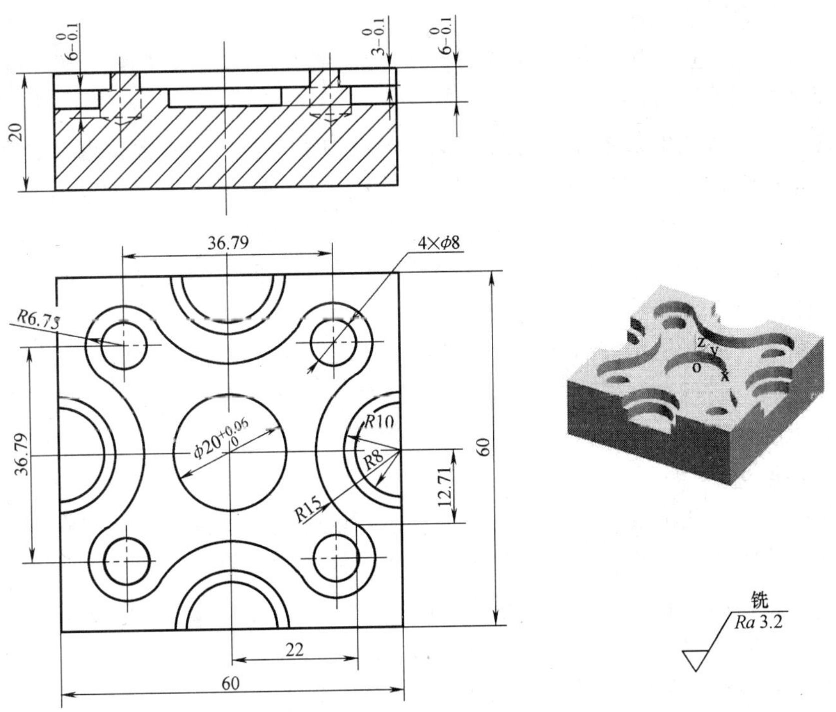

图 8-1　型腔综合件

任务分析

本任务主要是训练学生掌握数控铣削型腔类综合件的编程技巧和加工方法。

知识准备

一、本任务编程相关指令

1. 子程序调用（M98）及从子程序返回（M99）

M98 用于调用子程序，M99 表示子程序结束，返回到主程序。

子程序的格式:% ** 子程序名（华中数控系统由“%”开头，后接4 位数字）

*** *** 子程序内容

M99 子程序结束，返回到主程序

调用子程序的格式：M98 P __ L __。P 为被调用的子程序号，L 为重复调用次数。

注：华中数控系统被调用的子程序必须与主程序在同一个文件里。

2. 旋转指令（G68、G69）

格式：G68 X __ Y __ P __

说明：G68 为建立旋转；G69 为取消旋转；X、Y 为旋转中心坐标值；P 为旋转角度（°），0°≤P≤360°，以 *X* 轴正向为起点，逆时针方向为正，顺时针方向为负。

二、工件材料

铝及其合金是工业中用量最大的非铁金属。纯铝较软，有良好的延展性、导电性和导热性，其密度小、耐蚀性强。

以铝为基体加入其他元素而构成的非铁合金称为铝合金。强度上接近合金钢，刚度上超过钢，塑性、铸造性能和切削性能好，铝合金的比重比钢铁小得多，被大量用于制造飞机、汽车、火箭、航天飞行器的构件，是应用很广的一种非铁金属材料。

按加工工艺的不同，常用的铝合金分为铸造铝合金和变形铝合金。

1. 铸造铝合金

通过铸造工艺成形，主要有铝硅系、铝铜系、铝镁系和铝锌系合金。其合金含量一般高于变形铝合金，主要用于制造各种结构件，如壳体、箱体、框架以及承受较大动、静载荷的部件和飞机螺旋桨等。

2. 变形铝合金

通过塑性变形工艺成形，分为硬铝合金、超硬铝合金、防锈铝合金和耐热铝合金等。前两者用于制造飞机骨架、蒙皮、翼肋和高载荷铆钉等。防锈铝合金用于制造飞机油箱、油路导管。耐热铝合金用于制造活塞和内燃机气缸盖等。铝合金在低温下的强度和塑性比在室温中均有所提高，因此常在制氧机械等设备中做低温结构件使用。

变形铝合金由铝字的汉语拼音首字母“L”开头表示，如防锈铝 LF2 ~ LF14，硬铝 LY1 ~ LY17，锻铝 LD2、LD10，超硬铝 LC3、LC9。

L1 ~ L2 为工业纯铝，LT1、LT17 为特殊铝。20 世纪末研发的铝锂合金具有较高的强度和弹性模量，是航空航天工业理想的结构材料。

任务实施

一、确定加工工艺

1. 确定工艺路线

1）铣削平面，可选用 ϕ55mm 可转位面铣刀。

2）粗加工内型腔，选用 ϕ10mm 键槽铣刀。

3）精加工内型腔，选用 ϕ10mm 键槽铣刀。

4）粗加工 ϕ20mm 圆形腔，选用 ϕ10mm 键槽铣刀。

5）精加工 ϕ20mm 圆形腔，选用 ϕ10mm 键槽铣刀。

6）粗加工 R10mm、R8mm 两个圆弧，选用 ϕ10mm 三面刃铣刀。

7）精加工 R10mm、R8mm 两个圆弧，选用 ϕ10mm 三面刃铣刀。

8）加工 4 × ϕ8mm 孔，选用 ϕ8mm 直柄麻花钻。

2. 夹具选用与工件装夹

由于零件形状比较规则，通常选用机用平口钳装夹，装夹工件时用机用平口钳装夹毛坯的两侧面，在工件下表面与机用平口钳之间放入精度较高的平行垫铁，垫铁的厚度与宽度要适当，应保证工件在本次定位装夹中所有需要完成的待加工面充分暴露在外，以方便加工，最后用塑胶锤子敲击工件，使垫铁不能移动后夹紧工件。

3. 工具、量具、刀具清单（表 8-1）

表 8-1　工具、量具、刀具清单

种类	序号	名称	规格	精度	单位	数量	备注
工具	1	机用平口钳			个	1	
	2	机用平口钳扳手			个	1	
	3	平行垫铁			块	2	
	4	塑胶锤子			个	1	
	5	Z 轴设定器	50mm	0.01mm	个	1	
	6	寻边器	机械式（ϕ10mm）		个	1	
	7	刀柄	ER32、ER25		个	各 1	
	8	筒夹	ϕ10mm、ϕ8mm		个	各 1	
量具	1	游标卡尺	0 ~ 150mm	0.02mm	把	1	
	2	内径千分尺	0 ~ 25mm	0.01mm	把	1	
	3	光滑塞规	ϕ8mm		个	1	
刀具	1	可转位面铣刀	ϕ55mm		把	1	
	2	三面刃铣刀	ϕ10mm		把	1	
	3	键槽铣刀	ϕ10mm		把	1	
	4	直柄麻花钻	ϕ8mm		把	1	

4. 切削用量的选择（表 8-2）

表 8-2 切削用量的选择

加工步骤		刀具与切削参数				
序号	加工内容	刀具规格		主轴转速 n /(r/min)	进给速度 v_f /(mm/min)	刀具半径补偿/mm
		类型	材料			
1	粗加工上表面	ϕ55mm 可转位面铣刀	硬质合金	1200	80～100	无
2	精加工上表面			1600	100～120	无
3	粗加工内型腔	ϕ10mm 键槽铣刀	高速钢	1000～1200	80～120	5.5
4	精加工内型腔	ϕ10mm 键槽铣刀		1600～1800	100～150	计算
5	粗加工 ϕ20mm 圆形腔	ϕ10mm 键槽铣刀		1000～1200	80～120	5.5
6	精加工 ϕ20mm 圆形腔	ϕ10mm 键槽铣刀		1600～1800	100～150	计算
7	粗加工 R10mm、R8mm 两个圆弧	ϕ10mm 三面刃铣刀		1000～1200	80～120	5.5
8	精加工 R10mm、R8mm 两个圆弧	ϕ10mm 三面刃铣刀		1400～1600	100～150	计算
9	加工 4×ϕ8mm 孔	ϕ8mm 直柄麻花钻		1400～1600	80～120	无

二、设定工件坐标系

工件坐标系的原点设置在工件上表面的中心位置，将 X、Y、Z 轴的零偏值输入到工件坐标系 G54 中。

三、编制数控加工程序（表 8-3）

表 8-3 数控加工程序（华中 HNC-21M 系统）

程序		说明
O0001		文件名(粗、精加工内型腔)
%0001		程序名
N1	G54 G90 G0 X0 Y0 Z20	绝对坐标编程，建立工件坐标系，快速定位到(0，0，20)处
N2	M3 S1000	主轴正转，转速为 1000r/min
N3	X10 Y50 M8	X、Y 轴快速定位，切削液开
N4	G42 X15 Y5 D01	X、Y 轴快速定位，并引入刀具 1 号半径补偿值
N5	Z2	Z 轴快速定位
N6	G1 Z-3 F100	Z 轴切削进刀，进给速度为 100mm/min
N7	Y0 F200	Y 轴切削进给，进给速度为 200mm/min
N8	G3 X22 Y-12.71 R15	R15mm 圆弧铣削加工
N9	G2 X12.71 Y-22 R-6.75	R6.75mm 圆弧铣削加工
N10	G3 X-12.71 R15	R15mm 圆弧铣削加工
N11	G2 X-22 Y-12.71 R-6.75	R6.75mm 圆弧铣削加工

（续）

程　序		说　明
N12	G3 Y12.71 R15	R15mm 圆弧铣削加工
N13	G2 X-12.71 Y22 R-6.75	R6.75mm 圆弧铣削加工
N14	G3 X12.71 R15	R15mm 圆弧铣削加工
N15	G2 X22 Y12.71 R-6.75	R6.75mm 圆弧铣削加工
N16	G3 X15 Y0 R15	R15mm 圆弧铣削加工
N17	G1 Y-5	Y 轴切削进给
N18	G0 Z20	Z 轴快速退刀
N19	G40 X0 Y0	X、Y 轴快速退刀，取消刀具半径补偿
N20	M30	程序结束回起始位置，机床复位（切削液关，主轴停止）
O0002		文件名（粗、精加工 ϕ20mm 圆形腔）
%0002		程序名
N1	G90 G0 G54 X0 Y0 Z20	绝对坐标编程，建立工件坐标系，快速定位到（0，0，20）处
N2	M3 S1000	主轴正转，转速为 1000r/min
N3	G0 X5 Y-20 M8	X、Y 轴快速定位，切削液开
N4	G41 X10 Y0 D01	X、Y 轴快速定位，并引入刀具 1 号半径补偿值
N5	Z2	Z 轴快速定位
N6	G1 Z-6 F100	Z 轴切削进刀，进给速度为 100mm/min
N7	G3 I-10 F200	ϕ20mm 整圆铣削加工，进给速度为 200mm/min
N8	G0 Z20	Z 轴快速退刀
N9	G40 X0 Y0	X、Y 轴快速退刀，取消刀具半径补偿
N10	M30	程序结束回起始位置，机床复位（切削液关，主轴停止）
O0003		文件名（粗、精加工 R10mm、R8mm 两个圆弧）
%0003		程序名
N1	G90 G0 G54 X0 Y0 Z20	绝对坐标编程，建立工件坐标系，快速定位到（0，0，20）处
N2	M3 S1000 F200	主轴正转，转速为 1000r/min，进给速度为 200mm/min
N3	M98 P4 M8	调用子程序%4，铣削 R8mm、R10mm 圆弧，切削液开
N4	G68 X0 Y0 P90	坐标系逆时针旋转 90°
N5	M98 P4	调用子程序%4
N6	G68 X0 Y0 P180	坐标系逆时针旋转 180°
N7	M98 P4	调用子程序%4
N8	G68 X0 Y0 P270	坐标系逆时针旋转 270°
N9	M98 P4	调用子程序%4
N10	G69	取消旋转
N11	M30	程序结束回起始位置，机床复位（切削液关，主轴停止）

（续）

程　序		说　明
%4		子程序名（铣削 *R*8mm、*R*10mm 圆弧）
N1	G0 X0 Y-50	*X*、*Y* 轴快速定位
N3	Z-3	*Z* 轴快速进刀
N4	G1 G41 X10 Y-30 D01	*X*、*Y* 轴切削进给，并引入刀具 1 号半径补偿值
N5	G3 X-10 R10	*R*10mm 圆弧铣削加工
N6	G0 Z5	*Z* 轴快速退刀
N7	G40 X0 Y-50	*X*、*Y* 轴快速退刀，取消刀具半径补偿
N8	G0 Z-6	*Z* 轴快速进刀
N9	G1 G41 X8 Y-30 D01	*X*、*Y* 轴切削进给，并引入刀具 1 号半径补偿值
N10	G3 X-8 R8	*R*8mm 圆弧铣削加工
N11	G0 Z20	*Z* 轴快速退刀
N12	G40 X0 Y0	*X*、*Y* 轴快速退刀，取消刀具半径补偿
N13	M99	子程序结束返回主程序
O0005		文件名（加工 4×ϕ8mm 孔）
%0005		程序名
N1	G90 G0 G54 X0 Y0 Z20	绝对坐标编程，建立工件坐标系，快速定位到（0，0，20）处
N2	M3 S1000 F200	主轴正转，转速为 1000r/min，进给速度为 200mm/min
N3	G99 G82 X13.895 Y13.895 Z-9 R2 P3 M8	孔加工，切削液开
	或	
	G99 G83 X13.895 Y13.895 Z-9 R2 Q-3 K1 M08	深孔加工，切削液开
N4	X-13.395	孔位坐标
N5	X13.895 Y-13.895	孔位坐标
N6	X-13.895	孔位坐标
N7	G0 Z20	取消固定循环，*Z* 轴快速退刀
N8	X0 Y0	*X*、*Y* 轴快速退刀
N9	M30	程序结束回起始位置，机床复位（切削液关，主轴停止）

四、实体造型

1）按 F5 键，选择“XOY 平面”作为视图平面和作图平面。在特征树中，单击“平面 XY”，再单击“绘制草图”按钮，创建草图。

2）单击“矩形”按钮，选择“中心 长 宽”方式，设定长和宽为 60mm，选择坐标原点作为矩形的中心点。

3）单击“拉伸增料”按钮，选择“固定深度”方式，设定深度为 20mm，单击“确定”按钮，如图 8-2 所示。

4）选择已生成实体的前表面，单击“绘制草图”按钮，激活前表面作为草图平面。单击“圆弧”按钮和“整圆”按钮，绘制内型腔。

5）单击“拉伸除料”按钮，选择“固定深度”方式，设定深度为3mm，单击“确定”按钮，如图8-3所示。

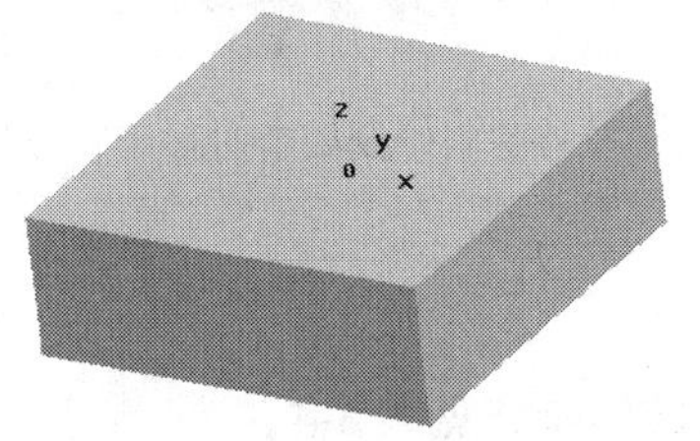

图8-2　绘制零件毛坯图

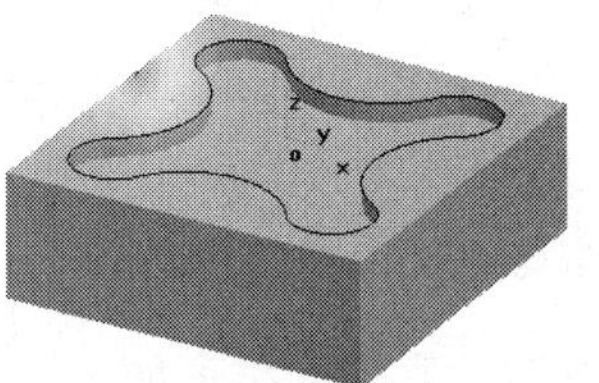

图8-3　拉伸除料绘制内腔

6）选择已生成实体的前表面，单击“绘制草图”按钮，激活前表面作为草图平面。单击“整圆”按钮，选择“圆心半径”方式，绘制ϕ20mm圆形腔。

7）单击“拉伸除料”按钮，选择“固定深度”方式，设定深度值为6mm，单击“确定”按钮，如图8-4所示。

8）单击“钻孔”按钮和“线性阵列”按钮，作4×ϕ8mm孔，如图8-5所示。

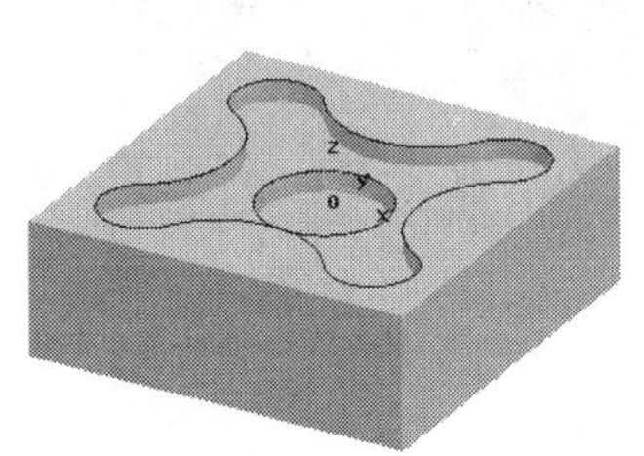

图8-4　拉伸除料绘制圆形腔

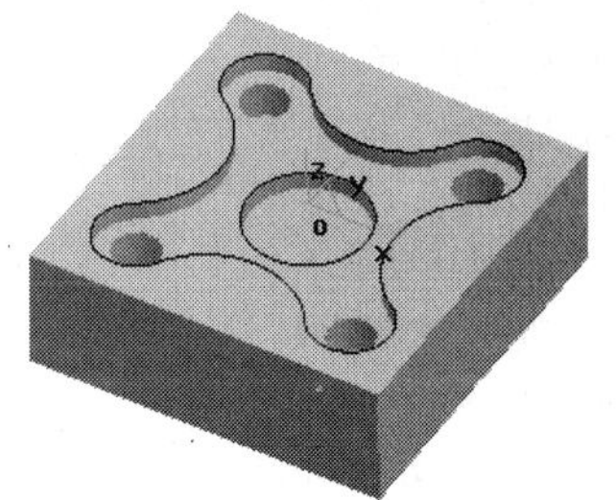

图8-5　钻孔并阵列四个孔

9）选择实体的前表面，单击“绘制草图”按钮，激活前表面作为草图平面。单击“整圆”按钮，选择“圆心半径”方式，绘制4个R10mm的圆。

10）单击“拉伸除料”按钮，选择“固定深度”方式，设定深度值为3mm，单击“确定”按钮，如图8-6所示。

11）选择实体的前表面，单击“绘制草图”按钮，激活前表面作为草图平面。单击“整圆”按钮，选择“圆心半径”方式，绘制4个R8mm的圆。

12）单击“拉伸除料”按钮，选择“固定深度”方式，设定深度值为3mm，单击“确定”按钮，如图8-7所示。

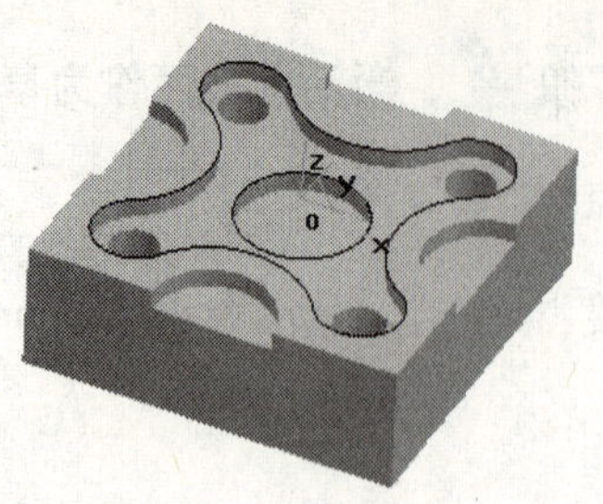

图 8-6　拉伸除料绘制四个对称半圆外轮廓

图 8-7　拉伸除料绘制四个对称半圆外轮廓

五、仿真加工

采用数控仿真软件仿真加工，检查加工程序，具体操作步骤见表 8-4。

表 8-4　仿真加工操作步骤

序号	操作步骤	图　示
1	输入加工程序，以“. txt”格式存入计算机	
2	进入仿真系统： 单击“开始”/“程序”/“数控加工仿真系统”/“加密锁管理程序”，屏幕右下方工具栏中出现加密锁的图标，加密锁启动成功 单击“开始”/“程序”/“数控加工仿真系统”弹出“用户登录”界面。单击“快速登录”按钮，进入数控加工仿真系统	
3	选择机床： 选择“机床”/“选择机床”菜单，在“选择机床”对话框中，“控制系统”选择“华中数控”，“机床类型”选择“铣床”，单击“确定”按钮，完成操作	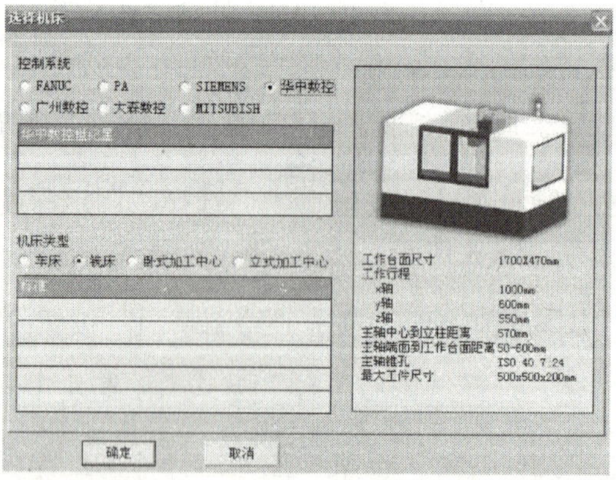
4	解除急停，机床回零	

（续）

<table>
<tr><th>序号</th><th>操作步骤</th><th>图　示</th></tr>
<tr><td>5</td><td>装夹零件：
1. 定义毛坯：选择“零件”/“定义毛坯”菜单，在弹出的“定义毛坯”对话框中，零件“材料”选择“ZL412 铝”，“形状”选择“长方形”，设置毛坯长宽高尺寸，单击“确定”按钮
2. 安装夹具：选择“零件”/“安装夹具”菜单项，在“选择夹具”对话框中，“选择零件”选取“毛坯1”，“选择夹具”选取“平口钳”，单击“确定”按钮
3. 放置零件：选择“零件”/“放置零件”菜单项，在弹出的“选择零件”对话框中，选择名称为“毛坯1”的零件，并单击“安装零件”按钮</td><td>a)　b)
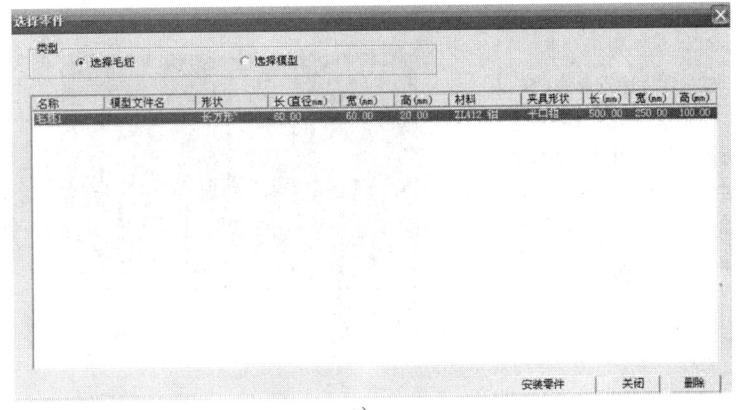

c)</td></tr>
<tr><td>6</td><td>对刀、装刀具：
X、Y 轴对刀，使用基准工具。选择“机床”/“基准工具”菜单，如图 a 所示，左边是刚性靠棒工具，右边是寻边器。Z 轴对刀，使用实际加工时所要使用的刀具。安装刀具：选择“机床”/“选择刀具”菜单，选择所需刀具直径、刀具类型，在可选刀具中选择所需刀具，单击“确认”按钮</td><td>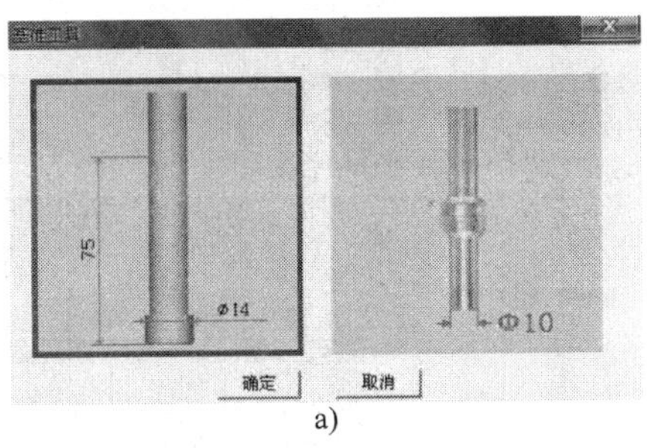

a)</td></tr>
</table>

（续）

序号	操作步骤	图　示
6	对刀、装刀具： *X*、*Y* 轴对刀，使用基准工具。选择“机床”/“基准工具”菜单，如图 a 所示，左边是刚性靠棒工具，右边是寻边器。*Z* 轴对刀，使用实际加工时所要使用的刀具。安装刀具：选择“机床”/“选择刀具”菜单，选择所需刀具直径、刀具类型，在可选刀具中选择所需刀具，单击“确认”按钮	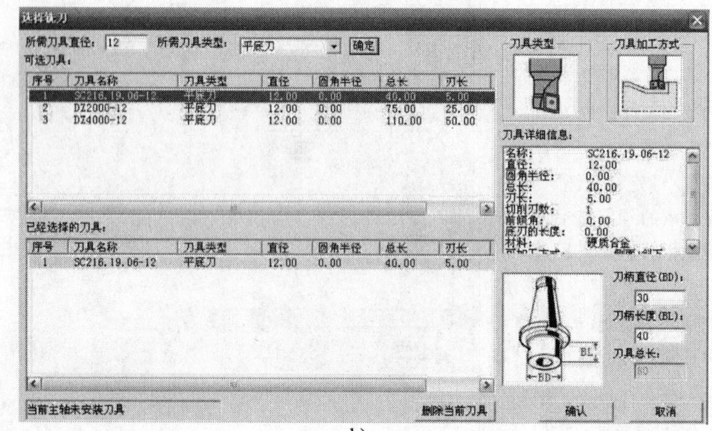 b)
7	输入零件原点参数 G54： 主菜单—MDI（F4）—坐标系（F3），用键盘输入通过对刀得到的工件坐标原点，按 Enter 键，将参数输入到指定区域	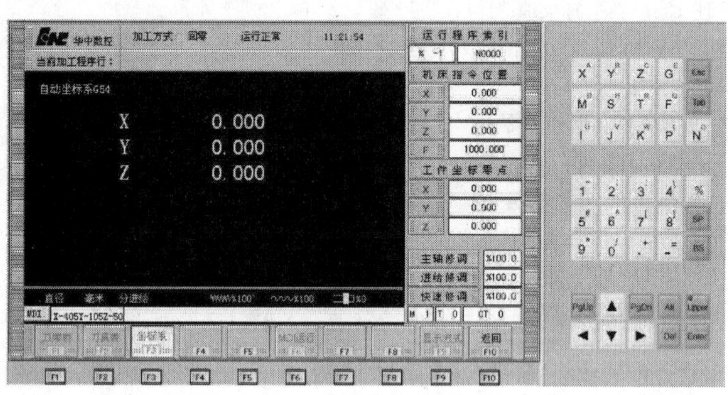
8	输入刀具补偿参数： 主菜单—MDI（F4）—刀具表（F2），在半径中输入补偿值。按 Enter 键后，输入数值，再按 Enter 键完成输入	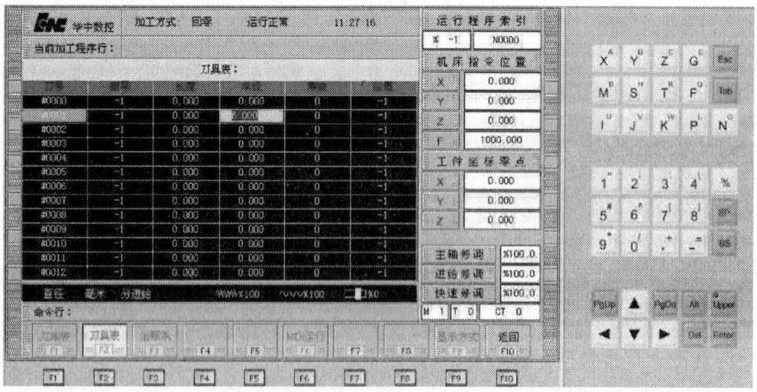

（续）

序号	操作步骤	图　示
9	导入加工程序： 主菜单—自动加工（F1）—程序选择（F1）—磁盘程序（F1），弹出“选择G代码程序”对话框，按Tab键移动蓝色光标查找程序，再按Enter键完成选择	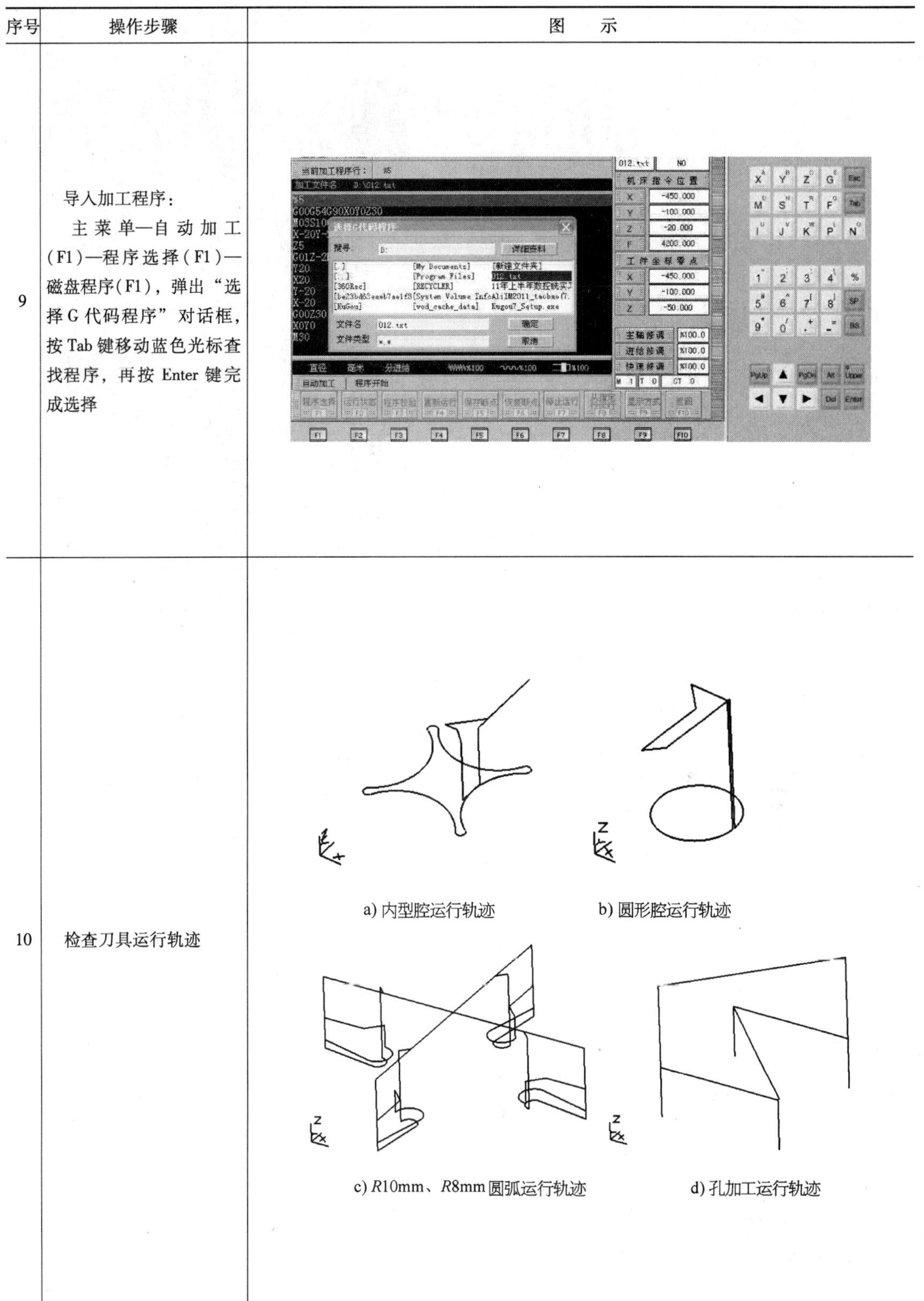
10	检查刀具运行轨迹	a) 内型腔运行轨迹　b) 圆形腔运行轨迹 c) R10mm、R8mm圆弧运行轨迹　d) 孔加工运行轨迹

（续）

序号	操作步骤	图示
11	运行程序，完成加工	 a) 内型腔加工效果图 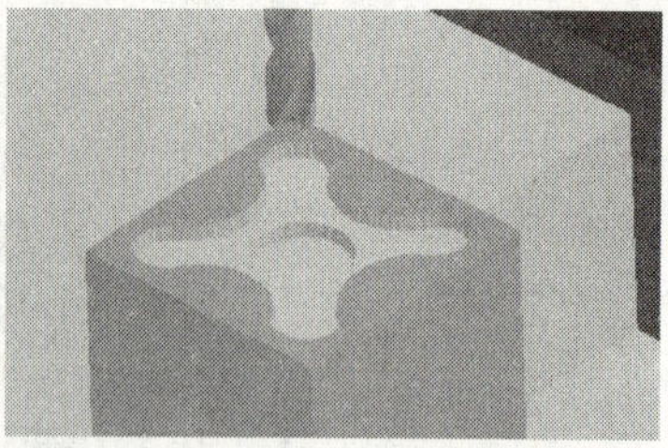 b) 圆形腔加工效果图 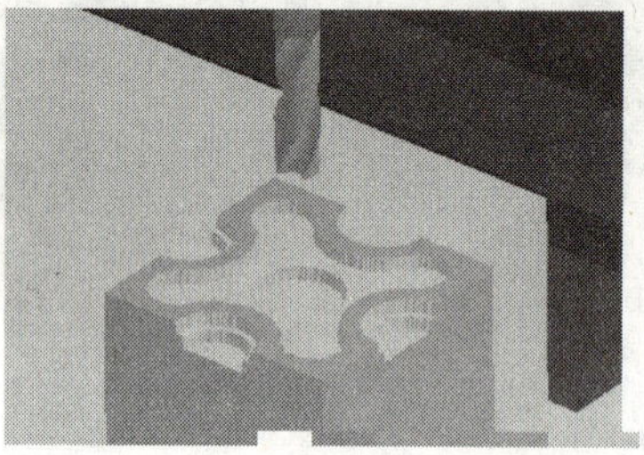 c) R10mm、R8mm 圆弧加工效果图  d) 孔加工及整体效果图

六、加工

加工操作步骤见表 8-5。

表 8-5 加工操作步骤

序号	操作步骤
1	接通电源，旋起急停按钮，系统复位
2	返回参考点
3	使用百分表找正平口钳
4	装夹工件、对刀
5	输入零件原点参数 G54 ~ G59（主菜单—设置（F5）—坐标系设定（F5））
6	输入刀具补偿参数（主菜单—刀具补偿（F4）—刀补表（F4））
7	输入、编辑加工程序
8	程序校验（主菜单—程序（F1）—程序校验（F5））
9	自动加工（粗加工，加工余量单边 0.5mm 左右）
10	自动加工（精加工，通过减少刀补值的方法控制零件的加工精度），测量零件，合格后卸下加工零件
11	清理机床
12	将工作台移至机床中间位置，按下急停按钮，断开机床电源

☞任务评价

零件加工结束后，把检测结果填入评分表，见表 8-6。

表 8-6　型腔综合件加工评分表

班级		姓名		学号		日期	
任务名称							

		序号	检　测　项　目	配分	扣分	得分
基本检测	编程	1	切削加工工艺制订正确	3		
		2	切削用量选择合理	4		
		3	程序正确、简单、明确、规范	4		
	操作	4	设备操作、维护保养正确	3		
		5	安全、文明生产	10		
		6	刀具选择、安装正确、规范	3		
		7	工件找正、装夹正确、规范	3		
基本检测结果小计				30		
	序号	考核内容	评分标准	配分	扣分	得分
尺寸检测	1	整体外形	1. 外形：形状正确，尺寸误差不超过 2mm 即得分 2. 尺寸：每个尺寸超出 0.01mm 扣 2 分，每个尺寸最多扣完自身分值 3. *Ra* 值：降一级扣 3 分，降二级不得分	9		
	2	圆弧 $R15$mm		5		
	3	圆弧 $R6.75$mm		5		
	4	圆弧 $R10$mm		5		
	5	圆弧 $R8$mm		5		
	6	尺寸 $\phi20^{+0.06}_{0}$mm		8		
	7	$4\times\phi8$mm 孔		8		
	8	孔距 36.79mm（两处）		6		
	9	深度尺寸 $6^{0}_{-0.1}$mm（四处）		9		
	10	深度尺寸 $3^{0}_{-0.1}$mm（四处）		6		
	11	表面粗糙度		4		
尺寸检测结果小计				70		
合计				100		

任务反馈

1）内轮廓加工时，刀具半径要小于或等于内圆弧的半径。

2）加工四边的两个圆弧时，要注意刀补，避免出现干涉。

3）精铣时采用顺铣，以提高尺寸精度和表面质量。

任务总结

学到的知识点	1. 2. 3. 4.

（续）

还需要进一步提高的操作练习（知识点）	1. 2. 3. 4.
存在疑问或不懂的知识点	1. 2. 3. 4.
应注意的问题	1. 2. 3. 4.
其他	1. 2. 3. 4.

拓展提高

综合件零件图如图 8-8 所示，毛坯外形尺寸为 60mm × 60mm × 20mm，材料为硬铝。

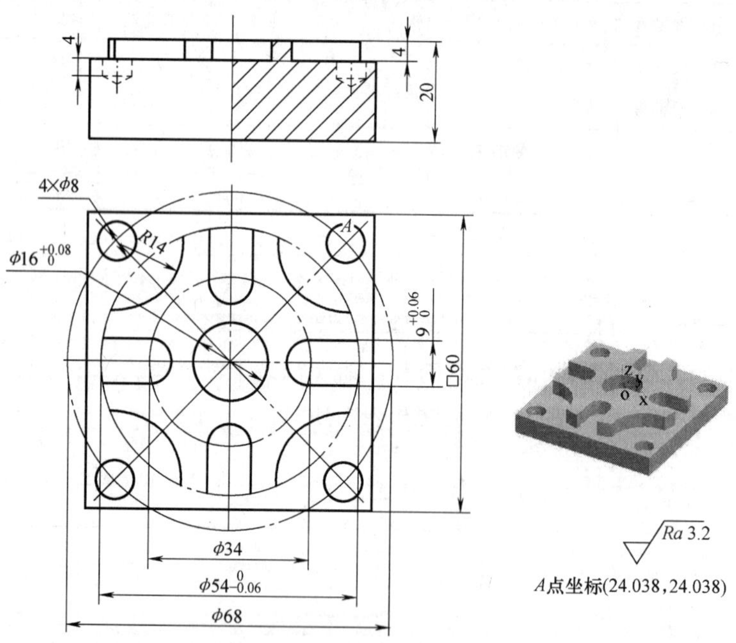

图 8-8 综合件零件图

零件加工结束后，把检测结果填入评分表，见表8-7。

表8-7　综合件评分表

<table>
<tr><td>班级</td><td colspan="2"></td><td>姓名</td><td></td><td>学号</td><td></td><td>日期</td><td colspan="2"></td></tr>
<tr><td colspan="3">任务名称</td><td colspan="7"></td></tr>
<tr><td rowspan="8">基本检测</td><td></td><td>序号</td><td colspan="4">检　测　项　目</td><td>配分</td><td>扣分</td><td>得分</td></tr>
<tr><td rowspan="3">编程</td><td>1</td><td colspan="4">切削加工工艺制订正确</td><td>3</td><td></td><td></td></tr>
<tr><td>2</td><td colspan="4">切削用量选择合理</td><td>4</td><td></td><td></td></tr>
<tr><td>3</td><td colspan="4">程序正确、简单、明确、规范</td><td>4</td><td></td><td></td></tr>
<tr><td rowspan="4">操作</td><td>4</td><td colspan="4">设备操作、维护保养正确</td><td>3</td><td></td><td></td></tr>
<tr><td>5</td><td colspan="4">安全、文明生产</td><td>10</td><td></td><td></td></tr>
<tr><td>6</td><td colspan="4">刀具选择、安装正确、规范</td><td>3</td><td></td><td></td></tr>
<tr><td>7</td><td colspan="4">工件找正、装夹正确、规范</td><td>3</td><td></td><td></td></tr>
<tr><td colspan="7">基本检测结果小计</td><td>30</td><td></td><td></td></tr>
<tr><td rowspan="13">尺寸检测</td><td>序号</td><td colspan="2">考核内容</td><td colspan="3">评分标准</td><td>配分</td><td>扣分</td><td>得分</td></tr>
<tr><td>1</td><td colspan="2">外形（外轮廓）</td><td colspan="3" rowspan="12">1. 外形：形状正确，尺寸误差不超过2mm即得分
2. 尺寸：每个尺寸超出0.01mm扣2分，每个尺寸最多扣完自身分值
3. Ra值：降一级扣3分，降二级不得分</td><td>5</td><td></td><td></td></tr>
<tr><td>2</td><td colspan="2">尺寸$\phi54_{-0.06}^{0}$mm（两处）</td><td>9</td><td></td><td></td></tr>
<tr><td>3</td><td colspan="2">尺寸$9_{0}^{+0.06}$mm</td><td>6</td><td></td><td></td></tr>
<tr><td>4</td><td colspan="2">尺寸$R14$mm</td><td>5</td><td></td><td></td></tr>
<tr><td>5</td><td colspan="2">外形（$\phi16$mm圆形腔）</td><td>5</td><td></td><td></td></tr>
<tr><td>6</td><td colspan="2">尺寸$\phi16_{0}^{+0.08}$mm</td><td>8</td><td></td><td></td></tr>
<tr><td>7</td><td colspan="2">外形（$4\times\phi8$mm孔）</td><td>5</td><td></td><td></td></tr>
<tr><td>8</td><td colspan="2">尺寸$4\times\phi8$mm</td><td>8</td><td></td><td></td></tr>
<tr><td>9</td><td colspan="2">孔距（两处）</td><td>6</td><td></td><td></td></tr>
<tr><td>10</td><td colspan="2">深度尺寸4mm（两处）</td><td>6</td><td></td><td></td></tr>
<tr><td>11</td><td colspan="2">深度尺寸8mm</td><td>3</td><td></td><td></td></tr>
<tr><td>12</td><td colspan="2">表面粗糙度</td><td>4</td><td></td><td></td></tr>
<tr><td colspan="7">尺寸检测结果小计</td><td>70</td><td></td><td></td></tr>
<tr><td colspan="7">合计</td><td>100</td><td></td><td></td></tr>
</table>

附　　录

附录 A　华中 HNC-21/22M 系统编程指令表

表 A-1　华中 HNC-21/22M 系统准备功能（G）指令

G 指令	组号	功　能	G 指令	组号	功　能
* G00	01	快速定位	G57	11	选用 4 号工件坐标系
* G01		直线插补	G58		选用 5 号工件坐标系
G02		顺时针圆弧插补	G59		选用 6 号工件坐标系
G03		逆时针圆弧插补	G60	00	单一方向定位
G04	00	暂停，精确停止	G61	12	精确停止方式
G07	16	虚轴定位	* G64		切削方式
G09	00	准停校验	G65	00	宏指令简单调用
* G17	02	选择 *XY* 平面	G68	05	坐标旋转
G18		选择 *ZX* 平面	G69		旋转取消
G19		选择 *YZ* 平面	G73	06	深孔钻削固定循环
* G20	08	英寸输入	G74		反螺纹攻丝固定循环
G21		毫米输入	G76		精镗固定循环
G22		脉冲当量	* G80		取消固定循环
G24	03	镜像开	G81		钻削固定循环
* G25		镜像关	G82		钻削固定循环
G28	00	返回参考点	G83		深孔钻削固定循环
G29		从参考点返回	G84		攻丝固定循环
* G40	09	取消半径补偿	G85		镗削固定循环
G41		左刀补	G86		镗削固定循环
G42		右刀补	G87		反镗固定循环
G43	10	刀具长度正补偿	G88		镗削固定循环
G44		刀具长度负补偿	G89		镗削固定循环
* G49		取消刀具长度补偿	* G90		绝对值指令方式
G50	04	比例缩放关	G91		增量值指令方式
G51		比例缩放开	G92	00	工件零点设定
G53	00	选择机床坐标系	G94	14	每分钟进给
* G54	11	选用 1 号工件坐标系	G95		每转进给
G55		选用 2 号工件坐标系	* G98	15	固定循环返回初始点
G56		选用 3 号工件坐标系	G99		固定循环返回 R 点

注：1. 带“*”号的指令表示接通电源时，即为该 G 指令的状态。

2. 不同组 G 指令可以放在同一程序段中，而且与顺序无关。

3. 同组 G 指令不能出现在同一程序段中，否则将执行后出现的 G 指令代码。

表 A-2　华中 HNC-21/22M 系统辅助功能（M）指令

M 指令	分类	功能	M 指令	分类	功能
M00	非模态	程序停止	M09		切削液关
M02		程序结束	M21		刀库正转（顺时针旋转）
M03		主轴正转	M22		刀库反转（逆时针旋转）
M04		主轴反转	M30		程序结束并返回起始行
M05		主轴停止转动	M41		刀库向前
M06		换刀	M98		调用子程序
M07/M08		切削液开	M99		子程序结束返回主程序

注：1. 有些指令对数控铣床不适用。
　　2. 编程时，前面的 0 可省略，如 M00、M01 可简写为 M0、M1。

附录 B　数控铣工国家职业标准

一、职业概况

1. 职业名称

数控铣工。

2. 职业定义

从事编制数控加工程序并操作数控铣床进行零件铣削加工的人员。

3. 职业等级

本职业共设四个等级，分别为：中级（国家职业资格四级）、高级（国家职业资格三级）、技师（国家职业资格二级）、高级技师（国家职业资格一级）。

4. 职业环境

室内、常温。

5. 职业能力特征

具有较强的计算能力和空间感，形体知觉及色觉正常，手指、手臂灵活，动作协调。

6. 基本文化程度

高中毕业（或同等学历）。

7. 培训要求

（1）培训期限　全日制职业学校教育，根据其培养目标和教学计划确定。晋级培训期限：中级不少于 400 标准学时，高级不少于 300 标准学时，技师不少于 300 标准学时，高级技师不少于 300 标准学时。

（2）培训教师　培训中级、高级的教师应取得本职业技师及以上职业资格证书或相关专业中级及以上专业技术职称任职资格；培训技师的教师应取得本职业高级技师职业资格证书或相关专业高级专业技术职称任职资格；培训高级技师的教师应取得本职业高级技师职业资格证书 2 年以上或取得相关专业高级专业技术职务任职资格。

（3）培训场地设备　满足教学要求的标准教室、计算机机房及配套的软件、数控铣床及必要的刀具、夹具、量具和辅助设备等。

8. 鉴定要求

（1）适用对象 从事或准备从事本职业的人员。

（2）申报条件

1）中级（具备以下条件之一者）

①经本职业中级正规培训达规定标准学时数，并取得结业证书。

②连续从事本职业工作5年以上。

③取得经劳动保障行政部门审核认定的，以中级技能为培养目标的中等以上职业学校本职业或相关专业毕业证书。

④取得相关职业中级职业资格证书后，连续从事本职业工作2年以上。

2）高级（具备以下条件之一者）

①取得本职业中级职业资格证书后，连续从事本职业工作2年以上，经本职业高级正规培训达规定标准学时数，并取得结业证书。

②取得本职业中级职业资格证书后，连续从事本职业工作4年以上。

③取得劳动保障行政部门审核认定的，以高级技能为培养目标的职业学校本职业或相关专业毕业证书。

④大专以上本专业或相关专业毕业生，经本职业高级正规培训达规定标准学时数，并取得结业证书。

3）技师（具备以下条件之一者）

①取得本职业高级职业资格证书后，连续从事本职业工作4年以上，经本职业技师正规培训达规定标准学时数，并取得结业证书。

②取得本职业高级职业资格证书的职业学校本职业（专业）毕业生，连续从事本职业工作2年以上，经本职业技师正规培训达规定标准学时数，并取得结业证书。

③取得本职业高级职业资格证书的本科（含本科）以上本专业或相关专业的毕业生，连续从事本职业工作2年以上，经本职业技师正规培训达规定标准学时数，并取得结业证书。

4）高级技师。取得本职业技师职业资格证书后，连续从事本职业工作4年以上，经本职业高级技师正规培训达规定标准学时数，并取得结业证书。

（3）鉴定方式 分为理论知识考试和技能操作考核。理论知识考试采用闭卷方式，技能操作（含软件应用）考核采用现场实际操作和计算机软件操作方式。理论知识考试和技能操作（含软件应用）考核均实行百分制，成绩皆达60分及以上者为合格。技师和高级技师还须进行综合评审。

（4）考评人员与考生配比 理论知识考试考评人员与考生配比为1∶15，每个标准教室不少于2名考评人员；技能操作（含软件应用）考核考评员与考生配比为1∶2，且不少于3名考评员；综合评审委员不少于5人。

（5）鉴定时间 理论知识考试为120min，技能操作考核中实操时间为：中级、高级不少于240min，技师和高级技师不少于300min，技能操作考核中软件应用考试时间为不超过120min，技师、高级技师的综合评审时间不少于45min。

（6）鉴定场所设备 理论知识考试在标准教室里进行，软件应用考试在计算机机房进行，技能操作考核在配备必要的数控铣床及必要的刀具、夹具、量具和辅助设备的场所进行。

二、基本要求

1. 职业道德

（1）职业道德基本知识

（2）职业守则

1）遵守国家法律、法规和有关规定。

2）具有高度的责任心、爱岗敬业、团结合作。

3）严格执行相关标准、工作程序与规范、工艺文件和安全操作规程。

4）学习新知识和新技能、勇于开拓和创新。

5）爱护设备、系统工具、夹具及量具。

6）着装整洁，符合规定；保持工作环境清洁有序，文明生产。

2. 基础知识

（1）基础理论知识

1）机械制图。

2）工程材料及金属热处理知识。

3）机电控制知识。

4）计算机基础知识。

5）专业英语基础。

（2）机械加工基础知识

1）机械原理。

2）常用设备知识（分类、用途、基本结构及维护保养方法）。

3）常用金属切削刀具知识。

4）典型零件加工工艺。

5）设备润滑和切削液的使用方法。

6）工具、夹具、量具的使用与维护知识。

7）铣工、镗工基本操作知识。

（3）安全文明生产与环境保护知识

1）安全操作与劳动保护知识。

2）文明生产知识。

3）环境保护知识。

（4）质量管理知识

1）企业的质量方针。

2）岗位质量要求。

3）岗位质量保证措施与责任。

（5）相关法律、法规知识

1）劳动法的相关知识。

2）环境保护法的相关知识。

3）知识产权保护法的相关知识。

三、工作要求

本标准对中级、高级、技师和高级技师的技能要求依次递进，高级别涵盖低级别的要求。

1. 中级（见表 B-1）

表 B-1 数控铣工（中级）工作要求

职业功能	工作内容	技能要求	相关知识
一、加工准备	1. 读图与绘图	1. 能读懂中等复杂程度（如凸轮、壳体、板状、支架）的零件图 2. 能绘制有沟槽、台阶、斜面、曲面的简单零件图 3. 能读懂分度头尾架、弹簧夹头套筒、可转位铣刀结构等简单机构装配图	1. 复杂零件的表达方法 2. 简单零件图的画法 3. 零件三视图、局部视图和剖视图的画法
	2. 制定加工工艺	1. 能读懂复杂零件的铣削加工工艺文件 2. 能编制由直线、圆弧等构成的二维轮廓零件的铣削加工工艺文件	1. 数控加工工艺知识 2. 数控加工工艺文件的制订方法
	3. 零件定位与装夹	1. 能使用铣削加工常用夹具（如压板、台虎钳、机用平口钳等）装夹零件 2. 能够选择定位基准，并找正零件	1. 常用夹具的使用方法 2. 定位与夹紧的原理和方法 3. 零件找正的方法
	4. 刀具准备	1. 能根据铣削加工工艺文件选择、安装和调整数控铣床常用刀具 2. 能根据数控铣床特性、零件材料、加工精度、工作效率等选择刀具和刀具几何参数，并确定数控加工需要的切削参数和切削用量 3. 能够利用数控铣床的功能，借助通用量具或对刀仪测量刀具的半径及长度 4. 能选择、安装和使用刀柄 5. 能刃磨常用刀具	1. 金属切削与刀具磨损知识 2. 数控铣床常用刀具的种类、结构、材料和特点 3. 数控铣床、零件材料、加工精度和工作效率对刀具的要求 4. 刀具长度补偿、半径补偿等刀具参数的设置知识 5. 刀柄的分类和使用方法 6. 刀具刃磨的方法
二、数控编程	1. 手工编程	1. 能够使用 CAD/CAM 软件绘制简单零件图 2. 能够利用 CAD/CAM 软件完成简单平面轮廓的铣削程序	1. 数控编程知识 2. 直线插补和圆弧插补的原理 3. 节点的计算方法
	2. 计算机辅助编程	1. 能按照操作规程启动及停止机床 2. 能使用操作面板上的常用功能键（如回零、手动、MDI、修调等）	1. CAD/CAM 软件的使用方法 2. 平面轮廓的绘图与加工代码生成方法
三、数控铣床操作	1. 操作面板	1. 能按照操作规程起动及停止机床 2. 能使用操作面板上的常用功能键（如回零、手动、MDI、修调等）	1. 数控铣床操作说明书 2. 数控铣床操作面板的使用方法
	2. 程序输入与编辑	1. 能够通过各种途径（如 DNC、网络）输入加工程序 2. 能够通过操作面板输入和编辑加工程序	1. 数控加工程序的输入方法 2. 数控加工程序的编辑方法

（续）

职业功能	工作内容	技能要求	相关知识
三、数控铣床操作	3. 对刀	1. 能进行对刀并确定相关坐标系 2. 能设置刀具参数	1. 对刀的方法 2. 坐标系的知识 3. 建立刀具参数表或文件的方法
	4. 程序调试与运行	能进行程序检验、单步执行、空运行并完成零件试切	程序调试的方法
	5. 参数设置	能通过操作面板输入有关参数	数控系统中相关参数的输入方法
四、零件加工	1. 平面加工	能运用数控加工程序进行平面、垂直面、斜面、阶梯面等的铣削加工，并达到如下要求： 1）尺寸公差等级达 IT7 级 2）几何公差等级达 IT8 级 3）表面粗糙度达 $Ra3.2\mu m$	1. 平面铣削的基本知识 2. 刀具端刃的切削特点
	2. 轮廓加工	能运用数控加工程序进行由直线、圆弧组成的平面轮廓铣削加工，并达到如下要求： 1）尺寸公差等级达 IT8 2）几何公差等级达 IT8 级 3）表面粗糙度达 $Ra3.2\mu m$	1. 平面轮廓铣削的基本知识 2. 刀具侧刃的切削特点
	3. 曲面加工	能运用数控加工程序进行圆锥面、圆柱面等简单曲面的铣削加工，并达到如下要求： 1）尺寸公差等级达 IT8 2）几何公差等级达 IT8 级 3）表面粗糙度达 $Ra3.2\mu m$	1. 曲面铣削的基本知识 2. 球头刀具的切削特点
	4. 孔类加工	能运用数控加工程序进行孔加工，并达到如下要求： 1）尺寸公差等级达 IT7 2）几何公差等级达 IT8 级 3）表面粗糙度达 $Ra3.2\mu m$	麻花钻、扩孔钻、丝锥、镗刀及铰刀的加工方法
	5. 槽类加工	能运用数控加工程序进行槽、键槽的加工，并达到如下要求： 1）尺寸公差等级达 IT8 2）几何公差等级达 IT8 级 3）表面粗糙度达 $Ra3.2\mu m$	槽、键槽的加工方法
	6. 精度检验	能够使用常用量具进行零件的精度检验	1. 常用量具的使用方法 2. 零件精度检验及测量方法
五、数控铣床维护与故障诊断	1. 数控铣床日常维护	能根据说明书完成数控铣床的定期及不定期维护保养，包括机械、电气、液压、冷却、数控系统检查和日常保养等	1. 数控铣床说明书 2. 数控铣床日常保养方法 3. 数控铣床操作规程 4. 数控系统（进口、国产数控系统）说明书

（续）

职业功能	工作内容	技能要求	相关知识
五、数控铣床维护与故障诊断	2. 数控铣床故障诊断	1. 能读懂数控系统的报警信息 2. 能发现并排除由数控程序引起的一般故障	1. 使用数控系统的报警信息表的方法 2. 数控铣床的编程和操作故障诊断方法
	3. 机床精度检查	能进行机床水平的检查	1. 水平仪的使用方法 2. 机床垫铁的调整方法

2. 高级（见表B-2）

表B-2 数控铣工（高级）工作要求

职业功能	工作内容	技能要求	相关知识
一、加工准备	1. 读图与绘图	1. 能读懂装配图并拆画零件图 2. 能测绘零件 3. 能读懂数控铣床主轴系统、进给系统的机构装配图	1. 根据装配图拆画零件图的方法 2. 零件的测绘方法 3. 数控铣床主轴与进给系统基本构造知识
	2. 制订加工工艺	能编制二维、简单三维曲面零件的铣削加工工艺文件	复杂零件数控加工工艺的制订
	3. 零件定位与装夹	1. 能选择和使用组合夹具和专用夹具 2. 能选择和使用专用夹具装夹异型零件 3. 能分析并计算夹具的定位误差 4. 能设计与自制装夹辅具（如轴套、定位件等）	1. 数控铣床组合夹具和专用夹具的使用、调整方法 2. 专用夹具的使用方法 3. 夹具定位误差的分析与计算方法 4. 装夹辅具的设计与制造方法
	4. 刀具准备	1. 能选用专用工具（刀具和其他） 2. 能根据难加工材料的特点，选择刀具的材料、结构和几何参数	1. 专用刀具的种类、用途、特点和刃磨方法 2. 切削难加工材料时的刀具材料和几何参数的确定方法
二、数控编程	1. 手工编程	1. 能编制较复杂的二维轮廓铣削程序 2. 能根据加工要求编制二次曲面的铣削程序 3. 能够运用固定循环、子程序进行零件的加工程序编制 4. 能够进行变量编程	1. 较复杂二维节点的计算方法 2. 二次曲面几何体外轮廓节点计算 3. 固定循环和子程序的编程方法 4. 变量编程的规则和方法
	2. 计算机辅助编程	1. 能利用CAD/CAM软件进行中等复杂程度的实体造型（含曲面造型） 2. 能生成平面轮廓、平面区域、三维曲面、曲面轮廓、曲面区域、曲线的刀具轨迹 3. 能进行刀具参数的设定 4. 能进行加工参数的设置 5. 能确定刀具的切入、切出位置与轨迹 6. 能编辑刀具轨迹 7. 能根据不同的数控系统生成G代码	1. 实体造型的方法 2. 曲面造型的方法 3. 刀具参数的设置方法 4. 刀具轨迹生成的方法 5. 各种材料切削用量的数据 6. 有关刀具切入、切出的方法对加工质量影响的知识 7. 轨迹编辑的方法 8. 后置处理程序的设置和使用方法
	3. 数控加工仿真	能利用数控加工仿真软件实施加工过程仿真、加工代码检查与干涉检查	数控加工仿真软件的使用方法

（续）

职业功能	工作内容	技能要求	相关知识
三、数控铣床操作	1. 程序调试与运行	能在机床中断加工后正确恢复加工	程序的中断与恢复加工的方法
	2. 参数设置	能够依据零件特点设置相关参数进行加工	数控系统参数设置方法
四、零件加工	1. 平面铣削	能编制数控加工程序铣削平面、垂直面、斜面、阶梯面等，并达到如下要求： 1）尺寸公差等级达 IT7 2）几何公差等级达 IT8 级 3）表面粗糙度达 $Ra3.2\mu m$	1. 平面铣削精度控制方法 2. 刀具端刃几何形状的选择方法
	2. 轮廓加工	能编制数控加工程序铣削较复杂的（如凸轮等）平面轮廓，并达到如下要求： 1）尺寸公差等级达 IT8 2）几何公差等级达 IT8 级 3）表面粗糙度达 $Ra3.2\mu m$	1. 平面轮廓铣削的精度控制方法 2. 刀具侧刃几何形状的选择方法
	3. 曲面加工	能编制数控加工程序铣削二次曲面，并达到如下要求： 1）尺寸公差等级达 IT8 2）几何公差等级达 IT8 级 3）表面粗糙度达 $Ra3.2\mu m$	1. 二次曲面的计算方法 2. 刀具影响曲面加工精度的因素以及控制方法
	4. 孔系加工	能编制数控加工程序对孔系进行切削加工，并达到如下要求： 1）尺寸公差等级达 IT7 2）几何公差等级达 IT8 级 3）表面粗糙度达 $Ra3.2\mu m$	麻花钻、扩孔钻、丝锥、镗刀及铰刀的加工方法
	5. 深槽加工	能编制数控加工程序进行深槽、三维槽的加工，并达到如下要求： 1）尺寸公差等级达 IT8 2）几何公差等级达 IT8 级 3）表面粗糙度达 $Ra3.2\mu m$	深槽、三维槽的加工方法
	6. 配合件加工	能编制数控加工程序进行配合件加工，尺寸配合公差等级达 IT8	1. 配合件的加工方法 2. 尺寸链换算的方法
	7. 精度检验	1. 能利用数控系统的功能使用百（千）分表测量零件的精度 2. 能对复杂、异形零件进行精度检验 3. 能根据测量结果分析产生误差的原因 4. 能通过修正刀具补偿值和修正程序来减少加工误差	1. 复杂、异形零件的精度检验方法 2. 产生加工误差的主要原因及消除方法

（续）

职业功能	工作内容	技能要求	相关知识
五、数控铣床维护与精度检验	1. 数控铣床日常维护	1. 能制订数控铣床的日常维护规程 2. 能监督检查数控铣床的日常维护状况	1. 数控铣床维护管理基本知识 2. 数控机床维护操作规程的制订方法
	2. 数控铣床故障诊断	1. 能判断数控铣床机械、液压、气压和冷却系统的一般故障 2. 能判断数控铣床控制与电气系统的一般故障	1. 数控铣床机械故障的诊断方法 2. 数控铣床液压、气压元器件的基本原理 3. 数控机床电器元件的基本原理
	3. 机床精度检验	1. 能利用量具、量规对机床主轴的垂直平行度、工作台的平行度、平面度、机床水平度等一般机床几何精度进行检验 2. 能够进行机床切削精度检验	1. 机床几何精度检验内容及方法 2. 机床切削精度检验内容及方法

3. 技师（见表 B-3）

表 B-3 数控铣工（技师）工作要求

职业功能	工作内容	技能要求	相关知识
一、加工准备	1. 读图与绘图	1. 能绘制工装装配图 2. 能读懂常用数控铣床的机械原理图及装配图	1. 工装装配图的画法 2. 常用数控铣床的机械原理图及装配图的画法
	2. 制定加工工艺	1. 能编制高难度、精密、薄壁零件的数控加工工艺规程 2. 能对零件的多工种数控加工工艺进行合理性分析，并提出改进建议 3. 能够确定高速加工的工艺文件	1. 精密零件的工艺分析方法 2. 数控加工多工种工艺方案合理性的分析方法及改进措施 3. 高速加工的原理
	3. 零件定位与装夹	1. 能设计与制作高精度箱体类，叶片、螺旋桨等复杂零件的专用夹具 2. 能对现有的数控铣床夹具进行误差分析并提出改进建议	1. 专用夹具的设计与制造方法 2. 数控铣床夹具的误差分析及消减方法
	4. 刀具准备	1. 能依据切削条件和刀具条件估算刀具的使用寿命，并设置相关参数 2. 能根据难加工材料合理选择刀具材料和切削参数 3. 能推广使用新知识、新技术、新工艺、新材料、新型刀具 4. 能进行刀具刀柄的优化使用，提高生产率，降低成本 5. 能选择和使用适合高速切削的工具系统	1. 切削刀具的选用原则 2. 延长刀具寿命的方法 3. 刀具新材料、新技术知识 4. 刀具使用寿命的参数设定方法 5. 难切削材料的加工方法 6. 高速加工的工具系统知识
二、数控编程	1. 手工编程	能根据零件与加工要求编制具有指导性的变量编程程序	变量编程的概念及其编制方法

（续）

职业功能	工作内容	技能要求	相关知识
二、数控编程	2. 计算机辅助编程	1. 能利用计算机高级语言编制特殊曲线轮廓的铣削程序 2. 能利用计算机 CAD/CAM 软件对复杂零件进行实体或曲线曲面造型 3. 能编制复杂零件的三轴联动铣削程序	1. 计算机高级语言知识 2. CAD/CAM 软件的使用方法 3. 三轴联动的加工方法
	3. 数控加工仿真	能利用数控加工仿真软件分析和优化数控加工工艺	数控加工工艺的优化方法
三、数控铣床操作	1. 程序调试与运行	能操作立式、卧式以及高速铣床	立式、卧式以及高速铣床的操作方法
	2. 参数设置	能针对机床现状调整数控系统相关参数	数控系统参数的调整方法
四、零件加工	1. 特殊材料加工	能进行特殊材料零件的铣削加工，并达到如下要求： 1）尺寸公差等级达 IT8 2）几何公差等级达 IT8 级 3）表面粗糙度达 $Ra3.2\mu m$	1. 特殊材料的材料学知识 2. 特殊材料零件的铣削加工方法
	2. 薄壁加工	能够进行带有薄壁的零件加工，并达到如下要求： 1）尺寸公差等级达 IT8 2）几何公差等级达 IT8 级 3）表面粗糙度达 $Ra3.2\mu m$	薄壁零件的铣削方法
	3. 曲面加工	1. 能进行三轴联动曲面的加工，并达到如下要求： 1）尺寸公差等级达 IT8 2）几何公差等级达 IT8 级 3）表面粗糙度达 $Ra3.2\mu m$ 2. 能够使用四轴以上铣床与加工中心进行对叶片、螺旋桨等复杂零件进行多轴铣削加工，并达到如下要求： 1）尺寸公差等级达 IT8 2）几何公差等级达 IT8 级 3）表面粗糙度达 $Ra3.2\mu m$	1. 三轴联动曲面的加工方法 2. 四轴以上铣床（加工中心）的使用方法
	4. 易变形件加工	能进行易变形零件的加工，并达到如下要求： 1）尺寸公差等级达 IT8 2）几何公差等级达 IT8 级 3）表面粗糙度达 $Ra3.2\mu m$	易变形零件的加工方法
	5. 精度检验	能够进行大型、精密零件的精度检验	1. 精密量具的使用方法 2. 精密零件的精度检验方法

（续）

职业功能	工作内容	技能要求	相关知识
五、数控铣床维护与精度检验	1. 数控铣床维护	1. 能实施数控铣床的一般维修 2. 能借助字典阅读数控设备的主要外文信息	1. 数控铣床常见机械故障的维修方法 2. 数控铣床专业外文知识
	2. 数控铣床故障诊断和排除	1. 能排除数控铣床机械、液压、气压和冷却系统的一般故障 2. 能排除数控铣床控制与电气系统的一般故障	1. 数控铣床液压、气压元件的维修方法 2. 数控铣床电器元件的维修方法 3. 数控铣床数控系统的基本原理
	3. 机床精度检验	1. 能利用量具量规对机床定位精度、重复定位精度、主轴精度、导轨平行垂直度进行精度检验 2. 能根据机床切削精度判断机床精度误差	1. 机床定位精度检验、重复定位精度检验的内容及方法 2. 机床导轨垂直平行度的检验方法 3. 机床动态特性的基本原理
六、培训与管理	1. 操作指导	能指导本职业中级、高级工进行实际操作	操作指导书的编制方法
	2. 理论培训	能对本职业中级、高级工进行理论培训	培训教材的编写方法
	3. 质量管理	能在本职工作中认真贯彻各项质量标准	相关质量标准
	4. 生产管理	能协助部门领导进行生产计划、调度及人员的管理	生产管理基本知识
	5. 技术改造与创新	能进行加工工艺、夹具、刀具的改进	数控加工工艺综合知识

4. 高级技师（见表 B-4）

表 B-4 数控铣工（高级技师）工作要求

职业功能	工作内容	技能要求	相关知识
一、工艺分析与设计	1. 读图与绘图	1. 能绘制复杂工装装配图 2. 能读懂常用数控铣床的电气、液压原理图 3. 能够组织中级、高级、技师进行工装协同设计	1. 复杂工装设计方法 2. 常用数控铣床电气、液压原理图的画法 3. 协同设计知识
	2. 制定加工工艺	1. 能对高难度、高精密零件的数控加工工艺方案进行合理性分析，提出改进意见并参与实施 2. 能确定高速加工的工艺方案 3. 能确定细微加工的工艺方案	1. 复杂、精密零件机械加工工艺的系统知识 2. 高速加工机床的知识 3. 高速加工的工艺知识 4. 细微加工的工艺知识
	3. 工艺装备	1. 能独立设计复杂夹具 2. 能在四轴和五轴数控加工中对由夹具精度引起的零件加工误差进行分析，提出改进方案，并组织实施	1. 复杂夹具的设计及使用知识 2. 复杂夹具的误差分析及消减方法 3. 多轴数控加工的方法

（续）

职业功能	工作内容	技能要求	相关知识
一、工艺分析与设计	4. 刀具准备	1. 能根据零件要求设计专用刀具，并提出制造方法 2. 能系统地讲授各种切削刀具的特点和使用方法	1. 专用刀具的设计与制造知识 2. 切削刀具的特点和使用方法
二、零件加工	1. 异形零件加工	能解决高难度、异形零件加工的技术问题，并制定工艺措施	高难度零件的加工方法
	2. 精度检验	能够设计专用检具，检验高难度、异形零件	检具设计知识
三、数控铣床维护与精度检验	1. 数控铣床维修	1. 能组织并实施数控铣床的重大维修 2. 能借助字典看懂数控设备的主要外文技术资料 3. 能针对机床运行现状合理调整数控系统相关参数	1. 数控铣床大修方法 2. 数控系统机床参数信息表
	2. 数控铣床故障诊断和排除	1. 能分析数控铣床机械、液压、气压和冷却系统故障产生的原因，产能提出改进措施减少故障率 2. 能根据机床电路图或可编程序控制器（PLC）梯形图检查出故障发生点，并提出机床维修方案	1. 数控铣床数控系统的控制方法 2. 数控机床机械、液压、气压和冷却系统结构调整和维修方法 3. 机床电路图使用方法 4. 可编程逻辑控制器（PLC）使用方法
	3. 机床精度检验	1. 能利用激光干涉仪或其他设备对数控铣床进行定位精度、重复定位精度、导轨垂直平行度的检验 2. 能够通过调整和修改机床参数对可补偿的机床误差进行精度补偿	1. 激光干涉仪的使用方法 2. 误差统计和计算方法 3. 数控系统中机床误差的补偿方法
	4. 数控设备网络化	能借助网络设备和软件系统实现数控设备的网络化管理	数控设备网络接口及相关技术
四、培训与管理	1. 操作指导	能指导本职业中级工、高级工和技师进行实际操作	操作理论教学指导书的编写方法
	2. 理论培训	1. 能对本职业中级、高级工和技师进行理论培训 2. 能系统地讲授各种切削刀具的特点和使用方法	1. 教学计划与大纲的编制方法 2. 切削刀具的特点和使用方法
	3. 质量管理	能应用全面质量管理知识，实现操作过程的质量分析与控制	质量分析与控制方法
	4. 技术改造与创新	能够组织实施技术改造和创新，并撰写相应的论文	科技论文的撰写方法

四、比重表

1. 理论知识比重表（见表B-5）

表B-5 理论知识比重表

项 目		中级（%）	高级（%）	技师（%）	高级技师（%）
基本要求	职业道德	5	5	5	5
	基础知识	20	20	15	15
相关知识	加工准备	15	15	15	—
	数控编程	20	20	20	—
	数控铣床操作	5	5	5	—
	零件加工	30	30	20	15
	数控铣床维护与精度检验	5	5	10	10
	培训与管理	—	—	10	15
	工艺分析与设计	—	—	—	40
合 计		100	100	100	100

2. 技能操作比重表（见表B-6）

表B-6 技能操作比重表

项 目		中级（%）	高级（%）	技师（%）	高级技师（%）
技能要求	加工准备	10	10	10	—
	数控编程	30	30	30	—
	数控铣床操作	5	5	5	—
	零件加工	50	50	45	45
	数控铣床维护与精度检验	5	5	5	10
	培训与管理	—	—	5	10
	工艺分析与设计	—	—	—	35
合 计		100	100	100	100

参考文献

[1] 金双河，赫杰，王军．数控铣削一体化教程［M］．北京：中国农业大学出版社，2014.
[2] 王占平．图解数控铣镗加工技术［M］．北京：机械工业出版社，2012.
[3] 蔺丽莉．数控铣编程从入门到精通［M］．北京：科学出版社，2012.
[4] 鱼花，周育辉．数控铣削加工工艺与编程操作［M］．合肥：合肥工业大学出版社，2012.
[5] 赵辉．数控铣编程与操作项目教程［M］．北京：清华大学出版社，2011.
[6] 蒋林芳，眭光明．数控铣实训教程［M］．北京：航空工业出版社，2011.
[7] 韩鸿鸾．数控铣削工艺与编程一体化教程［M］．北京：高等教育出版社，2009.
[8] 陈学翔．数控铣（中级）加工与实训［M］．北京：机械工业出版社，2011.
[9] 闫华明．数控加工工艺与编程（数控铣部分）［M］．天津：天津大学出版社，2009.
[10] 张导成．数控中级工认证强化实训教程［M］．长沙：中南大学出版社，2011.
[11] 浙江省教育厅职成教教研室．数控铣床编程与加工技术［M］．北京：高等教育出版社，2010.
[12] 高琪妹．零件数控铣削编程与加工［M］．北京：化学工业出版社，2012.
[13] 顾晔，张秀玲，金山．数控编程与操作［M］．北京：人民邮电出版社，2010.
[14] 肖日增．数控铣床加工任务驱动教程［M］．北京：清华大学出版社，2010.
[15] 陈向荣．数控铣削实训教程［M］．天津：天津大学出版社，2011.
[16] 兰松云，周宝誉．数控铣编程与实训教程［M］．北京：电子工业出版社，2010.